MANNING

反应式
Web 应用开发

Reactive
Web Applications

U0337485

[奥地利] 曼努埃尔·伯恩哈特（Manuel Bernhardt） 著

张卫滨 译

人民邮电出版社

北 京

图书在版编目（CIP）数据

反应式Web应用开发 / （奥）曼努埃尔·伯恩哈特
(Manuel Bernhardt) 著；张卫滨译. -- 北京 ：人民邮
电出版社，2018.11
　　ISBN 978-7-115-48954-8

　　Ⅰ．①反… Ⅱ．①曼… ②张… Ⅲ．①网页制作工具
－程序设计 Ⅳ．①TP393.092.2

中国版本图书馆CIP数据核字(2018)第221532号

版权声明

◆ 著　　　　　　[奥地利] 曼努埃尔·伯恩哈特（Manuel Bernhardt）
　　译　　　　　　张卫滨
　　责任编辑　　　吴晋瑜
　　责任印制　　　焦志炜
◆ 人民邮电出版社出版发行　　北京市丰台区成寿寺路 11 号
　　邮编　100164　　电子邮件　315@ptpress.com.cn
　　网址　http://www.ptpress.com.cn
　　固安县铭成印刷有限公司印刷
◆ 开本：800×1000　1/16
　　印张：18.5
　　字数：393 千字　　　　　　　2018 年 11 月第 1 版
　　印数：1 – 2 400 册　　　　　2018 年 11 月河北第 1 次印刷
　　著作权合同登记号　图字：01-2016-9528 号

定价：69.00 元
读者服务热线：**(010)81055410**　印装质量热线：**(010)81055316**
反盗版热线：**(010)81055315**
广告经营许可证：京东工商广登字 20170147 号

内容提要

本书以 Play 框架为例阐述了反应式编程的理念以及在实际的编码中实践这些理念的方法，以实现更加灵活和高性能的 Web 应用程序。

本书共 11 章，分成三大部分。第一部分（第 1 章到第 4 章）主要介绍了反应式编程的基础理念，并讲解了函数式编程和 Play 框架的基础知识。第二部分（第 5 章到第 8 章）介绍了反应式 Web 编程的核心概念，如 Future 和 Actor，还讲解了将反应式的理念应用到用户界面层的方法。第三部分（第 9 章到第 11 章）介绍了反应式 Web 编程的高级主题，涵盖反应式流以及应用程序的部署和测试等内容。

本书适合 Java Web 程序开发人员和架构师阅读，尤其适合希望借助反应式技术提升系统性能的开发人员参考，还可以作为 Java 编程人员学习函数式编程理念的进阶读物。

推荐序

几年前，我编写的每个主要的 Web 应用都是分层且可信赖的执行模型，它们采用的是"一个请求对应一个线程"的方式。在几个小型应用中，我曾经用过某些形式的基于事件的 I/O，如果那时有人说采用这种模式进行通用的 Web 开发，那么我一定会付之一笑。在那个时代，行业中基本上还没有人听说过"反应式"这个词。

对 Web 本身而言，切换至反应式应用是巨大的架构变化，它以迅雷不及掩耳之势席卷了整个行业。我数年前认为不靠谱的技术，现在却每天都在使用，目前我是 Play 框架的领导开发者，这个框架就用了反应式技术。一个理念在短短的时间内就从模糊不清发展成主流的最佳实践，无数的 Web 开发人员都在问"什么是反应式？"也就不足为奇了。在这一点上，《反应式 Web 应用开发》一书很好地填充了这个空白。

Manuel 首先回答了"我们为什么需要反应式编程"的问题，其次他将反应式开发的理念用到了 Web 应用程序中，而此过程是基于 Play 框架、Akka 和反应式流构建的。读者将会看到很多具体的样例和练习，通过这样的学习能够对反应式 Web 应用如何架构、开发、测试和部署有深入的理解，然后读者就可以自行尝试了。

反应式应用的发展过程也是我们不断学习的过程。**反应式宣言**（Reactive Manifesto）本身从我的同事起草之后，也在短时间内经历了多次修订。我和 Manuel 一起参加过很多会议，在私下以及开源软件事务方面，我们都会经常交流，讨论在 Web 应用中如何实现反应式开发。我非常开心 Manuel 能够系统地总结出这么多 Web 应用开发的前沿最佳实践。如果读者需要构建应对高负载访问的软件，那么我相信本书针对 Web 应用开发所给出的实践经验能够让读者立于不败之地。

James Roper
Play 框架的领导开发者

序

我萌生撰写本书的念头始于 2014 年 4 月，当时我刚刚用 4 个月的时间协助一家客户重构了整个应用，在此过程中便用到了 Scala、Play 框架和 Akka，在此之前，这三项技术我已经用了好几年了。

已有的应用因面临两项主要的挑战而需要重构：一方面，整个应用的数据分散到两个独立的数据库系统、多个缓存以及一些外部云服务（如 Amazon EC2、YouTube、SoundCloud 和 Mixcloud）之中，这样几乎不可能保证数据实时和同步。另一方面，随着用户数量的不断增长，每次举办新活动时，请求的洪流总会把系统搞垮。更有意思的是，站点的重新发布不仅涉及迁移、重新整合、更新上百万用户的数据和上千万的数据条目，还要求在一个周末完成。

这个项目很好地代表了新一代 Web 应用的特点，在过去的几年中，这种类型的应用变得越发重要。反应式 Web 应用开发需要应对多种类型的请求，这种请求的数量有可能非常庞大，不仅需要管理并提供对大数据集的访问，还要与多个云服务进行实时通信。更复杂的是，这些任务需要克服各种不可避免的故障，尤其在网络环境中，它的复杂度会随之增加。将所有数据放到同一台计算机上或同一个数据中心的时代一去不返了，在这种场景下通常会隐藏真相和计算机网络复杂的本质。虽然反应式 Web 应用开发严重依赖于多样化和分布式的服务，但与此形成鲜明对比的是我们越来越无法草率地将错误展现给用户。如今，用户对错误的容忍度已经接近零。每个人都已经习惯可靠性巨头（如Google 或 Facebook）所提供的服务，却完全不会关心工程构建和运维这些系统所面临的巨大技术挑战。

构建反应式 Web 应用并不是小菜一碟，它与最近几年的技术发展息息相关。反应式技术不仅将异步编程变为可能，还把故障处理作为首要处理的问题。Play 框架和 Akka并发工具集这两项技术为构建反应式 Web 应用提供了坚实的基础。它们都使用了 Scala编程语言所提供的强大的函数式编程理念，实现了异步和反应式编程。

本书旨在成为 Play 框架、Akka 和其他几项强大技术的指南，通过组合使用它们来构建反应式 Web 应用。从某种程度上来说，我真希望几年前就写这样一本关于该技术栈的图书。希望它对你有用，也希望你在阅读本书时发现其中的乐趣！

曼努埃尔·伯恩哈特

前言

本书将带领读者学习通过 Scala 编程语言、Play 框架和 Akka 并发工具集构建反应式 Web 应用的方法。虽然 Play 目前是 JVM 上非常流行的 Web 框架，但是很少有项目能够充分发挥它的优势并采取必要的步骤将应用变成反应式的。这是因为这些步骤并非能那么轻而易举地实现，而且也不是开发人员的强项。与此类似，虽然很多开发人员都听说过 Akka 技术，但是并不知道如何将其运用到项目中。本书旨在改善这种现状，为读者展示如何在实际中使用这些技术并将它们组合起来。本书会介绍异步编程的理念、基于 Future 和 Actor 进行反应式编程的方法，还会阐述在实际项目中配置应用和集成其他的技术的方法。

读者对象

为了更加充分地理解本书的内容，读者应具备一定的编程经验，并至少熟练掌握一门现代编程语言，如 Java 或 C#。另外，读者应该掌握有关 Scala 的语法和核心理念，这样才能阅读本书的样例并完成练习。虽然关于函数式编程的知识并不是必需的，但是如果能够掌握，这将会是一项优势。附录 B 给出了一个参考资料列表，旨在帮助读者通过它们快速掌握 Scala 和函数式编程。

因为本书主要介绍构建 Web 应用的相关内容，所以我们假设读者已经掌握了 HTML 和 JavaScript 的基础知识，并且熟悉大多数现代 Web 应用框架所使用的模型-视图-控制器（Model-View- Controller，MVC）范式。

本书内容结构

本书的第一部分将阐述函数式编程的基本原理。基于此，我们就能构建异步应用。这一部分还会介绍 Play 框架的基础知识。

第 1 章不仅介绍了为什么需要反应式 Web 应用，还讨论了 Web 应用的架构是如何演化的，以及反应式 Web 应用的理念是如何形成的。

第 2 章会深入学习反应式 Web 应用的开发，不仅会设置必要的工具开始构建第一个反应式 Play 项目，还会为 Twitter 过滤器 API 构建异步流处理管道，从而使无数的 Tweet 通过 WebSocket 连接展现在浏览器上。学完本章的内容，你应该对如何编写反应式 Web 应用有更好的理解。

第 3 章介绍了函数式编程的基本理念。本章介绍了不可变性、函数和高阶函数，展示了使用这些概念操作不可变集合的方法，这种方式与以后操作异步值非常类似。

第 4 章快速且完整地介绍了 Play 框架。我们会构建一个基本的 Play 应用，手动创建每个文件以便让读者熟悉它的结构和配置。在此过程中，我们还会深入内部，看看 Play 的请求处理是如何真正实现反应式特性的。

本书的第二部分阐述了反应式 Web 应用的核心概念。

第 5 章介绍了 Future，它是操作和连接短期存活的异步计算过程的核心概念。首先，我们会看一下 Future 背后的理论；其次会了解如何使用 Future 设计业务逻辑，使应用实现异步功能并且能够容忍故障情况的出现。

第 6 章介绍了 Actor，它是为长期存活的异步计算过程建模的核心概念。我们将会看到 Akka 如何实现 Actor 模型并提供监管和恢复功能，以及如何用它来构建能够应对故障和流量突然飙升的应用。

第 7 章介绍了如何使用 Future 和 Actor 模型来处理无状态应用中的状态。在这种应用中，每个节点都可能在任意的时间消失或重新加入进来。它探索了如何使用 Play 框架集成传统的关系型数据库，同时还要保留反应式范式的优势。最后，本章还介绍了组合使用命令查询职责分离（Command and Query Responsibility Segregation，CQRS）和事件溯源（Event Sourcing），这是一种在反应式应用中进行大规模数据处理的模式。

第 8 章介绍了如何使用 Scala.js 构建响应性的用户界面。借助这个库，我们能够用 Scala 编写在浏览器中运行的代码。它展示了如何使用已有的 JavaScript 库（例如 AngularJS）以及如何将 Scala.js 尚未集成的任意库集成进来。本章还探讨了在客户端采取什么样的预防措施，从而保证应用的反应式特性不遭到破坏。

第三部分阐述了反应式 Web 应用的高级话题。

第 9 章介绍了**反应式流**（reactive stream），这是在 JVM 上进行异步流操作并且能够容忍故障状况出现的新标准。你将会看到如何通过使用这项标准的 Akka 从而实现（即 Akka stream）访问、切割和过滤 Twitter 的流式 API。

第 10 章介绍了采用不同方式进行反应式 Play 应用的部署。我们不仅会看到如何使用 Jenkins 持续集成服务器和 Docker 进行本地环境的部署，还会看到如何使用托管的部署服务 Clever Cloud 来部署简单的反应式应用。

第 11 章介绍了反应式应用要测试哪些方面的内容。对于测试反应式应用与非反应式应用的差异，我们将关注点放到了负载处理和故障处理方面。在本章中，你将看到如何用 Clever Cloud 的自动扩展功能来处理不断增长的服务负载。

本书约定

本书代码清单的源码可以通过 GitHub 获取。大多数章节都包含一个可执行的应用，应用的最终源码（包括相关章节所有练习的解决方案）可以在一个单独的目录中找到，它随时可以执行（读者需要自行配置 Twitter API 凭证和数据库）。

除了完整的应用，每章中的代码清单都可以在 GitHub 相应的 listings 目录中找到。

作者在线

购买本书后，读者就可以免费访问 Manning 出版社提供的在线论坛，通过它你不仅可以给本书写评论，还可以问一些技术问题并能得到作者和其他用户的帮助。

Manning 承诺为读者提供一个交流平台，以便读者之间以及读者和作者之间可以进行有意义的交流。

只要本书在销，读者就可以访问作者在线论坛和以前讨论的存档资料。

作者简介

Manuel Bernhardt 是一位很有热情的工程师、作者、演讲者和咨询师，他对构建和运维网络应用方面的科学有着强烈的兴趣。从 2008 年开始，他指导并培训企业团队将应用转移到分布式计算架构。最近几年里，他着重关注包含反应式应用架构的生产型系统，而在这个过程中，主要用的是 Scala、Play 框架和 Akka。

Manuel 喜欢旅行，经常会在国际会议上演讲。他住在维也纳，是维也纳 Scala 用户组的联合发起者。除了思考、谈论和摆弄计算机，他喜欢将时光用在陪伴家人上，和他们一起跑步、潜水和阅读。读者可以在领英官网上了解 Manuel 的最新动态。

封面插图简介

《反应式 Web 应用开发》的封面图片是"Chamanne Bratsquienne"。这幅图片出自 Jacques Grasset de Saint-Sauveur（1757—1810）编写的各国着装风格合辑，其书名为"Costumes de Différents Pays"，于 1797 年在法国发行。其中的每一幅插图都绘制精美且手工着色。合辑中丰富的图画生动描绘了 200 年前世界上各个城镇和地区的独特魅力。由于地域差异，不同地区的人说着不同的语言或方言。在街区或乡村中，根据人们的着装能够判断他们住在哪里、他们从事何种职业或地位是什么样的。

但从那以后，服装风格便发生了改变，颇具地方特色的多样性开始淡化。现在，有时很难说一个州的居民和其他州的居民有什么不同，更不用说不同的城镇、地区或国家了。抑或说我们以牺牲原来文化和视觉上的多样性为代价换来了个人风格的多变性,当然,我们得到了更为多样化和快节奏的科技生活。

现在,我们很难识别两本计算机图书之间的差异,Manning 创造性地将两个世纪前地区生活的多样性转移到了计算机业务的图书封面上,通过 Grasset de Saint-Sauveur 的图片将我们带回到那个时代。

致谢

如果没有众人的支持、灼见、灵感、鼓励和反馈，就不会有本书的面世。

首先感谢我的朋友 Peter Brachwitz，围绕本书所描述的技术，我们进行了多次有趣的讨论，他还分享了他的故事。这些会谈不断给我灵感，并为本书的样例提供了原材料。我们这样的交往在未来也应该持续下去！

还要感谢 Rafael Cordones 于 2013 年在维也纳开创了 Scala 社区，同时感谢维也纳 Scala 用户组所有成员举办的令人愉快的聚会。

本书样例用到了很多技术和库，如果没有这些技术的开发人员的协助，那么我对它们的使用和阐述将会大打折扣。来自 Akka 团队的 Konrad Malawski 帮助我提升了本书的质量，他指出了其中的错误并让我见识到来自 Akka 团队的最佳实践。Lukas Eder 是 jOOQ 库的发明者，他不但对我提出的问题快速答复，而且对使用数据库相关的事宜提供了有价值的反馈。Sébastien Doeraene 是 Scala.js 的发明者，他始终热心解答我关于技术的问题并提供了优雅的解决方案。还要感谢 sbt-play-scalajs 库的作者 Vincent Munier 以及 scalajs-angulate 库的作者 Johannes Kastner。感谢 play-angular-require-seed 库的作者 Marius Soutier，感谢他的反馈，他还提供了在 Play 中配置 JavaScript 优化过程的真知灼见。同时感谢 Clément Delafargue 回答了我所有关于 Clever Cloud 的问题，并允许我在书中访问当时尚未发布的 API。最后，特别感谢 James Roper（Play 框架的领导开发者），他不仅耐心地回答我所有的问题，帮助我分析影响本书相关技术的演化，还为本书撰写推荐序并为之背书。

感谢 Manning 出版社所有帮助过我的工作人员：Karen Miller 是我的开发编辑，她耐心地逐章审阅本书，并且不介意我在编写时采用了一种创新式的英语表述；Bert Bates 教会我如何组织自己的想法，使其编写出来更加对读者有所帮助；策划编辑 Mike Stephens，他建议我将本书的范围扩展至反应式 Web 应用开发，还有 Candace Gillhoolley，将这些文字印刷出来并不断宣传本书。最后，我还要扩大感谢将本书生产出来的每个人，他们是文字编辑 Andy Carroll 和 Benjamin Berg、校对 Katie Tennant、执行编辑 David

Novak、制作者 Janet Vail 以及幕后所有其他的人。

如果没有审校者花费时间阅读本书早期版本的章节，并提供何处可以改善的反馈，那么本书不可能达到如今的质量水准。在此感谢 Antonio Magnaghi、Arsen Kudla、Changgeng Li、Christian Papauschek、Cole Davisson、David Pardo、David Torrubia、Erim Erturk、Jeff Smith、Jim Amrhein、Kevin Liao、Narayanan Jayaratchagan、Nhu Nguyen、Pat Wanjau、Ronald Cranston、Sergio Martinez、Sietse de Kaper、Steve Chaloner、Thomas Peklak、Unnikrishnan Kumar、Vladimir Kuptsov、Wil Moore III、William E. Wheeler 和 Yuri Kushch。还要感谢早期访问项目（Early Access Program）版本的所有读者，他们在 Manning Author Forum 上给出评论，指出源码中的错误并告诉我何处无法运行：如果没有你们，那么让这些样例顺利运行起来要困难得多。

最后，感谢 Veronika，我的朋友、伙伴和妻子，感谢你的支持、耐心、理解和爱。如果没有你的帮助，那么本书以及我的很多其他项目都是无法实现的。

资源与支持

本书由异步社区出品，社区（https://www.epubit.com/）为您提供相关资源和后续服务。

配套资源

本书提供如下资源：

- 本书部分源代码；

要获得以上配套资源，请在异步社区本书页面中单击 [配套资源] ，跳转到下载界面，按提示进行操作即可。注意：为保证购书读者的权益，该操作会给出相关提示，要求输入提取码进行验证。

如果您是教师，希望获得教学配套资源，请在社区本书页面中直接联系本书的责任编辑。

提交勘误

作者和编辑尽最大努力来确保书中内容的准确性，但难免会存在疏漏。欢迎您将发现的问题反馈给我们，帮助我们提升图书的质量。

当您发现错误时，请登录异步社区，按书名搜索，进入本书页面，单击"提交勘误"，输入勘误信息，然后单击"提交"按钮即可。本书的作者和编辑会对您所提交的勘误进行审核，确认并接受后，将赠予您异步社区的 100 积分。积分可用于在异步社区兑换优惠券、样书或奖品。

扫码关注本书

扫描下方二维码，您将会在异步社区微信服务号中看到本书信息及相关的服务提示。

与我们联系

我们的联系邮箱是 contact@epubit.com.cn。

如果您对本书有任何疑问或建议，请您发邮件给我们，并请在邮件标题中注明本书书名，以便我们更高效地做出反馈。

如果您有兴趣出版图书、录制教学视频，或者参与图书翻译、技术审校等工作，可以发邮件给我们；有意出版图书的作者也可以到异步社区在线提交投稿（直接访问 www.epubit.com/selfpublish/submission 即可）。

如果您是学校、培训机构或企业，想批量购买本书或异步社区出版的其他图书，也可以发邮件给我们。

如果您在网上发现有针对异步社区出品图书的各种形式的盗版行为，包括对图书全部或部分内容的非授权传播，请您将怀疑有侵权行为的链接发邮件给我们。您的这一举动是对作者权益的保护，也是我们持续为您提供有价值的内容的动力之源。

关于异步社区和异步图书

异步社区是人民邮电出版社旗下 IT 专业图书社区，致力于出版精品 IT 技术图书和相关学习产品，为作译者提供优质出版服务。异步社区创办于 2015 年 8 月，提供大量精品 IT 技术图书和电子书，以及高品质技术文章和视频课程。更多详情请访问异步社区官网 https://www.epubit.com。

异步图书是由异步社区编辑团队策划出版的精品 IT 专业图书的品牌，依托于人民邮电出版社近 30 年的计算机图书出版积累和专业编辑团队，相关图书在封面上印有异步图书的 LOGO。异步图书的出版领域包括软件开发、大数据、AI、测试、前端、网络技术等。

异步社区

微信服务号

目录

第一部分 反应式 Web 应用起步

第三部分　高级话题

反应式 Web 应用起步

在本书的这一部分中，你将初步掌握反应式 Web 应用。这一部分会为读者提供理解后文理念的基础知识。首先你将会学到反应式 Web 应用是怎么来的，它为何如此重要，然后实际着手构建一个反应式 Web 应用。如果你还不熟悉函数式编程和 Play 请阅读其中关于函数式编程和 Play 框架背后理念的概述。

第 1 章　你在谈论反应式编程吗

在过去的几年间，Web 应用在日常生活中开始扮演越来越重要的角色。如社交网络这样的大型应用、电子商务网站这样的中型应用，以及针对小型业务的在线账户系统或项目管理工具这样的更小型的应用，人们对这些服务的依赖与日俱增。现在，这种趋势已经转移到了物理设备上，信息技术咨询和研究公司 Gartner 预测，到 2020 年，物联网的装机量将会达到 260 亿台。[1]

这种快速演化带来了高可用性和资源使用率方面的需求，而反应式 Web 应用正是这些问题的解决方案。以往的 Web 应用开发需要在一个应用中试图解决所有的问题，而云计算以及随之而来的云服务的发展，使这个过程已经演化为识别和连接适当的云服务，然后开发者将精力放到那些之前没有完美解决的问题上即可。

一个新的工具集，可以有效地处理这种演化所带来的挑战。Play 框架的设计本意就是让构建反应式 Web 应用成为可能，即便是在高负载和去中心化（decentralized）的设置下，这些应用也能为用户提供实时的交互行为。在 Java 虚拟机上，Play 是在编写本书

---

[1] Gartner, "Gartner Says the Internet of Things Installed Base Will Grow to 26 Billion Units By 2020" (December 12, 2013).

时唯一可用的全栈反应式 Web 应用框架。它在一些大公司中得到了应用，例如 Morgan Stanley、Linkedin 和 The Guardian，还有很多较小的参与者，Play 是一个免费开源的软件，可以随时下载到计算机中。

在本章中，我们将了解什么是反应式 Web 应用、为什么要构建这种类型的应用，以及为什么说 Play 是实现这一目的的理想工具。我们首先解释清楚 **"反应式（reactive）"** 这个词到底是什么含义，其次介绍硬件设计和软件架构方面的新趋势如何要求我们重新认识使用计算资源的方法。最后，设想在这种场景下，**故障处理**（failure handling）为何如此至关重要以及如何实现这一功能。

1.1　反应式的背景

如果你正在阅读本书，那么很可能已经听说过反应式应用、反应式编程、反应式流或者 **反应式宣言**（Reactive Manifesto）这样的概念。这些术语加上"反应式"这一前缀可能会更令人兴奋，不过你可能更想知道在不同的上下文中，反应式到底意味着什么。让我们从这个术语的起源及其与计算机系统的关联关系谈起。

1.1.1　反应式的起源

反应式系统并不是新的概念。在 David Harel 和 Amir Pnueli 的论文"反应式系统的开发"[1]（1985 年发表）中，他们采用二分法的方式对复杂计算机系统的特征进行了归纳，提出了一种新颖的二分方式：**转换式**（transformative）与 **反应式**（reactive）系统。转换式系统接收已知的一组输入，转换这些输入并产生输出。例如，一个转换式的系统可能会提示用户进行一些输入，视用户的输入可能还会要求输入更多的内容，最后为用户提供一个结果。举例来说，一个便携式的计算器会接收数字，并进行一些基本的操作，最后当等号键按下时为用户生成一个结果。而反应式系统是持续受到外部环境刺激的，它们的角色就是持续响应刺激。例如，启用 Wi-Fi 且支持运动探测的相机会监测到小偷闯入了房间，并且发送报警到相机主人的手机上，这样他们就能在目睹自己的贵重物品被洗劫一空之前，通过报警让警察及时赶到，制止小偷的行为。

几年之后，Gérard Berry 对这个定义进行了完善，他阐述了 **交互式**（interactive）程序和反应式程序的差异。交互式程序能够设置它们自身与环境交互的速度，而反应式程序能够根据环境的状况确定与环境交互的速度。[2]

因此，反应式程序具有以下特点：

---

[1]　该文章的 PDF 版本可在 Manning 官网上找到。
[2]　Gérard Berry, "Real-Time Programming: General Purpose or Special-Purpose Languages," Information Processing 89 (Elsevier Science Publishers, 1989): 11-18.

- 能够持续地与环境进行交互;
- 运行速度由环境决定而不是程序本身;
- 响应外部的命令。

反应式程序前面的做法看起来很像 Web 应用的操作方式,或者说很像 Web 应用应有的操作方式。尽管这在理论上很有吸引力,但是仍需要花费很大的努力才能满足这些条件。根据用户的数量以及用户需求的特点,很可能还有严格的硬件资源要求。直到最近,我们才较多地听到"反应式系统"这个术语,这可能是因为一直以来都缺乏可广泛使用的高性能硬件,借助这样的硬件才能交付可扩展的实时交互系统。而现在,描述反应式系统特征的一组核心理念以"**反应式宣言**(reactive manifesto)"的形式进行了发布。

1.1.2 反应式宣言

第一版的反应式宣言是在 2013 年 6 月发布的,它描述了名为**反应式应用**的一种软件架构。反应式应用是通过一组特征来定义的,这些特征在宣言中被称为 trait(这些 trait 与 Scala 的 trait 毫无关系)。具备这些特征的应用在行为上与我们在前面所讨论的反应式程序是相同的:持续可用并且能够毫无困难地响应外部命令。尽管反应式宣言看起来像是描述了一种全新的架构模式,但是它的核心理念在一些行业中早就是众所周知的了——这些行业需要 IT 系统的实时行为,如金融交易。

反应式应用具有如下所示的四项特质:

- **响应性**(responsive):对用户的反应;
- **扩展性**(scalable):对负载的反应;
- **弹性**(resilient):对故障的反应。
- **事件驱动**(event-driven):对事件的反应。

响应性应用会在可用性和实时行为方面满足用户的期望。实时或接近实时意味着应用需要在短时间或非常短的时间内产生响应。请求和响应之间的时间间隔称为**延迟**(latency),在衡量系统的运行状况时,这是核心的测量点之一。

为了能够持续地与环境进行交互,反应式应用必须能够适应它们所面对的负载状况。突然的流量暴增可能会对应用产生影响,例如,一条热门的带有新文章链接的 tweet 可能会给新闻站点带来流量的突然增加。就这一点来讲,应用必须是**可扩展**(scalable)的,且在必要的情况下,它必须能够使用增加的计算能力。这意味着它必须能够高效利用单台机器(可能会有一个或多个 CPU 核心)上的硬件,还要能够根据负载的情况自由支配多个计算节点完成功能。

注意 我们用"计算节点"或简称"节点"来代指 Web 应用运行所用到的资源。在实践中,这可能是一台物理计算机、虚拟机甚至**平台即服务**(Platform-as-a-Service)提供商上面的逻辑节点。

即使是最简单的软件系统，也有可能会发生故障（不管是软件相关的还是硬件相关的），反应式应用需要对**故障保持弹性**（resilient to failure），以满足持续可用的需求。系统在变成可扩展的系统之后，遇到问题能够自动恢复无疑就变得更加重要了。在分布式的环境下，这种情况之所以会更加复杂，是因为出现硬件或网络故障的可能性会随之增加。

基于**异步**（asynchronous）通信的**事件驱动**（event-driven）应用能够帮助我们实现上述所列的反应式特征。在这种情况下，系统（或子系统）会对离散的事件做出反应，例如 HTTP 请求，在等待事件触发的过程中不会垄断计算资源。这种固有的并发性使得它比传统的同步方法调用在延迟方面表现得更好。编写事件驱动程序的另一个好处就是组件是松耦合的，从长期来看，软件更加具有可维护性。

1.1.3 反应式编程

反应式编程是一种基于数据流和**变更传播**（propagation of change）的编程范式。例如，表 1.1 所示的电子表格。

表 1.1 阐述反应式编程理念的简单电子表格

	A	B	C
1	6	7	42
2			
3			

单元格 C1 是以编程的方式来定义的，方式如下：

```
= A1 * B1
```

如果在电子表格软件中运行上述的样例，当 A1 或 B1 的值发生变化时，那么 C1 的结果也会相应改变。电子表格隐含的编程语言允许我们定义数据之间的关联关系，这样就能实现跨表格的变更传播。

为了实现实时的电子表格软件，如 Google Drive 上那样的表格，需要在更为低层级的概念上进行构建，例如事件：当用户修改单元格 A1 的值，就会触发一个事件。所有对 A1 内容感兴趣的单元格，例如包含表达式的 C1，为了响应这个事件，都会重新计算自身的值并将新的值显示出来。这个过程对用户是完全隐藏的，用户只需要描述单元格之间高层级的关联关系即可。

在 Web 应用的开发过程中，这项技术被越来越多地用于前端应用的开发：例如 KnockoutJS、AngularJS、Meteor 和 React.js 这样的工具都使用了该范式。由于开发人员只需要描述如何通过用户界面传播数据的变更，不需要关心为特定 DOM 元素声明监听器的细节，因此能够极大地简化反应式用户界面的实现过程。我们将会在第 8 章中详细介绍反应式用户界面的内容。

在这种抽象方式中，事件扮演了核心的角色，类似的抽象方式也出现在服务端。这里出现了一种名为**反应式流**（reactive stream）的新理念，我们将会在第 9 章讨论这个话题，它致力于为 JVM 上的异步流处理提供统一的接口。

1.1.4　反应式技术的涌现

近几年来，开发出的很多技术和框架在有些方面是共通的，可以从广义上归类为反应式技术。虽然构建反应式应用并不仅仅是使用反应式技术那么简单，但是技术必须要满足一些先决条件，这样才能启用反应式行为，其中最重要的功能就是**异步**和**事件驱动**代码执行。

微软的 Reactive Extensions 能够用来组合异步和基于事件的程序，用于支持.NET 平台和其他平台，如 JavaScript。Node.js 是一个流行的平台，能够用 JavaScript 构建异步、事件驱动的应用。在 JVM 上，有一些库能够帮助我们实现这些功能，如 Apache MINA 和 Netty。

这些低层级的技术都提供了构建异步和事件驱动应用的基本工具，但是要实现完整的 Web 应用，还有很多的工作要做。我们需要处理代码组织、视图模板、静态资源的引入和组织（如样式表和 JavaScript 文件）、数据库连接和安全等问题。目前，已经有很多所谓的全栈 Web 应用框架，但是很少会同时包含反应式技术，而从底层就使用反应式技术构建，以及在核心包含反应式理念的框架更是少之又少。全栈框架需要关注应用构建和部署过程中的所有分层：客户端 UI 技术（或者与其进行集成的方式）、服务端业务逻辑、认证、数据库访问集成以及用于通用任务（例如远程 Web 服务调用）的各种库。在反应式应用中，所有的这些分层都要按照相同的异步通信和错误恢复原则来协作。

在 JVM 上，目前唯一成熟的全栈反应式 Web 应用框架就是 Play。其他诸如 Lift 等一些框架虽然在构建 Web 应用方面提供了一个很好的可选方案，但它们并没有将异步、故障恢复以及可扩展性作为主要的设计目标。

Play 构建在 Netty 之上，用**反应式流**（reactive stream）所提供的异步流处理实现反应式行为（见图 1.1）。

Play 解决了 Web 应用开发中典型的关注点，例如客户端资源处理、项目编译以及使用 sbt 构建工具进行打包。它自带了很多有用的库来处理通用的关注点，例如 JSON 处理和 Web 服务访问，还支持通过一系列插件来访问数据库。在本书中，我们将学习如何以 Play 框架作为有效的工具来构建反应式 Web 应用。

我们现在近距离地看一下 Web 应用是如何运行的以及它们会如何使用计算资源，从而理解反应式 Web 应用的异步、事件驱动行为为何是必要的。

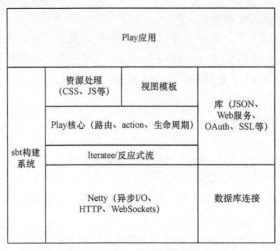

图 1.1 Play 框架的整体架构

1.2 重新思考计算资源的利用

为了理解实现反应式应用的原因和方法，我们需要先快速地浏览计算机的发展历程。显然，在过去的几十年间，它们演化了很多，尤其是在 CPU 时钟速度（从 MHz 到 GHz）和内存（从 KB 到 GB）方面。但是，最重要的变化发生在最近几年，尽管 CPU 的时钟速度没有明显的增长，但是每个 CPU 的核心数量在发生着变化。在编写本书的时候，大多数的计算机至少都有 4 个 CPU 核心，已经有厂商提供 1024 核的 CPU。此外，计算机的整体架构和程序的执行机制并没有经历太明显的演化，所以这种架构的一些限制，如冯·诺依曼瓶颈（von Neumann bottleneck）[1]，会越来越成为一种问题。为了理解这种演化如何影响 Web 应用的开发，我们来看两个最流行的 Web 服务器架构。

1.2.1 基于线程与基于事件的 Web 应用服务器

大致来讲，Web 服务器可以采用两种类型的编程模型。在基于**线程**的模型中，会有大量的线程来负责处理传入的请求。在基于**事件**的模型中，会有少量的请求处理线程，它们之间通过消息传递来互相通信。反应式 Web 应用服务器采用的是基于事件的模型。

1. 基于线程的服务器

对于基于线程的服务器，如 Apache Tomcat，我们可以将其想象为有多个站台的火

---

1 John Backus, "Can programming be liberated from the von Neumann style? A functional style and its algebra of programs," Communications of the ACM 21 (8) (August 1978): 613-41.

车站[1]。火车站的主管（acceptor 线程）负责决定每趟列车（HTTP 请求）要经停哪个站台（请求处理线程）。在同一时刻，所允许的最大列车数量与站台数量相同。图 1.2 所示为基于线程的 Web 服务器处理 HTTP 请求的运行机制。

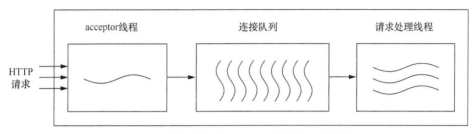

图 1.2　基于线程的 Web 服务器的运行机制

顾名思义，基于线程的 Web 服务器要依赖于众多的线程和队列。列车与基于线程的 Web 应用服务器的类比关系见表 1.2。

表 1.2　将基于线程的 Web 应用服务器想象为火车站

火车站	基于线程的服务器
驶入的列车数量超过站台数，列车必须要排队等待	到达服务器的 HTTP 请求的数量超过工作者线程（worker thread）的数量，连接该应用的用户必须要等待
在站台上等待时间太长的列车可能会被取消	HTTP 请求如果等待处理的时间过长，那么请求可能会被取消，用户会看到一个"HTTP Error 408 - Request timeout"的页面
火车站如果有太多的列车排队，可能会导致大面积延误，乘客会就此放弃出行，转而回家	如果太多的请求处于排队状态，可能会导致用户离开这个站点

2．基于事件的服务器

为了阐述基于事件的服务器是如何运行的，下面以餐厅的服务员为例进行说明。

服务员可能收到多个顾客的订单，并将它们送到厨房的多个厨师手中。服务员会根据手头的不同任务分配自己的时间，而不是在一项任务上花费太多的时间。他们不需要一次性处理整个订单：先上饮料，然后上主菜，最后上甜点和咖啡。这样服务员才能同时有效地服务于多个桌位上的顾客。

在编写本书的时候，Play 是构建在 Netty 之上的。用 Play 构建应用时，开发人员需要实现厨师的行为，即生成响应，而不是服务员的行为，这些行为 Play 已经提供了。

1　参见 Julian Doherty, "How Your Web Server Works".

基于事件的 Web 服务器的运行机制如图 1.3 所示。

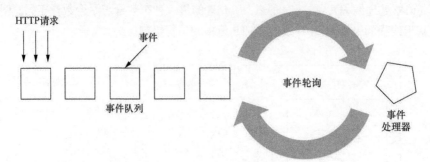

图 1.3 基于事件的 Web 服务器的运行机制

在基于事件的 Web 服务器中，传入的请求被切分为事件，这些事件代表了处理整个请求的过程中所涉及的各个更小的工作，如解析请求体、从磁盘获取文件或者对其他 Web 服务的调用。切分的过程是由**事件处理器**（event handler）来完成的，它们可能会触发 I/O 操作，进而产生新的事件。例如，我们要发起一个请求，获取 Web 服务器上某个文件的大小。在这种场景中，处理这个请求的事件处理器会向磁盘发起一个异步的调用。当操作系统得到了该文件的大小后，它会发起一个中断（interrupt），这会产生一个新的事件。轮到处理这个事件时，所得到的响应就会包含文件的大小了。当操作系统在计算文件的大小时，事件轮询（event loop）机制能够处理队列中的其他事件。

在事件编程模型中，很重要的一点就是花在每个任务上的时间要很少。如果某位厨师坚持将服务员给他的订单全部处理完再上菜的话，那么当服务员过了很久终于从厨房出来的时候，他将面对的是很多因没有得到招待而怒不可遏的顾客。只有整个**管道**（pipeline）都是**异步**的，事件模型才会有效：订单或者是 HTTP 请求，在处理的时候，没有**阻塞**。术语**非阻塞 I/O** 通常用来指输入-输出操作，在完成它们的工作时，不会占用当前正在执行的线程，而是在任务完成时发送一个通知。

3. 基于线程和基于事件的 Web 服务器的内存使用情况

基于事件的 Web 服务器在硬件资源的使用方面要比基于线程的 Web 服务器表现更好。我们不用创建成千上万个像"列车轨道"那样的工作者线程来处理大量的传入请求，只需要几个"服务员"线程就可以了。使用较少数量的线程会有两个优势：减少内存占用和提升性能，而性能的提升主要归因于减少上下文切换的次数、线程切换的时间以及调度的开销。

在 JVM 中，所创建的每个线程都有自己的栈空间，默认是 1MB。Apache Tomcat 默认线程池是 200MB，这就意味着为了启动起来，Apache Tomcat 需要 200 MB 的内存。与之形成鲜明对比的是，只需要 16MB 的内存就能运行一个简单的 Play 应用。目前，200 MB 算不上是很大的内存，但别忘了，同时处理 200 个传入的 HTTP 请求就会需要 200MB，这还没有考虑处理这些请求所涉及的额外任务将耗费的内存。如果想要同时满足 10 000 个请求，就会需要大量的内存，但是这些内存并不一定始终可用。在面临大量并发用户时，基于线程的模型扩展起来之所以会非常困难，是因为它的内存需求不一定能够得到满足。

除了要用到大量内存，基于线程的方式也无法高效地利用 CPU。

1.2.2 开发适合多核架构的 Web 应用

基于线程的 Web 服务器依赖于多个线程池来为传入的请求分发可用的 CPU 资源。这种机制对开发人员来说基本上是隐藏的——让开发人员认为只有一个主线程。客观来说，基于这种抽象机制进行开发，能够隐藏处理多线程所带来的复杂性增加，在初期来看似乎更简单。实际上，像 Servlet API 这样的规范会给我们一种错觉，那就是只有一个主线程在执行，它在响应传入的 HTTP 请求，并且所有可用的资源都在响应该请求。但现实是有一些差异的，这个有漏洞的抽象有自己的缺点。[1]

1. 共享可变的状态和异步编程

如果所构建的 Web 应用是由基于线程的服务器来提供服务的，那么你很可能遇到过使用**共享可变**（mutable）状态所引发的竞态条件。在 JVM 上，尽管线程是并行运行的，但它们并不是隔离运行的：它们会访问相同的内存空间、已打开的文件句柄以及其他跨线程共享的资源。这种问题的一个典型样例就是在 Java Servlet 中使用 DateFormat 类，如下所示：

```
private static final DateFormat dateFormatter = new SimpleDateFormat();
```

上面这行代码的问题在于 DateFormat 并不是线程安全的。如果有两个线程并发访问，那么它并不会根据哪个线程在调用采取不同的操作，而是用相同的变量来保存内部状态。这会导致难以预料的行为，从而引发很难理解和分析的缺陷。即便是富有经验的开发人员，也需要花费很长的时间去理解竞态条件、死锁以及其他由这种糟糕情况所引发的稀奇古怪的问题。这并不是说按照事件方式编写的应用程序就没有共享可变状态所带来的问题，在大多数情况下，都是由应用的开发人员来决定是否要使用可变的数据结构，并决定将这些数据结构对外暴露到什么水准。但是，像 Play 这样的框架和 Scala 这样的语言在设计上就不鼓励开发人员使用共享可变状态。

2. 语言设计与不可变状态

支持使用**不可变**（immutable）状态的语言和工具必须处理并发访问的 Web 应用程

---

[1] Joel Spolsky, "The Law of Leaky Abstractions".

序这一过程变得更容易了。Scala 编程语言在设计上默认使用不可变的值，而不是可变的变量。尽管我们在 Java 中也可以按照不可变的风格来编写程序，但是会比 Scala 涉及更多的样板式代码。例如，在 Scala 中声明不可变值的方式如下所示：

```
val theAnswer = 42
```

在 Java 中，要实现相同的效果需要明确添加 final 关键字：

```
final int theAnswer = 42
```

看上去，这似乎只是一个很小的差异，但是在编写大型的应用时，这意味着 final 关键字要使用很多次。而对于更为复杂的数据结构，如 List 和 Map，Scala 提供了版本可变和不可变版本，默认推荐使用的是不可变版本，如下所示：

```
val a = List(1, 2, 3)
```

而对于 Java 来说，在它的集合库中并没有提供不可变的数据结构。我们必须要使用第三方的库，例如谷歌的 Guava 库，这样才能得到可用的不可变数据结构。

> **Scala 编程语言**
>
> Scala 编程语言一个主要的设计目标就是帮助开发人员克服多核以及分布式系统编程所带来的复杂性。在实现这一目标时，它使用不可变的值和数据结构，而不是可变的值和数据结构，提供了函数以及高阶函数作为语言的一等公民，同时简化了面向表达式的编程风格。鉴于此，本书中的例子是用 Scala 编写的，而不是 Java（不过，需要指出的是，Play、Akka 以及 Reactive Stream 都有 Java API）。我们将会在第 3 章重新审视 Scala 中函数式编程的核心概念。

3. 锁与竞争

为了避免对非线程安全的资源进行并发访问所导致的副作用，我们通常会用到锁，以此让其他线程知道某项资源正处于繁忙的状态。如果所有的事情都正常运行，那么持有锁的线程会将锁释放，并通知其他等待线程可以尝试访问资源了。但是，在有些场景下，线程可能会等待另一个线程释放锁，从而陷入**死锁**（deadlock）。如果一个线程持有资源的时间太长，从其他线程的角度来看，那么这可能会导致资源**饿死**（starvation）。如果 Web 应用的负载大量依赖于锁，那么出现**锁竞争**（lock contention）就不是什么罕见的事情，这会导致整个应用性能的下降。

CPU 厂商所提供的新式多核架构并没有改善这种现状。如果一个 CPU 能够提供 1000 个真正的执行线程，但是其应用需要依赖锁来同步内存中几块内存的访问，那么我们可以想象这种机制会带来多么严重的性能损耗。显而易见，我们需要一种更加适用于多线程和多核范式的编程模型。

4．异步编程的复杂性

长期以来，在开发人员群体中，编写异步程序并没有真正流行起来，这是因为它要比编写老式的同步程序更困难。与同步程序中操作的顺序序列不同的是，当我们按照异步风格编程时，请求处理过程可能会被拆分为多个片段。

在编写异步代码时，一种很流行的方式就是使用回调。程序的执行流程在等待操作完成时（如从远程的 Web 服务检索数据时）并不是阻塞的，所以开发人员需要实现一个回调方法，当数据可用的时候就会执行这个方法。支持线程编程模型的人可能会认为流程稍一复杂，就会导致名为"回调地狱"的代码风格，如程序清单 1.1 所示。

程序清单 1.1　JavaScript 中回调嵌套的样例

主函数由条目列表及其价格所组成

第一个回调方法处理条目的获取

第二个回调方法的调用是针对每个条目的

第三个回调方法处理每个条目价格信息的获取

第四个回调方法进行价格信息无法正常获取的错误处理

第五个回调方法进行条目信息无法正常获取的错误处理

```javascript
var fetchPriceList = function() {
    $.get('/items', function(items) {
        var priceList = [];
        items.forEach(function(item, itemIndex) {
            $.get('/prices', { itemId: item.id }, function(price) {
                priceList.push({ item: item, price: price });
                if ( priceList.length == items.length ) {
                    return priceList;
                }
            }).fail(function() {
                priceList.push({ item: item });
                if ( priceList.length == items.length ) {
                    return priceList;
                }
            });
        });
    }).fail(function() {
        alert("Could not retrieve items");
    });
}
```

可以想象，如果要从更多的源获取数据，那么回调嵌套的层级会进一步地增加，代码会更加难以理解和维护。目前，有很多关于"回调地狱"的文章，甚至还有一个针对该问题的 callbackhell 网站，而在较大型的 Node.js 应用中，经常会遇到这种问题。

但是，编写异步应用并非一定要如此艰难。回调作为一种抽象，在编写复杂的异步流时，显得过于底层。在编写更易于理解的异步程序方面，JavaScript 只是没有跟上工具和抽象的步伐，但是像 Scala 这样的语言在设计时就考虑到了这些抽象，它使用了众所周知的函数式编程原则，从而有可能从不同的角度解决这个问题。

5．编写异步程序的新颖方式

受函数式编程理念启发的工具能够极大地简化多步回调的处理，这些理念包括 Java 的 lambda 表达式或 Scala 的一阶函数（first-order function）。除了内置在编程语言中的工具， Future 和 Actor 这样的抽象也是很强大的方式，可以用于编写和组合异步的请求处理管道，在很大程度上消除"回调地狱"的影响。

从命令式、同步风格的应用编写方式转换为更加函数式和异步的风格并不是一蹴而就的。我们将在第 3 章和第 5 章讨论异步编程的工具、技术和思维模型。

通过采用基于事件的请求处理模型，Play 能够更好地利用计算机的资源。即便我们已经有了非常高性能的请求处理管道，当达到服务器的硬件极限时，又该怎么办呢？接下来，我们看一下 Play 如何帮助我们**水平扩展**（scale horizontally）至多台服务器。

1.2.3　水平应用架构

在开发 Web 应用时，必须要做一些基础的选择，这些选择对 Web 应用如何运维有着深远的影响。但令人遗憾的是，在开发 Web 应用时通常并不会考虑代码交付并部署到生产环境服务器之后所发生的事情。这会带来很严重的局限性，例如在一台以上的计算机上运行应用的情况下，如果应用从设计之初就没有考虑这种部署模式，那么它很可能无法按照这种方式来实际运行，除非做一些明显的代码变更。在下面的讨论中，我们将会探讨几种部署模式，并考虑其收益和局限性。我们还会看一下所谓的**水平部署模式**（horizontal deployment model）的优势——反应式应用能够实现这种模式，并且会主要使用该模式。

1．单服务器部署

单服务器部署是一种很常见的部署模式，是指 Web 应用部署在一台计算机上，而数据库通常会部署在相同的计算机上，如图 1.4 所示。

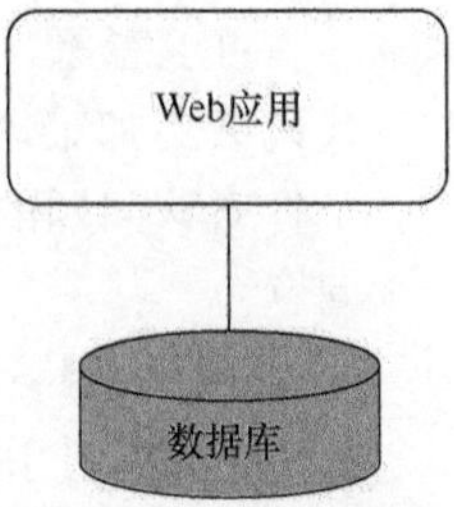

这种部署被广泛采用，这主要归因于它的简洁性，但是它也有几项很重要的局限性。当服务器的负载超过硬件的处理能力、硬件出现故障或者需要安装安全或应用本身的更新时，应用会不可避免地出现不可访问的现象。采用这种部署形式时，可用的负载在很大程度上依赖于硬件——当需要更高的性能时，需要使用更强大的计算机，这种计算机要有更多的内存和更快的 CPU。通过切换至更高性能的硬件来增加服务器负载能力的过程称为**垂直扩展**（vertical scaling）。

图 1.4　单服务器部署模式

2．副本部署

对于需要更高可用性和性能的应用来说，一种流行的搭建方式就是在两台计算机上构建数据的**副本**（replication），如图 1.5 所示。

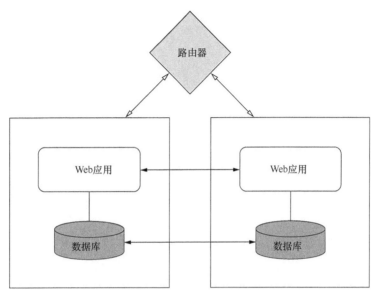

图 1.5　副本部署模式

采用这种模式的部署时，数据库和服务端状态（例如服务端用户会话或缓存）都需要采用副本的方式（通过使用 Apache Tomcat 的集群或类似功能）。在数据库层面，可以采用 master-to-master 副本的方式。这种解决方案能够使应用依次更新，从而保证应用在更新时是可用的。但是，在搭建这种类型的环境时，正确配置的复杂性在于副本的数量往往并不局限于两个。从开发人员的角度来看，Web 应用依然会像在单台计算机上运行那样进行开发，底层框架或应用服务器负责处理服务器状态的副本。

多机搭建的复杂性其实并没有消除，而是将麻烦推到了应用服务器上。这导致很难优雅地处理错误状态（在不过分打扰用户的情况下），因为错误会在不同层级出现，并不局限于应用本身，而且它不会是首先需要考虑的问题。

3．水平部署

在水平部署模式中，相同版本的应用部署到了多个节点上，如图 1.6 所示。

这些节点可能是物理计算机，也可能是虚拟机，它们有一个很重要的特点，那就是彼此之间不知道对方的存在，不共享任何状态。这种**无共享**（share-nothing）原则是所谓的**无状态**（stateless）架构的核心，在这种架构中，每个节点是自包含的，它的存在或消失不会以任何方式影响其他节点（不过，根据流量的情况，可能会提高或降低负载处理能力）。这种架构的优势在于应用可以很容易地进行扩展，只需在前端路由添加新的节点，而更新时可以添加带有新版本的新节点，然后让路由层指向这些新节点即可。这种所谓的热重部署（hot redeploy）机制在平台即服务（platform-as-a-service，paas）提供商中非常常见，如 Heroku。

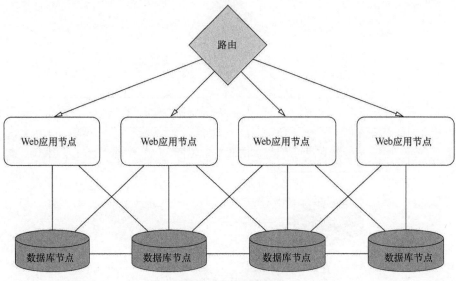

图 1.6 水平部署模式

在存储层，与非共享 Web 应用层配合比较好的是支持某种形式集群的存储技术。像 MongoDB、Cassandra 和 Couchbase 这样的 NoSQL 数据库以及新版本的关系型数据库（如 WebScaleSQL），都是非常适合可扩展前端架构的存储技术。

使用水平部署模式的一个结果就是用户可能会连接到任意一个前端节点上，这取决于路由层，这种方式并不会保证始终连接到相同的节点上。因为节点之间没有共享的状态，所以服务端的会话（Servlet 标准和基于该标准构建的框架中会默认存在）就无法使用了。Play 框架在核心中采用了非共享的理念，并基于 cookie 提供了客户端会话（参见第 8 章）。

因为 Play 内存占用很少，所以它非常适合通过 PaaS 或其他基于云的平台进行多节点部署，在这些部署环境中，单个节点的可用内存通常要比专属服务器少得多。

1.3 将故障处理作为第一考虑因素

当纽约证券交易所（New York Stock Exchange，NYSE）在 2012 年 8 月 1 日早上 9:30 开盘的时候，骑士资本集团（Knight Capital Group，KCG）的自动交易软件就开始自动

进行股票交易，这个软件的业务功能就是这样设计的并且已经运行了很多年。最近，应用的新版本在服务器上进行了部署，允许客户与 NYSE 的**零售清算程序**（retail liquidity program）进行交互。但是，在 8 月 1 日，事情有了一些变化：从开盘到该程序关闭的45 分钟里面，这个应用共造成了 4.4 亿美元的损失。[1]

构建不会出现故障的应用是非常难的，如果应用要按照一个合理的节奏来进行构建，那么想避免故障几乎是不可能的。反应式应用不会竭力避免故障，而是会按照包容故障的理念去设计和构建应用，它采用了**监管**（supervision）的原则，如果 KCG 采用这种方式去构建，那么可能会避免悲惨的命运。反应式应用能够自行探测到故障，并自动进行恢复或者降级，将灾难性损失降至最低。

要理解如何应对故障，我们首先看一下都有哪些因素可能会出错，然后仔细分析一下故障为何是不可避免的（对于这一点，你可能并未完全信服），以及采用什么样的技术能够应对故障。

1.3.1　故障是无法避免的

在航天飞机的开发团队中，他们所构建的软件要支撑航天飞机的运行，这样的团队每天只会编写几行代码[2]，但是与大多数的开发团队不同的是，大多数团队所生产的软件会包含错误（另外，也希望每天会生成更多的代码行）。即便采用测试驱动开发方法并达到非常完美的代码测试覆盖率，也很难保证软件是完全没有错误的。应用会因为人类错误的原因而产生故障，因此增强软件质量是一个迭代式的过程。当涉及分布式系统时，软件会运行在不同的计算机上，构建能够容错的应用就会变得困难很多。

在 2000 年 7 月举办的关于**分布式计算原则**（principles of distributed computing）的ACM 研讨会（ACM Symposium）上，Eric Brewer 做了一个主题演讲[3]，在这个演讲中他提出了 CAP 理论。CAP 分别代表**一致性**（consistency）、**可用性**（availability）以及网络**分区**（partition）下的容错。

这个理论的核心思想就是在网络分区（见图 1.7）的情况下，我们可能实现跨服务器的数据一致性或者实现所有服务器的可用性，但是无法同时满足这两点。

假设我们要构建一个在线交易平台，用来处理大量的订单。为了满足期望的负载，我们搭建了 4 台服务器，使它们都与外网连接，并且通过 LAN 实现了互相连接（在实际中，这样的搭建方式无法通过任何在线交易系统所需的安全审计，对此不必在意，我们只是将其作为一个例子来进行后续的阐述）。每个服务器上都运行着一个 Web 应用以

---

[1] Doug Seven, "Knightmare: A DevOps Cautionary Tale".
[2] Charles Fishman, "They Write the Right Stuff" (December 31, 1996).
[3] Eric Brewer, "Towards Robust Distributed Systems".

及一个数据库，在 LAN 中，数据库通过副本保持数据变更的同步。当在任意一个节点下订单之后，这个信息将会自动传播到所有其他的服务器实例上，因此能够确保这个小集群中的数据一致性。

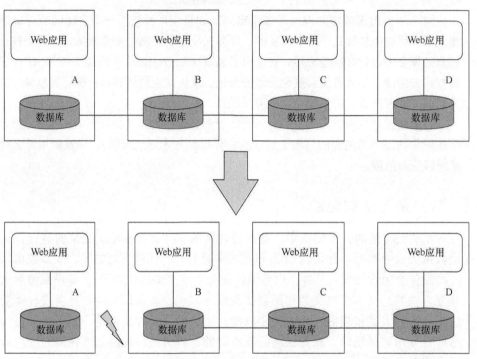

图 1.7 某系统的网络分区，它有 4 台服务器。当出现分区的时候，虽然服务器 A 与其他服务器隔离开了，但是这个服务器上所运行的应用依然能够被外部访问。
这台服务器上发生的变更会被隔离，一旦网络分区结束，服务器 A 与
服务器 B、C 和 D 之间可能会出现数据不一致的情况

现在假设办公室清扫人员碰掉了连接服务器 A 的 LAN 线缆，导致它无法与内部网络连接，但是它依然可以连接外部网络。如果用户通过服务器 A 下订单并购买一定数量的股票，那么订单能够正常执行，但是也无法阻止另一个用户通过系统的其他节点购买相同的股票——它也能够正常执行。当网络恢复时，我们会发现节点 A 处于一种不一致的状态，从而会遇到麻烦，因为同样的股票出售了两次。

我们可以争辩说网络分区是比较罕见的事情，但是它确实会经常发生，因此不能忽视这个问题。例如亚马逊的 DynamoDB 技术，在设计之时就将网络分区作为重要的组成部分。[1]将**命令查询职责分离模式**（command and query responsibility segregation，cqrs）

---

[1] Giuseppe DeCandia et al.，"Dynamo:Amazon'sHighlyAvailableKey-valueStore"。

与**事件溯源**（event sourcing）结合起来使用是一种逐渐变得流行的混合技术（见第 7 章），它能够实现最终**一致性**（eventual consistency），也就是确保系统的所有节点即便开始的时候并不一致，但是最终会**汇集**（converge）起来，所有的节点都会看到更新的最后版本。

其实事情还会更有意思，在分布式系统中，网络分区只是导致问题出现的因素之一。1994 年，Peter Deutsch 提出了分布式计算的 7 项谬误；1997 年，James Gosling 在此基础上又新增了一项。这就形成了众所周知的分布式计算 8 项谬误[1]：

①　网络是可靠的；

②　延迟为零；

③　带宽是无限的；

④　网络是安全的；

⑤　拓扑结构不会发生变化；

⑥　只有一个管理员；

⑦　传输成本为零；

⑧　网络是同质的（homogeneous）。

由此可以看出，有很多原因会导致构建高可用的系统非常困难。为了让一个系统真正有**弹性**（resilient），我们就不能事后考虑容错，必须从一开始就正确处理这一问题。

1.3.2　构建应用时，要充分考虑到故障

尽管故障是不可避免的，但有些办法可以对系统应对故障和从故障中恢复的方法产生影响，并不是所有的故障都会导致整个应用不可用。

1. 有弹性的客户端

举例来说，在线服务 Trello 是一个基于 Kanban 理念的项目管理工具。Trello 允许用户创建卡片并编辑其内容，允许将它们从一个列表拖动至另一个列表并执行很多其他的操作。不管是客户端还是服务端，出现网络连接故障时，Trello 应用并不会简单地停止响应，而是表现出反应式 Web 应用最重要的行为之一——弹性。用户可以继续使用服务，不必打断自己的工作，当网络恢复时，本地存储的行为将会传输回服务器端。如图 1.8 所示，用户会不断接收到关于应用现状的提示，能够知道他们的行为可能无法正确保存。

---

[1] "The Eight Fallacies of Distributed Computing".

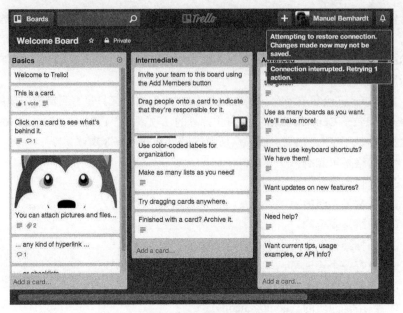

图 1.8　Trello 中的故障处理和用户交互

2. 舱壁

水密舱壁分区（watertight bulkhead partition）技术在造船领域已经用了上百年之久，它通过划分不同的区域，能够有效防止轮船沉没。假设轮船撞上了冰山，只有受损的密封舱会进水。如果能够保证足够多的密封舱不受影响，那么轮船就能保持漂浮状态（这里需要指出的是，在泰坦尼克号事件中，舱壁并不是真正密闭的，这也解释了为什么这种机制没能像设计的那样发挥作用）。

舱壁模式可以用在 Web 应用的各个层级。例如，LinkedIn 的首页在不同区域展现了很多信息：你可能认识的人、你最近访问的人、浏览过你基本信息的人、浏览过你最近更新的人，等等。虽然这些区域看起来是同时加载的，但实际上它们是通过各种后端服务检索得到的，然后以异步的方式组合在一起。[1] 当其中的一个后端服务不可用或者需要很长的加载时间时，其他的服务不会因此受到影响，并且会基于**先到者先接受服务**（first-come first-served）的原则进行加载。对于无法获取服务响应的区域，我们可以采用不同的方式渲染，如果必要，也可以将其完全隐藏。

3. 监管与 Actor

为了实现容错，反应式应用采用了**监管**（supervision）这一基础概念。

---

[1]　Yevgeniy Brikman, "Play at LinkedIn: Composable and streamable Play apps".

提到"监管"这个词时，你可能首先会想到成人监管孩子或者工作环境中的监管。在这两种场景下，都存在一个层级关系——父母与孩子之间或者是老板与员工之间。尽管在本质上有所差异，但是这种人类关系有以下几个共同点：

- 监管者（父母或老板）要对被监管者（孩子或员工）所犯的错误负责；
- 监管者了解被监管者所犯的错误（现实未必总是如此，但是在这个阐述中，我们假设是这样的）；
- 监管者必须要决定如何应对这些错误。

基于这三方面，我们可以说软件系统中的"监管者"就是某种形式的**关注点分离**（separation of concerns），即对执行任务的职责、确保故障能够得到处理以及决定如何处理故障的职责进行了分离。

Joe Armstrong 在论文《Making reliable distributed systems in the presence of software errors》[1]中引入了 Erlang 计算语言，这种语言基于"软件不管测试得多好，其中总是还会有错误"这样的理念。他进而介绍了"监管"的理念，以此作为应对这些错误的一种手段。

在实现给定的任务时，开发人员不一定能够预测出所有可能出现的错误。在实现应用的时候，往往会有一定程度的不可确定性。即便能够预测到产生错误的条件，也不一定明确对错误的最佳反应方式，因为这依赖于应用当前的状态。软件系统，尤其是分布式系统，会将多个动态组件组合在一起，要通过经验并观察系统实际的行为来实现健壮性和可靠性。通过将任务中有风险的代码隔离到受监管的代码单元中，开发人员能够认识到这些系统中会存在一些有时难以预料的因素，并将这种不可预测性纳入设计之中。

关于监管，Actor 编程模型中有一种很流行的实现方式，这也是 Erlang 的核心所在。在 JVM 领域，Akka 提供了这种模式。它围绕着很小的软件代码单元来进行构建，这些单元称为 Actor，它就像人类一样，能够通过发送和接收消息实现彼此间的交互。与人类的信息交流类似，消息是以异步的方式发送的，这意味着 Actor 在等待消息响应进而恢复其工作的时候，并不会处于冻结的状态。

Actor 位于一个监管层级体系中：每个 Actor 都有一个监管者，同时还可以有一个或多个它所负责的子 Actor。子 Actor 所引发的未处理错误将会传递给父 Actor，由父 Actor 决定采用哪种方式来应对。有关 Actor 的详细内容参见第 6 章。

1.3.3　处理负载

反应式 Web 应用在设计之时就要考虑如何应对各种负载。在构建 Web 应用时，开发人员需要将应用能够处理的负载作为重要方面纳入设计之中。负载会按照应用每秒钟能够处理的请求数来表示。根据应用的不同，这方面的差别会很大：公司内网中的会议

---

[1] 这篇文章的 PDF 版本可以从 Manning 官网获取。

预订应用不可能像共享有趣视频片段的社交网站那样吸引人（或者吸引那么多的用户）。通常来讲，在项目的初期阶段，担心应用的性能通常被视为**过早优化**（premature optimization），虽然他们的态度认为，"当有足够的用户时，我们自然会处理好的"。但是，实际上，如果网站很受欢迎，用户并不会那么优雅地轮流访问站点，从而给开发人员足够的时间来想办法增加容量。相反，站点可能会被某个流行的新闻 feed 站点所关注，如 Hacker News，突然之间就会有成千上万的用户涌入（值得一提的是，Hacker News 通常还会报道一些被其收录所造成的影响，有时候还会包含 Amazon Web Services 的账单）。这种用户访问的爆发通常是难以预料的，如果无法妥善应对，那么网站将会失去难得的被公众关注的机会。

我们需要让应用能够在高负载下正常运行并扩展至必要数量的节点（硬件服务器或虚拟服务器），这不应该是事后才考虑的事情。与一些简单的特性不同，例如使用已有的 Google、Facebook 或 Twitter 账号进行登录，扩展性是一个横切性的关注点，从设计之初就应该考虑进来。反应式系统通常会采用无状态的架构，就像 1.2.3 节的"水平部署"中所讨论的那样。接下来，我们看一些应对应用负载增长的工具。

1. 借助 Little 法则进行容量规划

Little 法则是一个源于排队论的公式，通常用于规划电信基础设施（例如传统电话的安装）。在用于 Web 服务器领域时，可以表述为：

$$L = \lambda * W$$

其中，

- L 代表相同时间内服务的请求数量；
- λ 代表请求到达系统的平均速度；
- W 代表处理请求的平均时间。

在公司内网使用的会议室预订系统中，如果平均每分钟有一个请求并且每个请求需要耗费 100ms 的时间来进行处理，那么并发请求的平均数大约就是 0.0017。换句话说，我们没有必要担心这个应用的扩展问题。

此外，分享有趣视频的站点每秒会有 10 000 个请求（很多人喜欢看这样的视频），如果请求的处理时间是 100ms，那么这个应用所面临的平均并发请求是 1000 个。在这个场景下，我们就需要做一些设计和部署的决策，使应用能够同时处理 1000 个请求，假设系统中的每个节点能够处理 100 个并发请求，那么需要 10 个这样的节点来应对整体的负载。

2. 动态扩展与伸缩

正如之前所述，很难事先预测 Web 站点的有效用户数量。每天的时间段、气候条件或者是否被社交媒体服务提及，这些因素都可能会影响视频分享网站的负载。我们不会让应用始终都处于全容量的规模运行，而是根据负载来进行扩展或伸缩，这样能够节省费用。

衡量站点有效负载的一种方式就是使用监控工具，然后根据负载相应地关闭或启动节点。但是下面的场景听起来就有些夸张了，运维人员凌晨 3 点收到短信，提示负载增加了，然后他从床上爬起来，上网登录 Heroku 并调整主机的数量——这对于网站的运维人员来说并不是一个好的策略。而更合理的方式是组合使用 Little 法则和一些脚本，让这个过程实现自动化。我们将会在第 10 章看到如何借助 Clever Cloud 实现 Play 应用的弹性扩展部署。

3. 回压传播

有趣视频分享的 Web 应用有一个主要特性，就是向访问者播放这些视频。如果我们将视频存储在第三方服务上，如 Amazon S3，并在站点上使用视频播放器进行播放，就需要通过服务器将视频以流的方式传递给客户端。但是，如果客户端没有像服务器端这么好的带宽（这样的场景很常见，对于移动设备更是如此），就需要在流的传输过程中将视频保留在服务器的内存之中。如果有很多用户同时观看视频，肯定很快就会耗尽内存。回压传播（back pressure propagation）会根据消费者端有效消费的速度来控制流的速度。借助这种方式，我们不会在服务器中保存完整的视频，因为与回压相关的基础环境能够调节从 Amazon S3 中获取数据的速度，这样在服务器上就会只占用少量的内存，随着视频在用户的手机上播放，才会去加载更多的数据。

Play 框架构建在回压概念之上并利用它来解决核心的关注点，例如请求体解析和 WebSocket 处理。在介绍反应式编程时，我们曾经简要介绍过反应式流，它提供了这种功能（见第 9 章）。

4. 断路器

有时候，我们可能无法对应用进行扩展，例如需要与遗留应用通信时（例如，银行环境中的大型机系统）。在这种情况下，使用不同的方式来应对负载的暴增，从而保护遗留服务不会出现过载，避免出现级联故障。

在电路中，断路器是一种自动开关，用于保护电路不出现过载或短路。抽象来讲，它的作用如图 1.9 所示。

在 Web 应用的场景下断路器会根据配置检查所保护的服务是否能够在特定的时间段内返回，如果服务所耗费的时间超出这个超时时间，那么断路器将会变为打开状态。在一定的时间之后（这也是可配置的），断路器将会处于半开状态，并且会再次连接服务进行尝试。如果它能够在约定的时间段内响应，那么断路器将会关闭；否则，断路器将会再次处于打开状态，并且会等待一段时间后再尝试恢复。

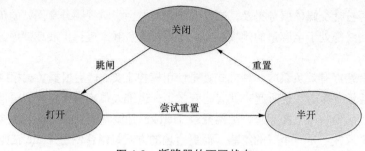

图 1.9　断路器的不同状态

断路器是一种保护遗留服务的有效手段。Play 能够非常容易地使用由 Akka 所提供的断路器，这种组合已经成功运用于加拿大沃尔玛站点的一个项目之中了。[1]

1.4　小结

在本章中，我们介绍了什么是反应式应用以及它为何如此重要，着重介绍了如下的内容：

- 反应式应用与反应式技术的含义与起源，包括 Play 框架；
- 介绍了 CPU 如何执行线程，基于事件的服务器通过异步、事件驱动的编程风格能够更好地利用资源；
- 不同的部署模式，包括在面对负载时能够更易于扩展的无状态、水平架构；
- 故障处理的重要性以及反应式应用为了实现弹性所采用的不同方法。

在下一章中，我们将借助 Play 框架实际动手构建一个小型的反应式 Web 应用。

---

[1]　Lightbend, "Walmart Boosts Conversions by 20% with Lightbend Reactive Platform".

第 2 章　第一个反应式 Web 应用

本章内容

- 创建一个新的 Play 工程
- 获取来自远程服务器的流式数据，并将其广播到客户端
- 故障处理

在上一章中，我们讨论了采用反应式的方式来设计和运维 Web 应用所能带来的收益，而 Play 框架是实现这些收益的合适技术。现在，我们要实际构建一个反应式 Web 应用。我们将会构建一个简单的应用——该应用会连接 Twitter API，进而检索 tweet 流，并使用 WebSocket 将其发送给客户端。

2.1　创建并运行新工程

开启一个新的 Play 工程的简便方式就是使用 Lightbend Activator——它对 Scala 的 sbt 构建工具进行了一层很薄的封装，提供了创建新工程的模板。如果开发人员的计算机已经安装了 Activator，就可以执行下面的命令了。如果没有安装，请参考附录 A 给出的详细安装指令。

首先在 workspace 目录下创建名为 "twitter-stream" 的新工程，这里会使用 play-scala-v24 模板：

```
~/workspace » activator new twitter-stream play-scala-2.4
```

以模板作为脚手架，便开始用 Activator 创建新项目了：

```
Fetching the latest list of templates...

OK, application "twitter-stream" is being created using the "play-scala-2.4"
➡ template.

To run "twitter-stream" from the command line, "cd twitter-stream" then:
/Users/mb/workspace/twitter-stream/activator run

To run the test for "twitter-stream" from the command line,
➡ "cd twitter-stream" then:
/Users/mb/workspace/twitter-stream/activator test

To run the Activator UI for "twitter-stream" from the command line,
➡ "cd twitter-stream" then:
/Users/mb/workspace/twitter-stream/activator ui
```

现在，我们可以在工程的目录下运行应用：

```
~/workspace » cd twitter-stream
~/workspace/twitter-stream » activator run
```

如果在浏览器上访问 http://localhost:9000，将会看到 Play 项目标准的欢迎页面。在运行 Play 工程时，可以通过 http://localhost:9000/@documentation 来访问文档。

Play 运行时模型 Play 有多种运行时模式。在**开发模式**（dev mode）下（通过 run 命令来触发），系统会持续观察源码的变化，如果有变化，工程会自动重新加载，从而实现快速部署。**生产模式**（production mode）用于 Play 应用的生成环境运维。最后，运行测试时，就会激活**测试模式**（test mode），如果想在测试环境中获取特定配置，这是很有用的。

除了通过 activator run 命令直接运行应用，还可以使用一个交互式的控制台。我们通过按<Ctrl+C>键停止应用，然后运行 activator 开启控制台：

```
~/workspace/twitter-stream » activator
```

这会开启控制台，如下所示：

```
[info] Loading project definition from
         /Users/mb/workspace/twitter-stream/project
[info] Set current project to twitter-stream
         (in build file:/Users/mb/workspace/twitter-stream/)
[twitter-stream] $
```

进入控制台之后，我们就可以运行 run、clean、compile 等命令。需要注意的是，这个控制台并非 Play 专有，而是所有 sbt 项目通用的。Play 为其新增了几个命令，使其更加适用于 Web 应用的开发。

表 2.1 列出了一些有用的命令。

表 2.1　在使用 Play 时，有用的 sbt 控制台命令

命令	描述
run	在开发模式下运行 Play 工程
start	在生产模式下运行 Play 工程
clean	清空所有编译的类和生成的资源
compile	编译工程
test	运行测试
dependencies	展现工程所有的库依赖，包括传递性依赖
reload	如果配置发生变化，重新加载工程的配置

　　如果在控制台通过 run 命令启动应用，那么可以通过按<Ctrl+D>键将其停止并返回控制台。

　　自动重加载　通过在命令上拼接"~"，如~run 或~compile，我们可以让 sbt 监听源文件的变化。通过这种方式，当源文件保存的时候，工程将自动重新编译或重新加载。

　　现在，所有都已就绪，我们开始构建一个简单的反应式应用，从这个空工程的名字可以猜到，它与 Twitter 有一定的关联。

　　我们所构建的应用将会连接 Twitter 的一个流式 API、异步地转换流并将转换后的流使用 WebSocket 广播给客户端，如图 2.1 所示。首先构建一个小的 Twitter 客户端来获取流式数据，然后构建转换管道，并在这个管道中嵌入一个广播机制。

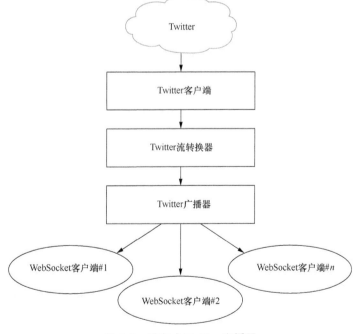

图 2.1　反应式 Twitter 广播器

2.2　连接 Twitter 的流式 API

首先连接 Twitter 的过滤器 API[1]。现在，我们只是聚焦于从 Twitter 上获取数据并将其展现在控制台上——在后面的内容中，我们会将其发给连接应用的客户端。

在指定的 IDE 中，将工程打开。大多数现代的 IDE 目前都支持 Play 工程的扩展，关于这方面的内容，读者可以查阅 Play 的文档，这里不会讨论如何在各种 IDE 上搭建开发环境。

2.2.1　获取到 Twitter API 的连接凭证

Twitter 采用 OAuth 认证机制来保护其 API。要使用 API，我们需要有一个 Twitter 账号以及 OAuth 消费者 key 和 token。如果没有 Twitter 账号，那么请进行注册，然后访问 Twitter 的 App 官网并申请访问 API。按照这种方式，我们会得到一个 API key 和一个 API secret，它们组合起来就表示消费者 key。除了这些 key 之外，还需要生成请求 token（在 Twitter App Web 应用的 Details tab 中）。这个过程结束时，我们应该能够得到 4 个值：

- API key；
- API secret；
- 访问 token；
- 访问 token secret。

获取到必要的 key 之后，我们需要将其添加到应用的配置中，即 conf/application.conf 文件中，这样就能在应用中很容易地获取这些值。在文件的末尾处添加这些 key，如下所示：

```
# Twitter
twitter.apiKey="<your api key>"
twitter.apiSecret="<your api secret>"
twitter.token="<your access token>"
twitter.tokenSecret="<your access token secret>"
```

2.2.2　解决 OAuth 认证的一个 bug

作为技术图书的作者，我希望样例能够流畅，代码看上去能够简洁、漂亮和优雅。但是，在实际的软件开发中，bug 却是无处不在的，甚至代码质量很高的项目也在所难

---

[1] Twitter API 的文档可以在其官网上查阅。

免。Play 框架无疑是代码质量很高的项目，但是它也存在 bug。其中有个 bug 源于 Play 所使用的 async-http-client 库，它影响到了 Play 框架的 2.4.x 系列版本。在不破坏二进制兼容性的前提下，这个 bug 解决起来并不容易，因此在 2.4.x 系列的版本中，它可能并不会修正。

具体来讲，如果请求中包含需要转码的字符（如@或#字符），那么这个 bug 会破坏 OAuth 的认证机制。因此，在使用 Twitter API 的所有章节中，我们必须要使用一个变通方案。打开工程根目录下的 build.sbt 文件，添加如下的这行代码：

```
libraryDependencies += "com.ning" % "async-http-client" % "1.9.29"
```

2.2.3 通过 Twitter API 获取流式数据

首先向 app/controllers/Application.scala 中的 Application 控制器上添加一些功能。打开这个文件，我们会发现它基本上没什么内容，如下所示：

```
class Application extends Controller {

  def index = Action {
    Ok(views.html.index("Your new application is ready."))
  }

}
```

其中，index 方法定义了获取新 Action 的方式。Play 采用 Action 的机制来处理传入的 HTTP 请求，在第 4 章中，我们将会学到这方面的更多知识。

首先，在控制器中添加一个新的 tweets Action，如程序清单 2.1 所示。

程序清单 2.1　定义新的 tweets Action

```
import play.api.mvc._

class Application extends Controller {
  def tweets = Action {
    Ok
  }
}
```

这个 Action 什么都没做，只是在访问时返回 200 Ok 响应。为了能够访问它，我们首先需要在 Play 的路由中将其配置为可访问。打开 conf/routes 文件，为这个新创建的 Action 添加一个路由，结果如程序清单 2.2 所示。

程序清单 2.2　路由到新创建的 tweets Action

```
# Routes
# This file defines all application routes
# (Higher priority routes first)
# ~~~~
```

```
# Home page
GET     /                   controllers.Application.index
GET     /tweets             controllers.Application.tweets

# Map static resources from the /public folder to the /assets URL path
GET     /assets/*file       controllers.Assets.at(path="/public", file)
```

现在，如果运行应用并访问"/tweets"文件，在浏览器上会看到一个空白的页面。这虽然很棒，但是没什么用处。我们需要更进一步，从配置文件中获取凭证信息。

回到 app/controllers/Application.scala 控制器中，将 tweets Action 扩展为如程序清单 2.3 所示。

程序清单 2.3　获取配置

使用 Action.async 返回 Future，其中包含了下一步操作所需的结果

从 application.conf 中获取 Twitter 凭证

```
import play.api.libs.oauth.{ConsumerKey, RequestToken}
import play.api.Play.current
import scala.concurrent.Future
import play.api.libs.concurrent.Execution.Implicits._

def tweets = Action.async {
  val credentials: Option[(ConsumerKey, RequestToken)] = for {
    apiKey <- Play.configuration.getString("twitter.apiKey")
    apiSecret <- Play.configuration.getString("twitter.apiSecret")
    token <- Play.configuration.getString("twitter.token")
    tokenSecret <- Play.configuration.getString("twitter.tokenSecret")
  } yield (
      ConsumerKey(apiKey, apiSecret),
      RequestToken(token, tokenSecret)
    )

  credentials.map { case (consumerKey, requestToken) =>
    Future.successful {
      Ok
    }
  } getOrElse {
    Future.successful {
      InternalServerError("Twitter credentials missing")
    }
  }
}
```

将结果包装在一个成功 Future 块中，供下面的步骤使用

如果没有可用凭证，就返回 500 Internal Server Error

将结果包装在一个成功 Future 块中，使其符合期望的返回类型

现在，已经有了访问 Twitter API 的凭证，我们看一下是否能够从 Twitter 上返回一定的内容。将 app/controllers/Application.scala 中简单的 Ok 替换为连接 Twitter 的代码，如程序清单 2.4 所示。

程序清单 2.4　第一次尝试连接 Twitter API

```
// ...
import play.api.libs.ws._

def tweets = Action.async {
```

请求的 OAuth
签名

API URL

```
credentials.map { case (consumerKey, requestToken) =>
  WS
    .url("https://stream.twitter.com/1.1/statuses/filter.json")
    .sign(OAuthCalculator(consumerKey, requestToken))
    .withQueryString("track" -> "reactive")
    .get()
    .map { response =>
      Ok(response.body)
    }
} getOrElse {
  Future.successful {
    InternalServerError("Twitter credentials missing")
  }
}
```

执行 HTTP
GET 请求

指定查询字
符串参数

```
def credentials: Option[(ConsumerKey, RequestToken)] = for {
  apiKey <- Play.configuration.getString("twitter.apiKey")
  apiSecret <- Play.configuration.getString("twitter.apiSecret")
  token <- Play.configuration.getString("twitter.token")
  tokenSecret <- Play.configuration.getString("twitter.tokenSecret")
} yield (
  ConsumerKey(apiKey, apiSecret),
  RequestToken(token, tokenSecret)
)
```

　　Play 的 WS 库能够简化对 API 的访问，它会按照 OAuth 标准对请求进行恰当地签名。现在，我们就能跟踪所有包含 "reactive" 内容的 tweet，此时用日志记录来自 Twitter 的响应状态，确认是否能够使用这些凭证信息进行连接。虽然乍一看似乎还不错，但是这里有个问题：如果执行上述代码，我们不会得到任何有用的结果。流式 API，即返回 tweet 的流（可能会是无穷的），这意味着请求永远不会停止。WS 库会在几秒钟后超时，我们在控制台会看到一个异常。

　　接下来我们需要做的就是消费得到的数据。重写前面对 WS 的调用并使用 **iteratee**（稍后讨论），将得到的结果简单打印出来，如程序清单 2.5 所示。

程序清单 2.5 打印来自 Twitter 的流式数据

定义日志 iteratee，它会异步消费一个流
并且会在数据可用时将内容记录下来

```
// ...
import play.api.libs.iteratee._
import play.api.Logger

def tweets = Action.async {

  val loggingIteratee = Iteratee.foreach[Array[Byte]] { array =>
    Logger.info(array.map(_.toChar).mkString)
  }

  credentials.map { case (consumerKey, requestToken) =>
    WS
      .url("https://stream.twitter.com/1.1/statuses/filter.json")
      .sign(OAuthCalculator(consumerKey, requestToken))
      .withQueryString("track" -> "reactive")
      .get { response =>
        Logger.info("Status: " + response.status)
```

发送 GET 请求到
服务器，以流的方
式（结果可能是无
穷的）获取响应

将流直接传递给要消费它的 loggingIteratee，内容不会首先加载到内存中，而是直接传递给 iteratee

```
                loggingIteratee
        }.map { _ =>
          Ok("Stream closed")
        }
  }
  def credentials = ...
```

当流全部消费完成或关闭时，返回 200 Ok 结果

Iteratee 简介

Iteratee 是一种结构，能够让我们异步地消费流式数据，它是 Play 框架的基石之一。Iteratee 的类型是通过输入类型和输出类型确定的：Iteratee[E, A]会消费成块的 E 类型的数据，并生成一个或多个 A 类型的数据。

在程序清单 2.5 中，输入是 Array[Byte]（从 Twitter 得到的是原始数据流），输出是 Unit 类型，这表示不产生任何的输出结果，只是将数据在控制台打印出来。

与 Iteratee 相对应的是 Enumerator。Iteratee 会异步地消费数据，而 Enumerator 会异步产生数据：Enumerator[E]会产生 E 类型的数据。

最后，在这一方面还有另一块内容，它能够在运行时转换流式数据，称之为 Enumeratee。Enumeratee[From, To] 从 Enumerator 中接受 From 类型的数据，并将其转换为 To 类型。

在概念上，将 Enumerator 想象成一个水龙头，将 Enumeratee 想象为过滤器，而将 Iteratee 想象为玻璃杯，如图 2.2 所示。

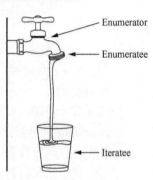

图 2.2 Enumerator、Enumeratee 和 Iteratee

回到样例中的 loggingIteratee，它的定义如下所示：

```
val loggingIteratee = Iteratee.foreach[Array[Byte]] { array =>
    Logger.info(array.map(_.toChar).mkString)
}
```

Iteratee.foreach[E]方法会创建一个新的 Iteratee，它会消费接收到的每个输入并执行一个副作用（side-effecting）操作（生成 Unit 结果类型）。在这个过程中，很重要的一点就是 foreach 并不是 Iteratee 的方法，而是 Iteratee 库用来创建 "foreach" Iteratee 的方法。Iteratee 库提供了很多其他的方法来构建 Iteratee，在接下来的章节中会看到这些方法。

这与使用其他的流机制，例如 java.io.InputStream 和 java.io.OutputStream 有什么区别呢？如前所述，Iteratee 能够让我们异步地操作流式数据。实际上，这意味着在没有数据的时候，这些流不会占用线程。相反，它们所使用的线程会被释放，供其他任务所使用，当有信号通知新数据到达时，流才会继续。与此不同的是，java.io.OutputStream 会阻塞它所使用的线程，直至新数据到达为止。

Play 中 Iteratee 的发展趋势 在编写本书时，Play 在很大程度上都是基于 Iteratee、Enumerator 和 Enumeratee 构建的。**反应式流**（reactive streams）是非阻塞流操作的新标准，具备 JVM 上的回压（backward pressure）功能（见第 9 章）。尽管我们在本章及后续章节中都会用到 Iteratee，但是 Play 的下一个主释放版本将会逐渐使用 Akka Streams 来替代 Iteratee，它实现了反应式流标准。第 9 章将会介绍这个工具集，并阐述如何在 Iteratee 和反应式流之间进行相互转换。

现在，回到应用中，我们将 Array[Byte] 转换为 String 的方式非常简单粗暴（稍后会看到，也是有问题的），但是如果有人发表带有 "reactive" 的 tweet，这里就会有所反应。如果你想检查一下所有的事情是否都已准备就绪，就可以自己编写一条 tweet，如下所示：

```
[info] application - Status: 200
[info] application - {"created_at":"Fri Sep 19 15:08:07 +0000 2014","id
":512981466662592512,"id_str":"512981466662592512","text":"Writing the
second chapter of my book about #reactive web-applications with #PlayFr
amework. I need a tweet with \"reactive\" for an example.","source":"<a
href=\"http:\/\/itunes.apple.com\/us\/app\/twitter\/id409789998?mt=12\
" rel=\"nofollow\">Twitter for Mac<\/a>","truncated":false,"in_reply_to
_status_id":null,"in_reply_to_status_id_str":null,"in_reply_to_user_id"
:null,"in_reply_to_user_id_str":null,"in_reply_to_screen_name":null,"us
er":{"id":12876952,"id_str":"12876952","name":"Manuel Bernhardt","scree
n_name":"elmanu","location":"Vienna" ...
```

获取更多的 Tweet 在 Twitter 上，"reactive" 这个关键词并不像其他话题那样流行，为了体现反应式应用的优势，我们可以使用其他术语来获取更新频率更快的数据（有个关键词就非常合适，并且并不局限于 Twitter，那就是 "cat"）。

2.2.4 异步转换 Twitter 流

很好，现在已经能够连接 Twitter 的流式 API 并展现一些结果了！但是，为了使用数据做一些更高级的事情，我们需要解析 JSON 表述，以便能够更容易地进行操作，如图 2.3 所示。

Play 有一个内置的 JSON 库，可以将文本形式的 JSON 文件解析为结构化的表述，从而能够更容易地进行操作。但是，我们需要首先关注一下所接收到的数据，因为有几个地方可能会出问题：

- Tweet 是按照 UTF-8 进行编码的，所以我们需要进行相应的解码，要考虑到编码变长问题；
- 在有些情况下，一条 Tweet 会划分为多个 Array[Byte] 块，所以不能假设每个数据块都能马上进行解析。

这些问题解决起来相当复杂，要正确处理它们可能会花费不少的时间。与其自己解决，还不如使用 play-extra-iteratees 库，将如程序清单 2.6 所示的代码行添加到 build.sbt 文件中。

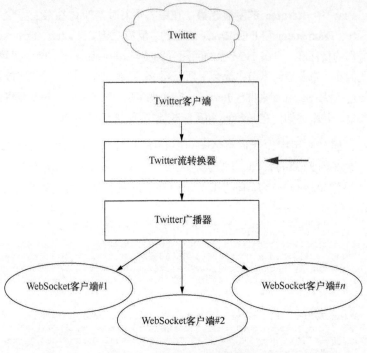

图 2.3 Twitter 流转换的步骤

程序清单 2.6 将 play-extra-iteratees 包含到项目中

```
resolvers += "Typesafe private" at
  "https://private-repo.typesafe.com/typesafe/maven-releases"

libraryDependencies +=
  "com.typesafe.play.extras" %% "iteratees-extras" % "1.5.0"
```

为了让这些变更对控制台中的项目可见，需要运行 reload 命令（或者退出并重启，但是 reload 会更快）。

借助这个库，我们就具备了必要的工具，从而能够恰当地处理 JSON 对象的流：

- play.extras.iteratees.Encoding.decode 会将字节流解码为 UTF-8 字符串；
- play.extras.iteratees.JsonIteratees.jsSimpleObject 将会解析单个 JSON 对象；
- play.api.libs.iteratee.Enumeratee.grouped 会重复性地应用 jsSimpleObject iteratee，直到流结束为止。

我们将从 Array[Byte]流开始，将其解码为 CharString 流，最后通过持续解析传入的 CharString 流，得到 play.api.libs.JsObject 类型的 JSON 对象。Enumeratee.grouped 会在流上持续地应用同一个 Iteratee，直到流结束为止。

通过改进 app/controllers/Application.scala，我们就能搭建必要的数据处理管道，如程序清单 2.7 所示。

程序清单 2.7　用于 Twitter 数据的反应式处理管道

搭建连接的 Iteratee
和 Enumerator

定义流转换管道；管
道的每个部分使用
&>操作符进行连接

```
// ...
import play.api.libs.json._
import play.extras.iteratees._
def tweets = Action.async {
    credentials.map { case (consumerKey, requestToken) =>
      val (iteratee, enumerator) = Concurrent.joined[Array[Byte]]

      val jsonStream: Enumerator[JsObject] =
        enumerator &>
        Encoding.decode() &>
        Enumeratee.grouped(JsonIteratees.jsSimpleObject)

      val loggingIteratee = Iteratee.foreach[JsObject] { value =>
        Logger.info(value.toString)
      }

      jsonStream run loggingIteratee

      WS
        .url("https://stream.twitter.com/1.1/statuses/filter.json")
        .sign(OAuthCalculator(consumerKey, requestToken))
        .withQueryString("track" -> "reactive")
        .get { response =>
          Logger.info("Status: " + response.status)
          iteratee
        }.map { _ =>
          Ok("Stream closed")
        }
    }
}
def credentials = ...
```

将转换后的 JSON 流插入日
志 Iteratee 中，从而能够将它
的结果打印在控制台上

按照 HTTP 连接的方式，以
Iteratee 作为数据流的入口
点。Iteratee 所消费的流会传
递给 Enumerator，而后者本身
又是 jsonStream 的数据源。所
有的数据流都以非阻塞的方
式来运行。

在这个搭建过程中，必须要做的就是得到要使用的 Enumerator。由于 Iterate 用来消费流，而 Enumerator 是用来产生流的，因此需要生成一个管道，这样才能为其添加适配器。Concurrent.joined 方法会提供一组连接的 Iterate 和 Enumerator：Iterate 消费完数据后，Enumerator 能够立即使用这些数据。

接下来，我们希望将原始的 Array[Byte]转换为相应解析后的 JsObject 对象流。为了实现这一点，从 Enumerator 开始，将结果放到两个转换 Enumeratee 中：

- Encoding.decode()会将 Array[Byte]转换为 UTF-8 表述的 CharString(优化版本的 String，适用于流操作，是 play-extra-iteratees 库的一部分)；
- Enumeratee.grouped(JsonIteratees.jsSimpleObject)会让流持续不断地被 JsonIteratees. jsSimpleObject Iteratee 所消费。

jsSimpleObject Iteratee 会忽略空格和换行符，在本例中，这是很便利的，因为来自 Twitter 的 tweet 就是使用换行符来分割的。

搭建日志 Iteratee 来打印解析后的 JSON 对象流，并使用 Enumerator 的 run 方法将其连接到刚刚创建的转换管道上。这个方法告诉 Enumerator 有可用数据时，就将其提供

给 Iteratee。

最后，通过将 Iteratee 引用提供给 WS 库的 get()方法，我们让整个机制进入就绪的状态。如果运行这个样例，会看到 tweet 流打印出来，为下一步操作做好了准备。

更快的 **JSON** 解析　尽管 play-extra-iteratees 库非常便利，但是它所提供的 JSON 工具在速度方面并不是最优的，它更多的是用来展现使用 Iteratee 能够实现什么功能。如果想构建生产环境使用的管道，或者性能要比低内存占用重要得多，那么在这样的情况下，开发人员很可能会创建自己的 Enumeratee，并使用更快的 JSON 解析库，如 Jackson。

2.3　使用 WebSocket 将 tweet 以流的方式发送到客户端

现在，我们获得了 Twitter 发送的流式数据，接下来要采用 WebSocket 的方式将这些数据传递给客户端。图 2.4 描述了我们希望达到的效果。

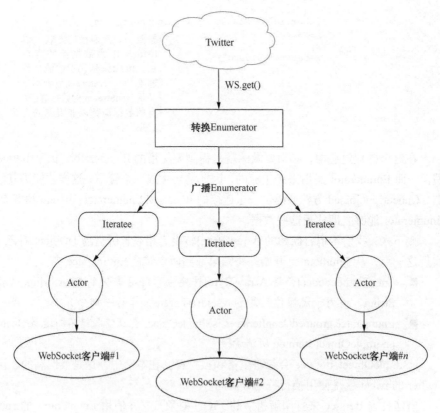

图 2.4　从 Twitter 到客户端浏览器的反应式管道

我们希望只连接一次 Twitter，并将接收到的流通过 WebSocket 协议广播到用户的浏览器上。我们会使用 Actor 建立到每个客户端的 WebSocket 连接，并将其连接到相同广播流上。

整个过程会分为两步：首先，将从 Twitter 获取到的流的逻辑转移到一个 Akka Actor 中；其次，然后搭建使用这个 Actor 的 WebSocket 连接。

2.3.1 创建 Actor

Actor 是一个轻量级的对象，它能够发送和接收消息。每个 Actor 都有一个收件箱，里面保存了它所接收到的消息，这些消息会按照接收到的顺序进行处理。Actor 之间可以通过发送消息互相交流。在大多数场景下，消息是异步发送的，这就意味着 Actor 不会等待消息的答复，但是最终它会收到一条消息，其中会包含问题或请求的答案。目前，对于 Actor，我们知道这些就可以了。更多内容参见第 6 章。

为了创建一个实际的 Actor，我们需要在 actors 包中创建一个新文件，即 app/actors/TwitterStreamer.scala，如程序清单 2.8 所示。

程序清单 2.8　搭建新的 Actor

```
package actors

import akka.actor.{Actor, ActorRef, Props}
import play.api.Logger
import play.api.libs.json.Json

class TwitterStreamer(out: ActorRef) extends Actor {
  def receive = {
    case "subscribe" =>
      Logger.info("Received subscription from a client")
      out ! Json.obj("text" -> "Hello, world!")
  }
}

object TwitterStreamer {
  def props(out: ActorRef) = Props(new TwitterStreamer(out))
}
```

receive 方法处理发送给该 Actor 的消息

如果接收到的是"subscribe"消息，在这里进行处理

以 JSON 对象的形式发送一个简单的 Hello World 消息

初始化新 Props 对象的辅助方法

我们希望用这个 Actor 来代表一个带有客户端的 WebSocket 连接，这个连接是由 Play 框架管理的。我们需要接收消息，还要能发送消息，因此在 Actor 的构造器中，传入了 out actor 引用。Play 将用 akka.actor.Props 对象来初始化 Actor，而这个对象是用 TwitterStreamer 的 props 方法获取到的。每当客户端请求一个新的 WebSocket 连接时，它都会这么做。

Actor 可以使用 receive 方法发送和接收任意类型的消息，这就是所谓的**偏函数**（partial function），它使用 Scala 的模式匹配确定该由哪个 case 语句来处理传入的消息。在本例中，只关注 String 类型并且值为"subscribe"的消息（其他的消息将会被忽略）。

当接收到订阅时，首先在控制台打印，然后（此时临时这样）将 JSON 对象 {"message":"Hello,world!"}发送回去。这里的叹号（！）是 tell 方法的别名，这意味着它是一个"发送后遗忘"的消息，这种消息不用等待回复或确认抵达。

> **Scala 技巧：偏函数**　在 Scala 中，偏函数 p(x)是针对 x 的一部分值所定义的函数。Actor 的 receive 方法不会处理每种类型的消息，这也是这种函数非常适合这种方法的原因。偏函数在实现的时候，通常会使用模式匹配和 case 语句，并且值会与多个 case 定义进行匹配（类似于 Java 中的 switch 表达式）。

2.3.2　搭建 WebSocket 连接并与之交互

为了使用新鲜出炉的 Actor，我们需要在服务器侧创建一个 WebSocket 端点，并在客户端创建一个初始化 WebSocket 连接的视图。

1. 服务器侧的端点

我们要从重写 Application 控制器的 tweets 方法开始（将已有的方法在其他地方做一个备份，因为稍后会使用其中大多数的内容）。你会发现这次创建的不是 Play 的 Action，因为 Action 只能处理 HTTP，而 WebSocket 是不同类型的协议。所以使用 Play 初始化 WebSocket 是非常容易的，如程序清单 2.9 所示。

程序清单 2.9　在 app/controllers/Application.scala 中搭建 WebSocket 端点

```
// ...
import actors.TwitterStreamer

// ...

def tweets = WebSocket.acceptWithActor[String, JsValue] {
  request => out => TwitterStreamer.props(out)
}
```

之所以不需要在路由文件中重新配置路由，是因为在这里实际上重用了到"/tweets"路由的已有映射。

acceptWithActor[In, Out]方法能够让我们使用 Actor 创建 WebSocket 端点。不仅指定了输入和输出数据的类型（在本例中，我们希望客户端发送 String 并接收 JSON 对象），还提供了 Actor 的 Props，从而得到了用来与客户端通信的 out Actor 引用。

> **acceptWithActor 方法的签名**　acceptWithActory 方法有一个不太常见的签名类型 f: RequestHeader => ActorRef => Props。这是一个函数，它接收一个 RequestHeader，并返回另外一个函数，后者接收一个 ActorRef，然后返回 Props 对象。这种结构能够让我们访问 HTTP 头信息，以便于在建立 WebSocket 连接之前进行一些安全检查。

2. 客户端视图

接下来创建一个客户端视图，使用 JavaScript 来创建 WebSocket 连接。我们没有创建新的模板视图，而是重用了已有的视图模板，app/views/index.scala.html，如程序清单 2.10 所示。

程序清单 2.10 使用 JavaScript 建立到 WebSocket 的客户端连接

使用 Play 所生成的 URL 初始化 WebSocket 连接

展现 tweet 的容器

当收到消息时，调用该处理器

当连接打开时，调用该处理器

向服务器发送订阅请求

```
@(message: String)(implicit request: RequestHeader)

@main(message) {
    <div id="tweets"></div>
    <script type="text/javascript">
        var url = "@routes.Application.tweets().webSocketURL()";
        var tweetSocket = new WebSocket(url);

        tweetSocket.onmessage = function (event) {
            console.log(event);
            var data = JSON.parse(event.data);
            var tweet = document.createElement("p");
            var text = document.createTextNode(data.text);
            tweet.appendChild(text);
            document.getElementById("tweets" ).appendChild(tweet);
        };

        tweetSocket.onopen = function() {
            tweetSocket.send("subscribe");
        };
    </script>
}
```

我们首先建立了到 tweets 处理器的 WebSocket 连接。这个 URL 是使用 Play 内置的反向路由（reverse routing）得到的，会被解析为 ws://localhost:9000/tweets。然后，我们添加了两个处理器（handler）：一个用于处理接收到的新消息，另一个则会在与服务器的连接建立之后处理新的 WebSocket 连接。

在视图中使用 URL　我们也可以在原生 JavaScript 使用反向路由。第 10 章将介绍更多相关的内容。

当新连接建立时，我们会马上使用 send 方法发送一个订阅消息，这会匹配服务端 TwitterStreamer 的 receive 方法。

在客户端接收到消息时，我们以段落标签的形式将其拼接到页面上。要做到这一点，需要解析 event.data 域，因为这个域是 JSON 对象的 String 表述。然后我们就可以访问 text 域，其中存储了 tweet 的文本。

要使项目编译通过，还需要进行一项变更，即从控制器中将 RequestHeader 传递到视图中。在 app/controllers/Application.scala 中，将 index 方法替换为如程序清单 2.11 所示。

程序清单 2.11 声明隐式 RequestHeader，使其能够在视图中访问

```
def index = Action { implicit request =>
  Ok(views.html.index("Tweets"))
}
```

之所以需要这样做，是因为在 index.scala.html 视图中声明了两个参数列表：第一个接收消息；第二个是隐式的（implicit），它的预期值是 RequestHeader。为了能够在隐式作用域（implicit scope）中获取 RequestHeader，需要使用 implicit 关键字将其追加进去。

运行这个页面时，"Hello, world!" 会展现出来。如果打开浏览器的开发者控制台，能够看到所接收到的事件的详细信息。

Scala 技巧：隐式参数

隐式参数（implicit parameter）是 Scala 的语言特性之一，允许在调用某个方法时忽略一个或多个参数。隐式参数在函数的最后一个参数列表中声明。例如，index.scala.html 模板将会编译成 Scala 函数，它的签名大致如下所示：

```
def indexTemplate(message: String)(implicit request: RequestHeader)
```

当 Scale 编译器试图编译这个方法的时候，它会在 implicit 作用域中查找正确类型的值。这个作用域是在声明匿名函数时，添加上 implicit 关键字来定义的，正如下面的 Action 所示：

```
def index = Action { implicit request: RequestHeader =>
  // request is now available in the implicit scope
}
```

不需要显式声明 request 的类型，Scala 编译器足够智能，它能够自己推断出类型。

2.3.3 发送 tweet 到 WebSocket

Play 将会为每个 WebSocket 连接都创建一个新的 TwitterStreamer Actor，所以比较好的做法就是只连接 Twitter 一次，然后将流广播至所有的连接。为此，我们需要搭建一个特殊类型的广播 enumerator，并为 Actor 提供一个方法来使用这个广播通道。

我们需要有一种初始化机制来建立到 Twitter 的连接。为了简化这个过程，我们在 TwitterStreamer actor 的伴生对象（companion object）中创建一个新的方法，位于 app/actors/TwitterStreamer.scala 文件中，如程序清单 2.12 所示。

程序清单 2.12 初始化 Twitter feed

```
object TwitterStreamer {
  def props(out: ActorRef) = Props(new TwitterStreamer(out))

  private var broadcastEnumerator: Option[Enumerator[JsObject]] = None

  def connect(): Unit = {
    credentials.map { case (consumerKey, requestToken) =>
```

初始化一个空的变量，用来保存广播 enumerator

```
                        val (iteratee, enumerator) = Concurrent.joined[Array[Byte]]
```
搭建关联的 iteratee
和 enumerator 集合

搭建流转换管
道, 从关联的
enumerator 中
获取数据
```
                        val jsonStream: Enumerator[JsObject] = enumerator &>
                          Encoding.decode() &>
                          Enumeratee.grouped(JsonIteratees.jsSimpleObject)

                        val (be, _) = Concurrent.broadcast(jsonStream)
                        broadcastEnumerator = Some(be)

                        val url = "https://stream.twitter.com/1.1/statuses/filter.json"
                        WS
                          .url(url)
                          .sign(OAuthCalculator(consumerKey, requestToken))
                          .withQueryString("track" -> "reactive")
                          .get { response =>
                            Logger.info("Status: " + response.status)
                            iteratee
                          }.map { _ =>
                            Logger.info("Twitter stream closed")
                          }
                      } getOrElse {
                        Logger.error("Twitter credentials missing")
                      }
                    }
                  }
```

使用转换后的流作为源
来初始化广播 enumerator

通过关联的
joined iteratee
来消费来自
Twitter 的流,
这个流会传
递到关联的
enumerator

借助广播 enumerator 的帮助, 流就可以到达多个客户端了。

关于 connect 方法 虽然将 connect()方法封装到了 TwitterStreamer 的伴生对象中, 但更好的方式是在一个相关的 Actor 中建立连接。在 TwitterStreamer连接中暴露的方法是对外公开的, 对它们的误用可能会严重影响流的正确展现。为了让这个样例保持简短, 我们使用了伴生对象, 在第 6 章中将会看到处理这种情况的更好方式。

现在, 创建一个 subscribe 方法, 让 Actor 对象订阅连接流的 WebSocket 客户端。将如下的内容补充到 TwitterStreamer 对象中, 如程序清单 2.13 所示。

程序清单 2.13 让 Actor 订阅 Twitter feed

```
object TwitterStreamer {

  // ...

  def subscribe(out: ActorRef): Unit = {
    if (broadcastEnumerator.isEmpty) {
      connect()
    }
    val twitterClient = Iteratee.foreach[JsObject] { t => out ! t }
    broadcastEnumerator.foreach { enumerator =>
      enumerator run twitterClient
    }
  }
}
```

在 subscribe 方法中，首先检查是否有一个初始化好的 broadcastEnumerator。如果没有，就创建一个连接。随后，创建一个 twitterClient iteratee，它会使用 Actor 引用将每个 JSON 对象发送给浏览器。

最后，客户端订阅时，在 Actor 中使用这个方法，如程序清单 2.14 所示。

程序清单 2.14 TwitterStreamer actor 订阅 Twitter 流

```
class TwitterStreamer(out: ActorRef) extends Actor {
  def receive = {
    case "subscribe" =>
    Logger.info("Received subscription from a client")
    TwitterStreamer.subscribe(out)
  }
}
```

运行这个链时，将会看到 tweet 一个接一个地显示在屏幕上，我们还可以打开多个浏览器或 Tab 标签，确认能够建立多个链接。

这个运行环境之所以非常友好，是因为使用了异步组件和轻量级组件，它们不会阻塞线程。当 Twitter 没有发送数据时，我们不用阻塞线程等待或轮询。每当有新数据传入的时候，对数据的解析以及随后与客户端的通信将会异步进行。

> **对连接断开的恰当处理** 至今还没有做的是一件事就是对客户端连接断开的恰当处理。关闭浏览器 Tab 标签或断开客户端时，twitterClient iteratee 会依旧尝试发送新的消息到 out Actor 引用，但是 Play 将会关闭 WebSocket 连接并停止 Actor，这意味着消息将会发送至无效的地址。查看 Akka 的日志，它会提示 "dead letters"（Actor 发送消息给一个不再存在的端点），我们可以借此观察到这种行为。为了恰当地处理这种情况，我们需要跟踪订阅者，在发送消息之前检查每个 Actor 是否依然在订阅者列表中。在 GitHub 上本章的源码中包含了如何处理这种情况的源码。

2.4 让应用有弹性可扩展

我们已经构建了一个很不错的应用，它具有很高的资源利用率，能够将 tweet 从服务器发送到多个客户端上。但是，要满足反应式应用在故障弹性方面的标准，还有一些工作要做：要有一种很好的机制探测和处理故障，面对更高的负载，我们还需要有一种机制进行扩展。

2.4.1 让客户端变得有弹性

为了实现完整的弹性，应用需要能够处理多种故障场景，所涉及的范围包括 Twitter 不可用以及我们的服务器出现崩溃。首先看一下客户端的故障处理，确保如果出现流中断，可以尽可能地减少给用户造成的困扰。在第 8 章会更加深入地讨论反应式客户端的话题。

如果到服务器的连接断掉，那么应该提示用户并尝试重新连接。通过重写 index.scala.html 视图中的<script>部分就能实现该功能，如程序清单 2.15 所示。

程序清单 2.15　弹性化版本的 JavaScript

```
function appendTweet(text) {
    var tweet = document.createElement("p");
    var message = document.createTextNode(text);
    tweet.appendChild(message);
    document.getElementById("tweets").appendChild(tweet);
}

function connect(attempt) {
    var connectionAttempt = attempt;
    var url = "@routes.Application.tweets().webSocketURL()";
    var tweetSocket = new WebSocket(url);
    tweetSocket.onmessage = function (event) {
        console.log(event);
        var data = JSON.parse(event.data);
        appendTweet(data.text);
    };
    tweetSocket.onopen = function() {
        connectionAttempt = 1;
        tweetSocket.send("subscribe");
    };
    tweetSocket.onclose = function() {
        if (connectionAttempt <= 3) {
            appendTweet("WARNING: Lost server connection,
attempting to reconnect. Attempt number " + connectionAttempt);
            setTimeout(function() {
                connect(connectionAttempt + 1);
            }, 5000);
        } else {
            alert("The connection with the server was lost.");
        }
    };
    connect(1);
```

将 WebSocket 连接的逻辑封装到一个可重用的函数中

最多尝试三次重新连接

延迟 5000 毫秒后，执行封装好的函数调用

如果出现故障，以更明显的方式提示用户

定义当 WebSocket 连接关闭时，会自动调用 onclose 的处理器

尝试重新连接并递增尝试次数

尝试初始化第一次连接

为了避免相同的代码重复两次，首先将展现新消息的逻辑转移到 appendTweet 方法中，同时将建立新 WebSocket 连接的逻辑转移到了 connect 方法中。因为 connect 方法接收一个参数作为连接尝试的次数，所以现在能够知道何时停止尝试并通知用户进展。

WebSocket API 的 onclose 处理器方法会在与服务器的连接丢失时（或无法建立时）调用。加入故障处理机制：连接丢失时，我们以一种不太明显的方式通知用户（在已有的 tweet 流中添加一条警告消息），等待 5 秒之后，尝试重新连接。如果尝试重新连接 3 次之后，依然无法成功，则将会以更加直接的方式提示给用户（在本例中，使用了原生的浏览器提示）。如果重新连接成功，则将连接尝试的次数重置为 1。

未来的应对机制　对于 Web 应用来说，与服务器的连接发生断开并不是什么罕见的事情。在很多客户端中有一种很流行的机制，例如 Gmail，那就是在两次重连尝试之间设置一个递增的时间间隔（例如第一次间隔几秒钟，然后间隔一分钟），同时提示给用户，并为用户提供一种手动重建连接的方式，例如单击链接或按钮。在移动设备和笔记本电脑上，这种连接断开是非常常见的，因此应用程序具备自动重连机制以提升用户体验是非常棒的事情。

服务端的故障处理　到现在为止，我们只处理了客户端的故障，还没有介绍如何处理服务端故障的机制。这并不是因为服务端不会出现故障，而是因为这个话题太大了，无法在本章的这个样例应用中介绍。第 5 章和第 6 章将重新回顾这个话题，届时将介绍更多的内容。

2.4.2　扩展

我们已经构建了一个很不错的应用，它具有很高的资源利用率，能够将 tweet 从我们的服务器发送到多个客户端上。但是，如果要构建一个很流行的应用，最好能做到处理的连接数量会超出单个节点所能管理的范围。接下来要考虑的一种机制称为**副本节点**（replica node），它能够复制初始连接，如图 2.5 所示。

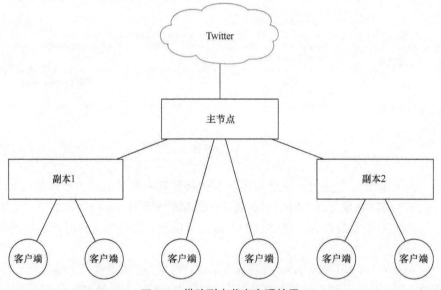

图 2.5　借助副本节点实现扩展

假设我们想要重用到 Twitter 的同一个连接（因为 Twitter 不允许多次重用凭证信息，而我们不想为每个节点都创建新的用户并生成新的 API 凭证），现在已经有了一种机制，不仅能让客户端借助 WebSocket 看到流，还能将传入的 Twitter 流广播至多个 WebSocket 客户端。要实现副本节点连接至主节点（master node），唯一需要做的就是对它们进行配置，让它们连接到主节点上，而不是连接到 Twitter 上。

为了实现这一点，我们将会搭建一个新的订阅机制，让其他的节点能够消费来自原始流的数据（也就是来自 Twitter 的流）。我们通过创建一个新的控制器 Action 来输出流的内容并做一些必要的修改，从而让应用能够在**副本**（replica）模式下运行。

首先，创建一种方式，让控制器方法能够订阅流如程序清单 2.16 所示。

程序清单 2.16　让其他的节点都能订阅广播的 Twitter feed

```
def subscribeNode: Enumerator[JsObject] = {
  if (broadcastEnumerator.isEmpty) {
    connect()
  }
  broadcastEnumerator.getOrElse {
    Enumerator.empty[JsObject]
  }
}
```

这个方法与已有的 subscribe 方法类似，首先要确保到 Twitter 的连接已经初始化，然后返回广播 enumeratee。现在我们就可以在 Application 中的控制器方法中使用这个 enumeratee 了，如程序清单 2.17 所示。

程序清单 2.17

```
class Application extends Controller {

  // ...

  def replicateFeed = Action { implicit request =>
    Ok.feed(TwitterStreamer.subscribeNode)
  }
}
```

feed 方法只是将 enumerator 所提供的流转换成 HTTP 响应。

现在，我们需要在 conf/routes 中为这个 Action 提供一个新的路由：

```
GET     /replicatedFeed          controllers.Application.replicateFeed
```

如果现在访问 http://localhost:9000/replicatedFeed，将会看到 JSON 文档所组成的流不断地展现在页面上。

我们已经具备了搭建副本节点所需的全部内容。接下来，需要做的就是连接到主节点，而不是再连接到原始的 Twitter API 上。这一点非常容易，只需将副本节点所使用的 URL 替换为主节点的 URL 即可。在生产环境中，我们会使用应用配置来做到这一点。为了让这个样例尽可能简单，我们在这里使用 JVM 属性，它可以很容易地进行传递。添加如下的逻辑到 TwitterStreamer 伴生对象的 connect()方法中，使其取代已有的 URL 声明：

```
val maybeMasterNodeUrl = Option(System.getProperty("masterNodeUrl"))
val url = maybeMasterNodeUrl.getOrElse {
  "https://stream.twitter.com/1.1/statuses/filter.json"
}
```

现在，启动一个新的终端窗口，并启动另一个 Activator 控制台（不要关闭已有正在运行的应用）：

```
activator -DmasterNodeUrl=http://localhost:9000/replicatedFeed
```

然后，在另外的端口运行应用：

```
[twitter-stream] $ run 9001
```

访问 http://localhost:9001 时，我们能看到来自其他节点的流。我们可以在不同的端口启动多个节点，检查副本是否按照预期的方式在运行。掌握了这个搭建过程，我们可以将更多的副本节点连接在一起，也就是将副本节点的 URL 作为 masterNodeUrl 参数的值传递给其他节点。

> **副本环境下的故障处理**　通过扩展，应用在连接方面可以处理更多的负载，但是它也会让故障处理变得更复杂。因为只有一个节点能够连接到 Twitter 上，所以我们会面临所谓的单点故障问题——如果这个节点出现故障，我们就遇到麻烦了。在实际的系统中，我们要尽量想办法避免单点故障，要有多个主节点。另外，还要想办法应对主服务器可能会出现的故障。

2.5 小结

在本章中，我们使用 Play 和 Akka 构建了一个反应式 Web 应用。在此过程中，我们用到了多项核心的技术。

- 使用异步 Action 来处理传入的 HTTP 请求。
- 使用 iteratee、enumeratee 和 enumerator 实现 tweet 的异步流式传输和转换。
- 借助 Akka Actor 建立 WebSocket 连接，并将其连接到流上。
- 处理客户端的故障。
- 使用简单的副本模型进行扩展。

在本书后续章节中，我们将进一步探讨这些主题。在下一章中，我们将研究反应式 Web 应用的核心内容——函数式编程模型。

第 3 章   函数式编程基础

本章内容
- 核心的函数式编程理念
- 使用不可变状态与数据结构的实用工具

在进一步了解 Play 之前，我们先岔开话题，讨论几项函数式编程的基础知识，这也是 Scala 中实现异步编程的核心。如果你已经熟悉函数式编程的理念及其在 Scala 中的应用，你可以略过本章或者只是快速地浏览一下。如果你是函数式编程的新手，那么本章能够让你快速地掌握最重要的理念和工具，这些内容是你需要理解的，也是使用 Scala 编写异步代码所需要的。

3.1　函数式编程概述

函数式编程是一个范围很大的主题，有不少专门的书来讨论这一话题。[1]我不会试图在一章的篇幅内介绍函数式编程的方方面面，也不会涉及它的核心。在本章中，我们只了解进行异步编程所需的最重要的概念：不可变性、函数以及如何操作不可变的集合。

提到函数式编程，我们首先想到的定义可能就是"使用函数进行编程"。但是，这个定义有点宽泛，并没有指出函数式和命令式编程的区别。现在，我们使用"Bob 大叔"

1　例如，Paul Chiusano 和 Rúnar Bjarnason 合著的《Functional Programming in Scala》（Manning, 2014）或者 Nilanjan Raychaudhuri 编写的《Scala in Action》（Manning, 2013）。

Martin 的定义[1]：

函数式编程就是没有赋值语句的编程方式。

如果你之前主要进行命令式风格的编程（如 Java），那么上面的描述可能会让你感到很困惑，因为很难想象如何在没有赋值语句的情况下进行编程。如果你是一名函数式编程爱好者，那么可能会觉得这个定义有点肤浅——我仿佛能够听见你在说："函数式编程并不仅限于此，它的内容要比这些多得多！"确实如此，但是就本章来说，这个定义是恰到好处的，因为它指出了从命令式编程转向函数式编程所面临的最困难的一个概念——不可变性。没有赋值语句其实相当于说一个变量的值一旦被声明，就无法进行修改了。在 Java 中，这类似于到处都使用 final 关键字，并且所使用的集合在给定一组元素初始化之后，就不能再进行修改了。

3.2 不可变性

在编程语言中，不可变性（immutability）指的是可引用的"内容"（可以是简单值，例如数字；也可以是复杂值，如集合或对象）在声明之后就无法进行变更。为了理解这个很有意思的限制能够带来什么好处，我们首先看一下命令式语言中标准的状态表述——可变状态（mutable state）。

3.2.1 可变状态的谬误

长期以来，面向对象语言所使用的概念模型是有问题的。在像 Java 这样的面向对象编程语言中，其实是将两件事情混合了起来：我们试图通过描述实体来表述现实生活中所发生的过程，然后又试图通过改变这些实体来表述它们是如何随着时间演化的。这里之所以使用了"试图"，是因为我们创造的是一种错觉，误认为能够将时间的流逝在一定程度上编码到可变对象上，但是只要其他人在不同的引用点来查看对象，这种错觉就原形毕露了。我们以公路上行驶的汽车为例来说明这个问题，如图 3.1 所示。

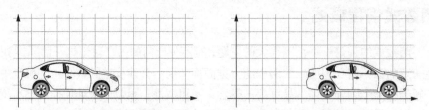

图 3.1 汽车在公路上行驶，在某一时刻和下一时刻的位置

我们可能想要通过改变位置来代表汽车的移动，如下所示：

---

1 Robert C. Martin, Functional Programming Basics.

```
car.setPosition(0);
car.setPosition(10);
```

　　运行完这两条语句之后，汽车的预期位置是 10，car.getPosition()方法的返回值是 10。假设在一个受控的环境中进行这些变更，其他人不会看到这辆汽车（并且不会出现时间倒流的时空异常），我们可能得到正确的结果。但是，如果事实并非如此，如图 3.2 所示，就可能出现问题了。

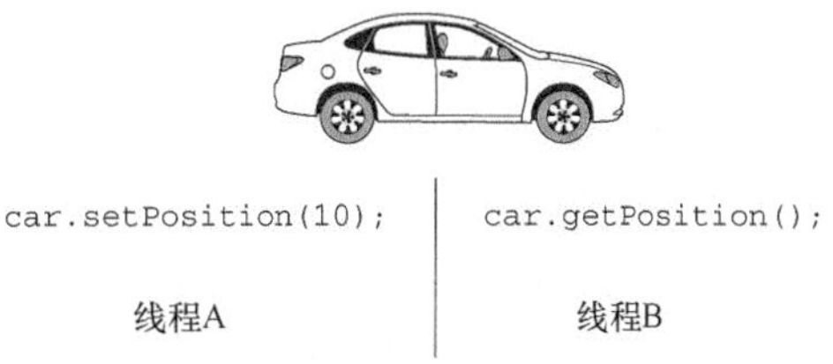

　　对于线程 B 来说，汽车的位置应该是什么呢？应该是 0，还是应该变为 10？我们无法回答这个问题，因为并不知道线程 B **何时**会被调用——可能会在线程 A 改变值之前，也可能在改变值之后。所以，这里有一个很大的问题：对这种概念追根溯源，我们发现无法确定当前正在使用的对象的值是

```
car.setPosition(10);          car.getPosition();

线程A                         线程B
```

图 3.2　两个线程同时访问同一辆可变的汽车

什么。可变状态所带来的这种不确定性并不一定在多线程环境下才会出现。即便是在单线程的情况下，如果所构建的应用足够复杂，我们可能也会将可变的对象到处传递，从而在任意给定的时间点，使得判断对象的值会变得越来越困难。长期以来，虽然借助调试器能够帮助应对可变状态所带来的复杂局面，但是相对于通过调试程序来判断特定时间点某个变量的值，有更好的方式。

　　回到多线程的场景中，让这种混乱回归秩序的方法就是让线程 A 和线程 B 之间进行对话，进而确定 B 在什么时候获取汽车的位置是合适的，这样就不会无视线程 A 对汽车位置所做的修改了。虽然这种解决方案是可行的，但成本很高：线程 A 和线程 B 需要彼此知道对方、进行对话并且在对汽车进行正常的业务操作之前，要等待对另一方的对话结果。这会带来两个直接的影响：

- ■　性能损耗（因为线程 B 要等待，直到 A 告诉它完成了对汽车的移动）；
- ■　开发人员必须要处理线程 A 和 B 之间由于通信所带来的复杂性。

　　如果只有两个线程，情况还不算那么糟糕，但是 CPU 厂商微笑着给我们带来了有 1000 个内核的新处理器模型。他们说，为了提升程序的性能，必须让更多的线程同时处理数据。想象一下，1000 个线程都在争论该由谁去查看汽车对象的状态——不，这对我们开发人员和汽车对象来说，都是不可行的。

　　若要构建不过时的应用程序，则需要采用一种其他的概念模型，这种模型不会对对象的值撒谎。现在，我们看一下不可变状态背后的设计意图。

3.2.2　将不可变值视为现实的快照

　　不可变值不会发生变化。在程序中，不可变值声明一次，在程序执行的整个过程中，或者是直到因不再需要而将其废弃时，这个值始终不变。

但是这并不意味着在使用不可变状态时，我们就无法改变现实世界的视图。继续使用前面所讨论的汽车样例，对汽车进行移动的代码如下：

```
case class Car(brand: String, position: Int)

val car = Car(brand = "DeLorean", position = 0)
val movedCar = car.copy(position = 10)
```

这里并没有将汽车伪装成相同的对象，而是有了两个值：原始的 Car 在位置 0，movedCar 在位置 10。movedCar 依然是位置 0 时的那辆 DeLorean，唯一的差异在于它现在处于一个新的位置。

Car 和 movedCar 是汽车的快照，是由于时间的不同所产生的两个实例。我们不必关心快照是何时生成的，因为外部的观察者在读取这两个值时对它们的含义是明确的：一旦定义之后，值就不会发生变化了，Car 的值始终代表了尚未移动的汽车。我们可以有 1000 个线程要读取汽车的位置，创建移动之后的新版本时，我们并不用担心造成任何的麻烦。

通过采用不可变值来描述一个对象（或者更宽泛地说，一个数据结构），我们能够完全解决观察者该看到什么值的不确定性。另外，开发者要明确传递值，而不是传递对变量的引用，因为引用在幕后有可能会发生变化。函数是操作不可变值和数据结构的一种好办法，但是在讨论函数之前，我们介绍另一个与不可变状态形影不离的概念，这个概念是函数式编程的基石，它就是**面向表达式编程**。

3.2.3　面向表达式编程

在面向表达式编程语言中，我们用返回一个值的**表达式**（expression）来编写程序，而不是采用**语句**（statement）来编程，语句执行代码但是并不会返回任何内容。为了执行一个计算，语句通常会改变一个或多个变量的状态，这些变量是在语句本身的作用域之外的，而表达式会返回包含计算结果的一个值，在这个过程中，不会改变表达式外部的任何状态。

程序清单 3.1 所示的方法就是语句。

程序清单 3.1　从列表中移除一个元素的语句

```
public void removeElement(List<String> list, String toRemove) {
    for(Iterator<String> it = list.iterator(); it.hasNext();) {   ◁── 迭代原始
        String s = it.next();                                          的列表
        if (s.equals(toRemove)) {
            it.remove();     ◁──
        }                         将值从原始的列表
    }                             中移除
}
```

在这个语句中，我们传入了一个字符串的列表和想要移除的元素的值。然后，通过使用该方法会从给定的列表中移除这个元素。

相反，程序清单 3.2 所示的表达式实现了相同的结果，但是不会改变初始的列表。

程序清单 3.2　过滤列表并移除特定元素的表达式

创建一个新的
列表来存放过
滤后的结果

返回新的
过滤列表

```
ublic List<String> filterNot(List<String> list, String toRemove) {
    List<String> filtered = new LinkedList<>();
    for(String s : list) {
        if (!s.equals(toRemove)) {
            filtered.add(s);
        }
    }
    return filtered;
}
```

迭代原始的
列表

将匹配过滤文本的结果放
到新的过滤列表中

在这个样例中，数据依然会发生变化，但变化是在 filterNot 方法中发生的，它只对该方法内部是可见的。我们可以将程序的构建想象为搭乐高的积木块，即通过小的表达式搭建出逐渐变得复杂和庞大的代码。所有的纯函数式编程语言都是面向表达式的。

Scala 核心中的面向表达式编程

在 Java 中，编写面向表达式风格的代码并不方便。但是，Scala 本身就是围绕着表达式的概念来设计的，除了提供优秀的函数功能之外（稍后将会进行讨论），很多的语言构造（如控制结构和模式匹配）都是表达式。

例如，程序清单 3.2 中 filterNot 样例方法更通用的版本可以用标准的 Scala 集合来实现：

```
val list = List("a", "b", "c")
val filtered = list.filterNot(letter => letter == "b")
```

在 Scala 中，控制结构也是表达式，例如条件式的 if-else 语句：

```
scala> val greeting: String = if(true) "Hello" else "Goodbye"
greeting: String = Hello
```

如果你用过 Java，可能会觉得上面的构造看起来非常熟悉，因为它等价于：

```
String greeting = true ? "Hello" : "Goodbye";
```

Scala 的模式匹配能够让我们以一种很简洁的方式来操作数据，在此过程中不会用到可变状态。程序清单 3.3 所示的样例将一个传入的数字转换为字符串形式的表述。

程序清单 3.3　能够拼写出数字的简单匹配表达式

```
def spellOut(number: Int): String = number match {
    case 1 => "one"
    case 2 => "two"
    case 42 => "forty-two"
```

match 语句会用到
整型数字上

每个分支对应
一个 case 表达式

```
    case _ => "unknown number"
}

val fortyTwo = spellOut(42)
```

由下画线组成的通配符模式
对应所有其他的情景

在命令式编程语言中，我们经常会看到大段的逻辑代码，例如很长的 if-else 语句，它们会用来推导数据并修改在作用域之外声明的变量和可变数据结构。面向表达式编程的理念会让不同的逻辑流程尽可能简短，并将多个小的"**推理机（reasoning machine）**"组合起来构建出复杂的机制，而实现这一点的关键要素就是函数。

3.3 函数

和在数学中一样，程序中的函数也接受一组输入并返回一个输出，如图 3.3 所示。

我们将在本节中看到，在面向对象的编程语言中，函数并没有发挥出全部的威力，然后介绍函数如何在处理不可变状态时发挥作用。

```
def f(x: Int): Int = 2 * x
```

输入　　输入类型　输出类型

图 3.3　Scala 语言中函数的样例

3.3.1 面向对象编程语言中的函数

我们知道，面向对象编程语言的一个主要原则就是**封装（encapsulation）**：数据以及操作数据的方法都封装在对象之中。封装的初衷是尽可能减少数据的可见性，这样有助于形成更可靠且更易维护的代码，对于大型的代码库来说更是如此。在支持封装的编程语言出现之前，大型的代码库存在许多的问题，这些问题都与变量命名重复相关，更宽泛地来讲，是与代码的组织相关（借助封装，我们能够将相关的方法分组到一起）。

在实际中，封装很容易被误解：Java 对象中充斥着凌乱的 Getter 和 Setter 方法，这实际上将内部状态完全暴露了出去，而这些状态本来可能是想要通过封装来进行保护的。但是，即便我们严格应用了封装，它依然无法解决前面讨论的可变状态的问题。可变状态（不管是否封装）意味着在多线程环境下很难对数据进行运算，对于对象的状态判断也将变得非常困难。

在 Java 这样的语言中，更大的影响可能在于，我们将函数降级为在特定类型的对象中操作可变数据的一种方式。对象中封装的方法实际上是与特定家族的对象关联的，这样就会极大地限制类似的行为在更广泛的对象间进行重用。继承只能部分缓解这种硬性关联，实体有一些共同的特性，但是除此之外，它们之间完全不相关，我们不应该将其放到相同的继承体系之中。这种限制所带来的一个副作用就是，在大型的 Java 项目中，经常会看到一些工具类，这些类由 public static 方式声明的方法组成。在 Java 项目中，项目所使用的大多数函数都会放到一个名为 utils 的包中。

3.3.2 函数作为第一类的值

在函数式编程语言中，尤其是在 Scala 中，函数会作为语言的一等公民，不会限制其必须作为特定类型的一个方法。就像其他对象一样，函数可以以参数的形式传递给其他方法或函数。与封装到对象中的方法不同，函数并不需要立即执行。它们所持有的行为可以进行传递，并在需要的时候执行。

在 Scala 中声明函数

在 Scala 中，可以有多种定义函数的方式。最为常见的是使用 def 关键字，这等价于面向对象语言中的传统方法：

```
def square(x: Int): Int = x * x
```

在 Scala 中定义函数的另一种方式就是使用**函数字面量**（function literal）：

```
val square = (x: Int) => x * x
```

函数字面量是 Function1、Function2 等类型的对象（这取决于参数的数量），它能够像其他对象实例那样到处传递。

包括完整类型的 square 函数字面量如下所示：

```
val square: Function1[Int, Int] = (x: Int) => x * x
```

> **纯函数**　接受输入并生成输出，而且在这个过程中不产生任何副作用（例如在控制台打印一条语句、对文件系统进行输入/输出操作或者网络访问）的函数称为**纯函数**。只要有可能，我们就应该使用纯函数，因为它不会产生令人惊讶的副作用。

3.3.3 传递行为

通常来讲，我更喜欢方法定义的方式，而不是函数字面量，因为它们的语法看起来更自然，当有更复杂参数的时候更是如此。我们可以将一个方法转换成函数字面量，只需告诉编译器我们希望将其作为一个值，而不是要调用这个方法。

例如，将 square 方法转换为函数字面量：

```
scala> def square(x: Int): Int = x * x
square: (x: Int)Int

scala> val squareLiteral = square _
squareLiteral: Int => Int = <function1>
```

在上面这个例子中，下画线会告诉编译器我们不希望执行这个方法，而是**部分应用**

（partially apply）它：这里没有为它的参数 x 提供一个具体的值，而是用下画线作为占位符，这样的结果就是形成一个函数字面量，它可以到处传递并且只有在给它提供参数时才会执行（而不是引用它的时候默认就为其提供一个参数）。

能够延迟函数的执行对很多应用来说是至关重要的，例如异步编程语言中的回调。在 Java 8 引入 lambdas 之前，要模拟函数的行为需要定义一个具有函数签名的接口。例如用以下的方式来实现 Runnable：

```java
public class AsynchronousTask implements Runnable {
    public void run() {
        System.out.println("This task is running asynchronously");
    }
}
```

当调用 run()方法时，AsynchronousTask 会作为行为执行的容器。在 Scala 中，与其功能对等的就是一个简单的函数字面量：

```scala
val asynchronousTask =
  () => println("This task is running asynchronously")
```

就像 Java 中新的 AsynchronousTask 实例一样，Scala 中的 asynchronousTask 函数字面量也可以到处进行传递，例如可以作为其他函数的参数。

3.3.4　组合函数

回到前面所定义的 square 函数：

```scala
val square: Function1[Int, Int] = (x: Int) => x * x
```

我们可以使用这个字面量作为其他函数的参数，例如基于 square 函数来计算一个数字的四次方：

```scala
def fourth(x: Int, squarer: Function1[Int, Int]): Int =
  squarer(squarer(x))
```

在上面的例子中，squarer 作为新的 fourth 函数的一个常规参数，这个新函数预期会接受一个从 Int 类型到 Int 类型的函数，传入的函数会对输入值进行平方计算。

在 Scala 程序中，这种类型的 squarer 参数有一种更漂亮的语法（实际上，在程序中，很少会见到这样的 Function1 符号）：

```scala
def fourth(x: Int, squarer: Int => Int): Int = squarer(squarer(x))
```

通常将带有箭头符号的 Int => Int 读作"从 Int 类型到 Int 类型"。

为 fourth 函数传递一个数值以及 square 函数，这样就能调用这个 fourth 函数了：

```scala
val twoToThePowerOfFour = fourth(2, square)
```

通过将函数作为其参数，fourth 就成了所谓的**高阶函数**（higher-order function）。高阶函数是一种抽象相似操作的强大方式。例如，假设我们想要有个函数，它能够计算某个数字的 2 倍：

```
def double(x: Int): Int = 2 * x
```

如果想要计算某个数字的 4 倍，我们可以以将 double 传递进来并调用两次：

```
def quadruple(x: Int, doubler: Int => Int): Int = doubler(doubler(x))
```

上面的这个函数定义与 fourth 函数非常相似。实际上，除了名字之外，这两个函数是一样的并执行了相同的操作。所以，我们可以抽象一下：

```
def applyTwice(x: Int, f: Int => Int): Int = f(f(x))
```

现在，可以重写 fourth 和 quadruple 函数：

```
def fourth(x: Int) = applyTwice(x, y => y * y)
def quadruple(x: Int) = applyTwice(x, y => 2 * y)
```

匿名函数声明　在第二次重写的 fourth 和 quadruple 函数定义中，我们没有将已经定义好的 square 或 double 的函数引用传递进来，而是直接传入其函数内容定义。像上面这种函数声明方式，即不设置名称的方式，称为**匿名函数**（anonymous function）。

3.3.5　函数的大小

关于函数的可读性和可维护性，有一项很重要的特征就是它的大小。编写的行为越复杂，函数可能就会变得越长。编程时，我们很容易编写出具有很多行函数，这个过程中会声明很多的值，但是到底发生了什么可能就不那么清晰了。

要找出函数最适合的大小并不像想象中那么简单。冗长的函数对执行和性能并没有什么影响，但是它确实会让程序变得更难维护和理解。试考虑如下这个例子，在这个例子中我们想要统计广告点击的次数，如程序清单 3.4 所示。

程序清单 3.4　计算每月广告点击次数的函数

```
case class Click(timestamp: DateTime, advertisementId: Long)
case class Month(year: Int, month: Int)

def computeYearlyAggregates(clickRepository: ClickRepository):
  Map[Long, Map[Month, Int]] = {                              ← 获取过去一年的
    val pastClicks =                                              点击数据
      clickRepository.getClicksSince(DateTime.now.minusYears(1)) ←
    pastClicks.groupBy(_.advertisementId).mapValues {    ←
      case clicks =>                                          根据 advertisementId
        val monthlyClicks = clicks                           进行分组
          .groupBy(click =>
            Month(
              click.timestamp.getYear,
              click.timestamp.getMonthOfYear
```

根据月份进行分组

```
      )
    ).map { case (month, groupedClicks) =>          计算一个月
      month -> groupedClicks.length          ◄──┘  的点击量
    }.toSeq
  monthlyClicks
  }
}
```

你或许能够读懂这个样例，但是稍加练习，这样的代码会更易于理解。这些代码虽然编写起来会很容易，但是一段时间之后，再次回到相关的上下文中，尝试理解这些**层叠**（imbricated）在一起的 groupBy 和 map 代码块时，可能就不会那么容易了。

在这种场景下，减少 computeYearlyAggregates 函数整体的复杂性，将其拆分为多个小函数就变得很有意义了。Scala 能够让我们在任何地方声明函数，即使在其他函数内部也是可以的。如程序清单 3.5 所示，利用这一特性，我们通过将更小的函数连接在一起来重写上述代码。

程序清单 3.5　计算每月广告点击次数的重构版函数

抽取某次点击所对应月份的函数

用于统计某个月中所有点击数量的函数

```
def computeYearlyAggregates(clickRepository: ClickRepository):
Map[Long, Seq[(Month, Int)]] = {

  def monthOfClick(click: Click) =
    Month(click.timestamp.year, click.timestamp.month)

  def countMonthlyClicks(monthlyClicks: (Month, Seq[Click])) =
    monthlyClicks match { case (month, clicks) =>        计算一组点击按月
      month -> clicks.length                             聚合的数据
    }

  def computeMonthlyAggregates(clicks: Seq[Click]) =
    clicks.groupBy(monthOfClick).map(countMonthlyClicks).toSeq

  val pastClicks =
    clickRepository.getClicksSince(DateTime.now.minusYear(1))

  pastClicks
    .groupBy(_.advertisementId)            将所有计算连接
    .mapValues(computeMonthlyAggregates)   起来的函数
}
```

可以看到，现在的代码要易读得多。问题被拆分为更小的函数，而它们的目的通过函数名称就能很好地识别出来。除此之外，这些小函数只在 computeYearlyAggregates 函数的作用域内可见，这也很重要，因为在这个作用域之外是无法使用它们的。还要注意的是，这些函数是如何组合起来从而构建出更加复杂的行为，例如，computeMonthlyAggregates 函数将 monthOfClick 和 countMonthlyClicks 连接了起来。

省略函数参数　使用函数时，我们可以省略参数。在 computeMonthly Aggregates 函数中，monthOfClick 函数直接以参数的形式传递给了 groupBy，在 groupBy 的参数中没有进行显式的装配。groupBy 是一个高阶函数，在本例中，

它预期得到一个 Click => T 类型的函数，其中 T 是对集合进行分组的元素类型。因为 monthOfClick 有预期类型，所以允许将其作为参数传递给 groupBy。

我们可以看到，编写小巧且功能集中的函数能够让代码更易于理解和维护。实际上，Scala 能够省略函数的参数（至少在有些情况下是这样的），这会让我们更加关注函数本身，也就是关注针对数据要采取什么的行为，而不是将数据从一个函数传递到另一个函数这样的次要任务。

在试图确定函数的粒度时，有一条经验法则，那就是清晰识别函数的职责。从函数的名称就应该推断出它的职责，如果无法为某个函数确定一个合适的名称，那么很可能这个函数做了太多的事情。

3.4 操作不可变集合

从使用可变数据结构转换到不可变数据结构时，首先会面临的问题之一就是集合。在可变数据结构领域，循环是整理集合的可选工具。在接下来的章节中，我们将会看到如何使用高阶函数来操作不可变集合。

3.4.1 使用转换来替换循环

假设现在根据年龄将一个用户列表划分为未成年人和成年人。在可变数据结构中，我们很可能会使用程序清单 3.6 所示的循环完成此项任务。

程序清单 3.6 借助循环和两个可变的集合将用户划分为未成年人和成年人

```
List<User> minors = new ArrayList<User>();
List<User> majors = new ArrayList<User>();

for(int i = 0; i < users.size(), i++) {
    User u = users.get(i);
    if(u.getAge() < 18) {
        minors.add(u);
    } else {
        majors.add(u);
    }
}
```

在这个样例中，两个可变列表是在循环中进行填充的。对列表的迭代依赖于索引并且要根据索引来检索每项元素，而没有采用 iterable 的行为。

接下来，我们看一下按照函数式的风格该如何形成相同的结果，如程序清单 3.7 所示。

程序清单 3.7 使用高阶函数将用户划分为未成年人和成年人

```
val (minors, majors) = users.partition(_.age < 18)
```

在这个样例中，我们使用了 partition 函数，它的预期参数是一个**断言**（predicate）函数（返回一个 Boolean 值）。针对集合中的每个元素，该函数都会执行，结果会形成一个不可变列表的元组，其中包含了根据断言所分割得到的值。

将第二种方式与第一种方式进行对比，得出如下几点：

■ 循环不是显式进行的；

■ 在这种操作方式中，函数（通常是断言函数）会扮演核心角色；

■ 没有必要使用可变状态，因为它会立即以不可变数据结构的方式提供结果。

第二种方式称为**声明式的**（declarative），即描述想要的结果，而非如何得到结果。第一种方式称为**命令式的**（imperative），即明确指定如何获取结果。通过在不同抽象层级上进行操作，声明式方式借助强大的高阶函数的支持，使我们能够关注程序结果的描述，而不用过多担心实现细节。最终，它还是会执行循环，但是我们没有必要关心，何况循环本身已经是一种非常成熟的机制。

声明式操作会在一个较高的抽象层级上进行，这样带来的另一个优势就是功能实现可以很容易地切换出去。Scala 的集合库是围绕两个特质 scala.collection.Traverseable 和 scala.collection.Iterable 构建的，其中包含了很多可以处理可遍历和可迭代数据结构的有用方法。标准库提供了多种风格的集合，主要是可变集合和不可变集合，但是也有一种并行的风格，它能够跨多个线程执行集合的运算。

在进一步介绍声明式编程的诸多方式之前，我们首先看一下能够实现该目的的工具。

3.4.2　用来操作集合的高阶函数

如前文所述，在声明如何对集合进行转换时，高阶函数是非常有用的。通过将函数作为参数（要应用到数据上的预期行为），开发人员能够关注于行为的描述而不是疲于应付处理状态。

本节将会介绍一些强大的操作 Scala 集合的转换函数，以及在广泛含义上通过表达式转换数据结构的函数。

1．map 和 FlatMap

map 函数会遍历集合中所有的元素并对这些元素使用一个函数，返回**映射**（mapped）后的新集合作为结果（原始的集合不变），示例如下：

```
scala> val list1 = List(1, 2, 3)
list1: List[Int] = List(1, 2, 3)

scala> val doubles = list1.map(_ * 2)
doubles: List[Int] = List(2, 4, 6)
```

map 操作可以用图 3.4 来描述。

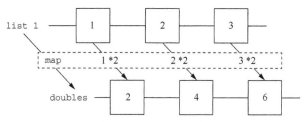

图 3.4 将 map 应用到一个整型列表上

这非常容易理解。map 只是得到集合中的每个元素，将传递过来的函数应用到每个元素之上，然后返回一个新的集合。需要注意的是，我们不一定必须要返回整型：如果函数返回其他类型，我们会得到同种类型的集合，但元素的类型是不同的。

接下来，我们看一下更为复杂的 flatMap 函数。flatMap 所预期接受的函数在执行后会返回一个元素的集合。与 map 类似，它会将传入的函数应用到集合中的每个元素上。但与 map 不同的是，它会采取一个额外的步骤——将结果形成的元素组**扁平化**（flatten）——将元素添加到一个集合中，示例如下：

```scala
scala> def f(i: Int) = List(i * 2, i * i)
f: (i: Int)List[Int]

scala> val flatMapped = list1.flatMap(f)
flatMapped: List[Int] = List(2, 1, 4, 4, 6, 9)
```

我们可以定义一个函数，让这个函数接受整型并将其转换为一个列表，然后通过 flatMap 将这个函数应用到已有的 list 1 上，如图 3.5 所示。

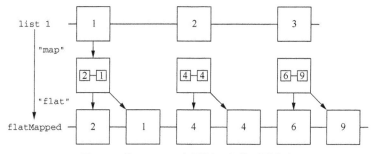

图 3.5 将 flatMap 应用到一个整型列表上

这个过程可以通过将 flatMap 切分为两部分进行重现，即先映射值，再扁平化映射结果：

```scala
scala> val mapped = list1.map(f)
mapped: List[List[Int]] = List(List(2, 1), List(4, 4), List(6, 9))
```

```
scala> val flatMapped = mapped.flatten
flatMapped: List[Int] = List(2, 1, 4, 4, 6, 9)
```

Foreach 另一个值得一提的方法就是 foreach。与 map 类似，它也会遍历集合中的每个元素，但并不会返回任何的值，反而会产生副作用，例如在控制台打印一行输出。map 和 flatMap 在底层实现时都用到了 foreach。

2. for 推导式

for 推导式堪称处理集合的"瑞士军刀"。它允许我们将多个集合的处理连接起来，并且能够以一种很通用的方式对结果进行过滤。请考虑程序清单 3.8 所示的样例。

程序清单 3.8　简单 for 推导式的样例

第一个生成器接收 aList 的所有元素

第二个生成器接收 bList 的所有元素

生成每次迭代 a 和 b 的求和

```
val aList = List(1, 2, 3)
val bList = List(4, 5, 6)

val result = for {
  a <- aList
  if a > 1
  b <- bList
  if b < 6
} yield a + b
```

第一个守卫限制第一个生成器的范围

第二个守卫限制第二个生成器的范围

for 推导式是由如 a <- aList 这样的**生成器**（generator）和 a > 1 这样的**守卫**（guard）组成的。生成器在每次迭代的时候生成值，守卫可以用来对值进行过滤。我们可以将多个生成器连接起来就像套叠在一起的列表，第一个生成器包装第二个，以此类推。

在内部，Scala 会将 for 推导式转换为一系列的 flatMap、map 和 withFilter 调用。例如，之前的 for 推导式会转换成如下的代码：

```
val result = aList
  .withFilter(_ > 1)
  .flatMap { a =>
  bList
    .withFilter(_ < 6)
    .map { b =>
     a + b
    }
  }
```

3. 将 map、flatMap、for 推导式与 Option 类型结合使用

为了综合地了解前面所讨论的工具，我们将介绍如何将它们与 Scala 中最流行的数据结构 Option 类型组合使用。

Option 是 Scala 针对 NullPointerException 所给出的解决方案，直到现在这个异常仍然困扰着 Java 开发人员（以及其他类似语言的开发人员）——它代表了一个可能

可用也可能不可用的值。认为 Option 在 Scala 中被广泛使用其实是一种保守的看法：在库的实现过程中，如果传递的值有可能是未定义的，那么 Option 实际上是一种标准语法。

我们有两种方式来看待 Option，如图 3.6 所示：一种是将其视为可能包含一些内容的盒子；另一种是将其视为最多只包含一项元素的列表。

Option[T] 有两个子类型：Some[T] 和 None。它们分别代表了 Option 两个可能的状态。使用 Option 来替代可能为空的值所带来的主要影响就是每次当我们想要访问 Option 的值时，都要反问自己，如果它的值不存在，该怎么办。当处理可能为空的值时，我们很容易忘记处理这种可能性，但这通常并不是好的做法，由此所造成的

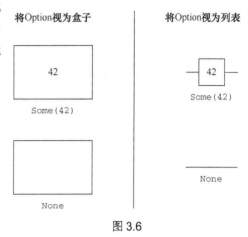

图 3.6

NullPointerException 非常烦人和耗时（Tony Hoare 当时引入了空引用，他将其称为"价值数十亿美元的错误"[1]）。Option 之所以能够让程序员更加难以忘记对空值的检查，是因为它的值必须要显式地去获取，而不是简单地传递引用。

4. 将 Option 视为盒子——对 Option 内容的命令式访问

有多种检查 Option 是否包含内容的方法：

```scala
scala> val box = Option("Cat")
box: Option[String] = Some(Cat)

scala> box.isEmpty
res0: Boolean = false

scala> box.isDefined
res1: Boolean = true

scala> box == None
res2: Boolean = false
```

按照这种范例，我们可以按照如下的方式来使用 Option：

```scala
if (box != None) {
  val contents = box.get
  process(contents)
} else {
  reportError()
}
```

---

[1] 参见维基百科上 Tony Hoare 页面的"Apologies and retractions"部分.

回忆 3.4 节所讨论的内容，这种代码并不完全是面向表达式的。如果你习惯函数式编程风格并且用了一段时间，那么这种代码可能会让你抓狂（至少对我来说是这样）。相对于使用可能为空的值，使用 Option 的优势不那么明显了，box != None 检查与 value != null 检查非常类似。最后，如果你忘了检查 Option 是否已定义，并且在一个 None 上调用 get 方法，Scala 将抛出 java.util.NoSuchElementException 异常（它比 NullPointerException 好不了太多）。

从函数式编程的角度来看，另一种替代方案就是用前面所讨论的工具来操作集合，将 Option 视为最多只能包含一个元素的列表。

5. 将 Option 视为列表——对 Option 内容进行函数式访问

如果将 Option 视为一个列表，那么我们可以用 map 来访问和转换它的每一个元素：

```
val user: Option[User] = User.findById(42)
val fullName: Option[String] = user.map { u =>
  u.fullName
}
```

通过 map，我们可以访问 Option 的内容，而不必对其进行"拆箱"。如果 Option 尚未定义，那么操作不会被应用，但是在转换之后，所得到的另一个 Option 也不会有具体的值。根据实际情况的不同，在获取不到值的时候，可能想要提供一个默认值。可以通过使用 getOrElse 来实现这一点：

```
val user: Option[User] = User.findById(42)
val fullName: String = user.map { u =>
  u.fullName
} getOrElse {
  "Unknown user"
}
```

虽然 map 是操作 Option 的强大工具，但是它依然有一定的限制。例如，假设想要获取用户的地址，而不只是他们的名字，通过调用 Address 的 findById 方法，它返回了 Address 类型的一个 Option：

```
val user: Option[User] = User.findById(42)
val address: Option[Option[Address]] = user.map { u =>
  Address.findById(u.addressId)
}
```

现在，我们得到了一个 Option，它的内容是包含 Address 的另一个 Option，这不是很好的办法。用另一个工具来处理这种状况：flatMap 能够将一个映射的列表内联到扁平的列表中。在层叠的 Option 中，我们可以采取完全相同的方式：

```
val user: Option[User] = User.findById(42)
val address: Option[Address] = user.flatMap { u =>
  Address.findById(u.addressId)
}
```

在组合 Option 的操作时，flatMap 也不一定是足够好的解决方案，在有些场景下，我们需要将很多的值组合为操作的一部分。考虑如程序清单 3.9 所示的样例，我们想要更新一个用户的名字：

程序清单 3.9　使用 for 推导式组合多个 Option

尝试根据标识去查找用户

确保名字不为空

如果无法获取更新所需的全部数据，那么返回一个错误

尝试获取请求体，将其作为 JSON 对象

从 JSON 对象中尝试抽取名字

```scala
def updateFirstName(userId: Long) = Action {
  implicit request =>
    val update: Option[Result] = for {
      json <- request.body.asJson
      user <- User.findOneById(userId)
      newFirstName <- (json \ "firstName").asOpt[String]
      if !newFirstName.trim.isEmpty
    } yield {
      User.updateFirstName(user.id, newFirstName)
      Ok
    }
    update.getOrElse {
      BadRequest(Json.obj("error" -> "Could not update your " +
        "first name, please make sure that it is not empty"))
    }
}
```

for 推导式之所以会让代码更加易读，是因为借助它能够清晰地看到要执行一次操作时，需要哪些值处于可用状态。使用层叠式 flatMap 和 map 方案的代码易读性会更差一些。如果你刚刚开始使用 for 推导式，你会发现它不像 map 和 flatMap 那样直观：当操作 Option（或支持这种操作的其他类型的数据）时，我们会在可选值上使用 map 操作，用这个结果来检索第二个可选值，然后将外层的 map 变换为 flatMap，从而避免出现嵌套。而对 for 推导式来说，在手动将整个链全部实现后，我们才会发现 for 推导式是组合各种 Option 的更好方式。

组合使用 for 推导式和 Option 有一个不足之处，那就是它会隐藏原始结果的不确定性：在前面的样例中，如果我们获取不到结果，那么可能是因为请求体中没有包含合法的 JSON 编码、根据标识无法找到用户、JSON 对象中没有包含 firstName 字符串字段或者名字为空。但是，以我个人的经验来讲，最重要的是通过编写可靠的代码来解决这些麻烦，同时还要处理最可能出现错误的诱因（在本例中，就是用户没有提供姓名的值）。如果请求路径中的其他步骤是有问题的，也就无法给用户提供太多的帮助，告诉他们无法更新名字的确切原因并不会让他们觉得更开心。

处理未定义的值　通过使用 map、flatMap 和 for 推导式，我们可以使编写的代码能够先处理所有值都已经定义好的"正常"场景，再去处理未定义状态的一个或多个 Option，最后在一个地方处理未定义的值、错误条件等，而不用一直检查某个值是否已经定义。

一元操作　Scala 的 Option 是一个所谓的**单子**（monad），而 map、flatMap

和 withFilter 称为**一元**（monadic）操作。在**分类理论**（category theory）中，单子是遵循特定规则的一组构造，并且会表现出一些有趣的属性，例如我们刚刚所使用的可组合性。Scala 中其他几个最为常用的类型也是单子并提供了一元操作，如 Try、Either 和 Future。这意味着这些类型也可以进行组合，并且能够非常便利地进行操作。

3.5 转换到声明式编程风格

如果我们只读几页关于不可变理念、高阶函数以及操作集合工具的书，就能放弃多年的命令式编程习惯，并立即将其替换为函数式编程风格，那实在是太便捷了。但是，事实恐怕并非如此，我们需要一些时间才能抛弃命令式编程所带来的根深蒂固的习惯，进而采用新奇的方式来思考我们的日常编程。

若要让人们转换到函数式编程，那么最有帮助的方式就是让他们用 Scala 这样的编程语言做一个项目。下面给出的几点建议会帮助你加快这一转换过程。

在使用 Scala、Play 和 Akka 时，所使用的大多数 API 都是针对函数式模式所设计的，因此我们会经常遇到 Option 类型以及原生可组合的其他类型。

在拥抱函数式编程的过程中，需要注意的是：

- 不要对 Option 使用 get 方法；
- 只使用不可变值和数据结构；
- 致力于编写小巧精炼的函数；
- 迭代式地改善函数式编程风格。

3.5.1 不要对 Option 使用 get 方法

通过使用该规则，我们就会采用之前所讨论的某种函数式方式来操作 Option：每次要操作 Option 中的值时，便会使用 map、flatMap 或 for 推导式。如果采用这种规则，我们首先意识到的事情可能就是很多逻辑会被封装到回调之中（或者是位于一个特定的函数中，我们需要将这个函数作为输入提供给 map 或其他集合相关的方法）。

如果需要连接到 Java API，那么这里有个技巧可以让我们避免 NullPointerException 异常的困扰，那就是将不安全的输入（根据所使用的 API，会返回可为空的输入）封装到一个 Option 中，如下所示：

```
val unsafeInput = Option(myJavaAPI.getValue)
```

如果 API 所提供的值为 null，那么结果形成的 Option 就会是 None。

3.5.2　只使用不可变值和数据结构

　　这条规则可能是最难的，如果你依然习惯于采用循环而不是集合方法来操作数据、声明变量时使用 var 而不是 val，这会变得尤为困难。IDE 可能会提醒哪些 var 是没有必要使用的。

　　需要注意的是，在有些场景下，可变状态是"允许的"，或者说使用可变状态是有益的。例如，当与已有的 Java API 集成时，违反这些 API 的命令式设计也是没有太大意义的。如果做不到代码中完全没有 var，也不必绝望。咨询一下更加精通函数式编程的同事或朋友，可能这也是让你快速起步的好办法。

3.5.3　致力于编写小巧精炼的函数

　　一旦开始以函数式的结构（构建一系列的状态转换，而不是改变已有状态的循环和命令式代码）开始编码，一种好的实践就是重新审视代码，并提取小的片段将其转换为函数，如程序清单 3.5 所示。在这个过程中，为函数找到有意义的名称非常重要，毕竟，我们再次回头看代码时，希望能够理解当初都做了些什么。

　　在命名函数的时候，有一个建议：如果可能，应尽可能地描述函数要做什么的语义，而不是描述它是怎么实现的。换句话说，在函数名称中包含技术细节（如类型名称）其实没有太大的用处，因为函数的类型注解已经表明了它所预期的输入和输出。假设我们想要获取一个数据库游标，用来在多个其他的函数中使用（也就是在数据库实际获取数据前调用它）：

```
def findAllUsersCursor: DBCursor[DBObject] =
  find(DBQuery("{}"))
```

　　这个方法在名称和签名中重复用到了 Cursor 类型，更好的方式则是描述函数要做什么，也就是对一个结果集进行迭代操作：

```
def iterateOverAllUsers: DBCursor[DBObject] =
  find(DBQuery("{}"))
```

3.5.4　迭代式地改善函数式编程风格

　　如果你想把前面所提到的建议一次性地全部用上，那么很可能会浅尝辄止。不要期望一次性将所有的事情全部做好，比较有益的方法是依然按照习惯的方式进行编程，只不过将 var 替换为 val，使用可变集合和循环。一旦你明确了代码应该是什么样子的，你就应该能够实现这一目标的行为。要花时间一点一点地重新检查代码，每次将一个地方变成不可变的，用集合方法代替循环，慢慢充实不断增长的小巧且精炼的函数。

3.6 小结

在本章中，我们看到了函数式编程最为重要的理念，这些理念将会在本书中用到。在使用 Scala 的 Future API 编写异步代码时，它们也是非常有用的。我们重点讨论了以下内容：

- 函数式编程、函数以及高阶函数；
- 不可变状态以及面向表达式编程；
- Scala 的不可变集合以及如何使用它们。

我们现在有了必要的工具，接下来进一步探讨如何将它们与 Play 框架组合使用，以构建出反应式的应用。

第 4 章　快速掌握 Play 框架

本章内容
- ■ Play 应用的结构
- ■ Play 的核心概念，包括 HTTP Action 和 WebSocket 处理器
- ■ 一些高级特性，例如错误处理的自定义机制以及自定义请求过滤器

Play 是一个 Web 框架，它的设计灵感来源于 Ruby on Rails 和 Django 这样的模型-视图-控制器（Model-View-Controller，MVC）框架。与大多数基于 Java 的 Web 应用框架不同，Play 并不是构建在 Servlet 规范之上的，而是具有自己对 HTTP 和 WebSocket 协议的轻量级抽象。它的核心是无状态的（不会保持服务器端的状态），并且是围绕着异步请求处理的理念构建的。在提供高性能框架的同时，Play 也遵循了快速开发和原型的理念，能够让我们在修改代码之后很快就看到所带来的变化。

在第 2 章中，我们看到过 Play 的一些元素，但是并没有花费时间讨论它们是如何运行的以及它们的重要性何在。在本章中，你将学到创建新 Play 应用的窍门并熟知 Play 项目的整体结构。本章不会让你在 Play 的各个方面都成为专家，但是能够让你在整体上掌握 Play 都能做些什么，并且了解底层的主要运行机制。这样的话，我们就能具有一个共同的背景，从而能够在本书剩余的内容中探索反应式 Web 应用的设计与开发。

4.1 Play 应用的结构和配置

在第 2 章中，我们使用来自 Lightbend Activator 的模板来搭建 Play 应用，这是一种快速起步的方式。为了更好地理解 Play 应用的结构以及不同文件的作用，下面我们搭建一个最小化的项目并手动创建所需的文件。

为了阐述 Play 框架的主要理念，我们用一个基于 REST 的简单应用作为样例。

4.1.1 简单词汇教师应用简介

在本章中，我们所创建的应用会使用某种语言对用户进行词汇的测试。用户首先需要告诉应用关于词汇的信息。待应用掌握了一些词汇之后，它会随机从某个语言中取一个单词并要求用户进行翻译。图 4.1 描述了设想的功能和工作流程。

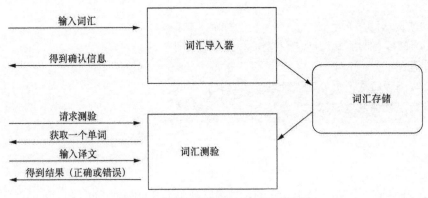

图 4.1 简单词汇教师应用的功能概览

在第一个版本的简单词汇教师（Simple Vocabulary Teacher）应用中，我们不会创建用户界面，而是搭建 REST 接口，并使用 curl 与应用进行交互。这样的话，我们就能非常直接地看到 Play 发送了什么样的响应。

用户在每个请求中需要指定源语言和目标语言。

4.1.2 创建一个最小的 Play 应用脚手架

这个项目所要使用的最小的文件和目录集如下：

```
├── app
│   ├── controllers
│   │   ├── Import.scala
```

```
│    │     ├── Quiz.scala
│    └── models
│          └── Vocabulary.scala
│    └── services
│          └── VocabularyService.scala
├── build.sbt
├── conf
│    ├── application.conf
│    ├── logback.xml
├── project
         ├── build.properties
         └── plugins.sbt
```

如果将这个目录与第 2 章中的目录进行对比，你会发现有些元素消失了，尤其是与视图和公开资源相关的内容。这是因为我们所构建的 REST 后端并没有用户界面。在应用首次启动时，Play 将会创建缺失的目录。

1. 应用配置

首先创建 conf/application.conf 文件，保存应用的配置，如程序清单 4.1 所示。

程序清单 4.1　conf/application.conf 文件中针对最小应用的配置

```
play {
  crypto.secret="changeme"    ← 用于加密和签名的应用 secret
  i18n.langs="en"             ← 应用所支持的语言列表，使用逗号分隔
}
```

application.conf 文件采用了 HOCON 的格式，也就是“针对人类优化的配置对象格式（Human-Optimized Config Object Notation）”。这种理念会保持 JSON 对树结构、类型和编码的语义，同时也让人类更加易于阅读和编辑。Play 使用了 Lightbend Config 库来读取其配置文件。HOCON 很好的一个特性就是允许引入其他的配置文件，这样我们就可以将技术化的配置放在 application.conf 中，而将更加与业务相关的配置分离出去。

Lightbend Config 还支持扁平化的格式，在这种格式中，树形结构会扁平化为 key。在本书其余章节中，我们会组合使用这两种格式，因为在有些场景下扁平化的格式更便利（例如在同一个分支下只有一个或很少的值需要配置）。

在程序清单 4.1 中我们可以看到，所需的最小化配置值确实很少。在应用配置方面，通常还会有其他需要关注的内容：

- 数据库访问配置；
- 自动化数据库演化配置；
- 邮件服务器配置；
- Akka Actor 系统配置；

■ 线程池配置。

应用的 secret 字符串：Play 会用一个应用 **secret 字符串**（application secret）来签名 session cookie 和 CSRF token，还会借助它来提供内置的加密工具。非常重要的一点就是不能让这个 secret 字符串公开访问到，如果泄露，攻击者就有可能伪造他们自己的 session 和其他内容。我们稍后会使用 Play 内置的工具生成一个崭新的应用 secret 字符串。

开发配置：我们可以借助配置的**包含机制**（inclusion mechanism）为团队的各种成员搭建开发配置。例如，每个开发人员可能会有不同的环境（例如数据库配置），或者有些人希望启用或禁用应用中特定的服务。通过在主 application.conf 文件中引入 development.conf，然后在版本控制系统中将这个文件排除出去（例如.gitignore），团队中的每个成员就能覆盖特定的配置选项（需要注意的是，在这个文件中，只能进行值的覆盖，不要指定新的值，否则会在生产环境中遇到问题）。包含该文件的语法如下：

```
include "development.conf"
```

2. 日志配置

Play 用 logback 库实现日志功能，它预期会在类路径下寻找 logback.xml 文件（在 conf 目录下）。Logback 允许我们细粒度地进行日志配置，例如配置轮询的日志文件，在生产环境部署时，这是推荐的做法。

针对项目的最小化 logback 配置如程序清单 4.2 所示。

程序清单 4.2　在 conf/logback.xml 文件中定义最小化的 logback 配置

```xml
<configuration>
  <conversionRule
    conversionWord="coloredLevel"
    converterClass="play.api.Logger$ColoredLevel" />

  <appender name="STDOUT" class="ch.qos.logback.core.ConsoleAppender">
    <encoder>
      <pattern>
        %coloredLevel - %logger - %message%n%xException
      </pattern>
    </encoder>
  </appender>

  <logger name="play" level="INFO" />
  <logger name="application" level="DEBUG" />

  <root level="ERROR">
    <appender-ref ref="STDOUT" />
  </root>

</configuration>
```

指定 Play 所提供的转换规则，它会为控制台的输出添加颜色

创建 appender，配置标准输出中的日志打印格式

定义消息进行日志记录的模式（参见 logback 文档来了解个性化配置）

配置每个 logger 的级别，这里可以添加更多的 logger，实现第三方库日志级别的自定义

定义使用哪个 appender 进行日志的记录

读者可以查阅本章的源码，了解更高级的 logback 配置样例（其中包含了轮询日志文件的样例）。

4.1.3　构建项目

要构建、运行和打包 Play 项目，需要用到 sbt 构建工具。如果还未安装，请按照 sbt Web 站点上的指导进行安装。

>　　**sbt 与 Activator**　Activator 构建在 sbt 之上，对其进行了很小的包装，扩展了 sbt 的功能。借助 Activator，我们能够基于模板创建新项目，还可以借助 activator ui 命令运行交互性的用户界面。它是由 Lightbend 提供的，其目标用户是首次接触这项技术平台的开发人员。在本章中，我们将会接触一些核心的内容，因此会直接使用 sbt，而不用那些额外的特性。在本书后续内容中，你可以在这两者中任意选择，推荐直接使用 sbt，但是在启动一个新项目时，Activator 会让这个过程更容易，就像我们在第 2 章所看到的那样。

最小的 sbt 项目只需要在该项目的根目录下包含一个 build.sb 文件，但是为了使用 Play，我们需要使用 **Play sbt 插件**（sbt plugin），还需要指定使用哪个 sbt 版本。

首先，创建 project/build.properties 文件：

```
sbt.version = 0.13.9
```

其实，我们也可以不使用该文件，但是如果你安装了新版本的 sbt，针对该项目运行构建工具时，默认使用新版本，它并不会关心这个新版本可能会与项目由于这样或那样的原因出现不兼容。因此，最好的做法就是指定项目要使用哪个 sbt 版本进行构建。

接下来创建 project/plugins.sbt 文件，指定该项目要使用的插件，如程序清单 4.3 所示。

> **程序清单 4.3　plugins.sbt 文件，用来声明构建中要使用哪些插件**
>
> ```
> addSbtPlugin("com.typesafe.play" % "sbt-plugin" % "2.4.3")      ◄—— Play 插件
> addSbtPlugin("com.typesafe.sbt" % "sbt-scalariform" % "1.3.0")  ◄
> ```
> 　　　　　　　　　　　　　　　　　　　用来进行代码格式化
> 　　　　　　　　　　　　　　　　　　　的 scalariform 插件

有很多可以增强标准 sbt 项目功能的插件，其中包括适用于各种各样任务的插件，例如检查代码覆盖率、执行静态分析以及指定发布机制等，它们都可以通过社区插件的方式来获取[1]。通过结合使用 sbt web 插件，Play 借助插件机制让资产的处理具有可扩展性，同时还能集成各种前端技术，例如 CoffeeScript、LESS、React 和 JSHint 等。

---

[1] 参见 sbt 社区插件的页面部分。

要执行构建任务，还缺少最后一块内容，那就是项目根目录下的 build.sbt 文件。该文件描述了项目该如何进行构建，如程序清单 4.4 所示。

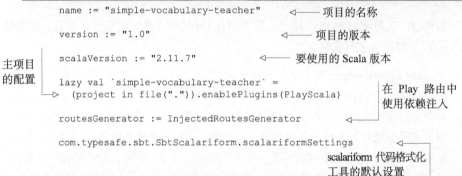

程序清单 4.4　声明项目配置的 build.sbt 文件

```
name := "simple-vocabulary-teacher"            ◄── 项目的名称

version := "1.0"                               ◄── 项目的版本

scalaVersion := "2.11.7"                       ◄── 要使用的 Scala 版本

lazy val `simple-vocabulary-teacher` =
  (project in file(".")).enablePlugins(PlayScala)      在 Play 路由中
                                                      使用依赖注入
routesGenerator := InjectedRoutesGenerator    ◄──

com.typesafe.sbt.SbtScalariform.scalariformSettings  ◄──
                                                      scalariform 代码格式化
                                                      工具的默认设置
```

主项目的配置

sbt 用一种**声明式的领域特定语言**（Domain-Specific Language，DSL）进行配置，该语言是用 Scala 实现的。通过 build.sbt 文件，可以声明依赖的库、指明要发布的仓库、搭建多模块以及很多自定义的构建选项。这个样例应用非常简单直接，所以在这里没有看到这些特性，但是在本书其余章节中，读者将会有机会见到这些特性。

此时启动 sbt。打开一个控制台，切换至项目的目录并通过输入 sbt 命令来启动 sbt：

```
~/book/CH04 ±master » sbt
Picked up JAVA_TOOL_OPTIONS: -Dfile.encoding=UTF8 -Xmx2048m
[...]
[simple-vocabulary-teacher] $
```

在 sbt 运行之后，我们可以通过 play-UpdateSecret 命令生成新的应用 secret。该命令会生成一个新的 secret 并自动更新 conf/application.conf 文件。

此时，我们就可以通过 run 命令运行 Play 应用了。如果通过 http://localhost:9000 访问应用的话，就能得到 Play 生成的结果。但是，页面将显示 "Action not found"，并提示 "No router defined"。这是因为还没有定义任何路由，我们甚至还没有创建 conf/routes 文件（该文件是默认配置应用路由的地方）。

讨论路由之前，我们首先介绍 Play 中请求的生命周期。

4.2　请求处理

Play 是一个 Web 框架，所以它的主要任务是处理 HTTP 请求，除此之外，WebSocket 连接的需求也在不断增加，将来还需要处理 HTTP/2 连接。下面介绍 Play 是如何处理这些协议的（HTTP/2 除外，因为它还没有正式发布），以及 Play 是如何组织处理管道上的不同元素的。

4.2.1 请求的生命周期

在 Play 应用中，一个典型的 HTTP 请求-响应生命周期如图 4.2 所示。

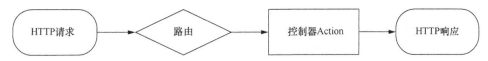

图 4.2 Play 应用中典型的 HTTP 请求请求-响应生命周期的整体结构

上述过程包含 3 个步骤：

① HTTP 请求由 Netty 后端传递给 Play 并进行适当的转换；

② 根据请求中的参数，路由器将请求路由到对应的 Action；

③ 核心工作是由 Action 完成的，它会将请求转换为响应，并发送回客户端。

Play 构建在 Netty 之上，Netty 是一个异步事件驱动的框架，支持广泛的协议和标准，具有很高的性能。在决定如何处理请求和产生响应方面，Netty 允许我们进行细粒度的调整，以便进行性能的调优。但是在开发 Web 应用时候，我们不关心每个请求的调优——如果它早就为我们准备就绪，那是再好不过的了。这就是 Play 能够发挥作用的地方——它使用了 Netty 所支持的功能和协议的一个子集（主要是 HTTP 和 WebSocket），并且会将请求处理所涉及到的底层细节"按照正确的方式"解决好。

了解 Play 是如何处理请求之前，我们先仔细看一下 HTTP 请求本身。

究其本质，HTTP 请求是由**头信息**（header）和可选的一个**请求体**（body）（特定类型的请求）组成的。例如，请求可能会如下所示：

```
GET /welcome HTTP/1.1
Host: localhost
Connection: keep-alive
Cache-Control: max-age=0
Accept: text/html,application/xhtml+xml,application/xml;q=0.9
User-Agent: Mozilla/5.0 (Macintosh; Intel Mac OS X 10_9_4)
          AppleWebKit/537.36 (KHTML, like Gecko) Chrome/36.0.1985.125
          Safari/537.36
DNT: 1
Accept-Encoding: gzip,deflate,sdch
Accept-Language: en-US,en;q=0.8,de;q=0.6,fr;q=0.4,nl;q=0.2
```

第一行代码特别有意思，它包含了**方法**（GET）、**路径**（/welcome）和**协议**（HTTP/1.1）。头信息中剩余的部分是各种域的一个集合，这些信息可以用于各种目的，例如内容协商、压缩、国际化等。

在 Scala Play API 中，这些核心信息都通过 play.api.mvc.RequestHeader 特质来表述。RequestHeader 是 Play 框架的基石之一，它不仅用于 Play 的内部，还可以用于拦截和响应请求。在路由阶段，它还用于决定该用哪段代码来处理请求。

　　RequestHeader 以一种对开发人员非常友好的方式暴露了所有信息，它主要由如下几部分组成：

- 请求路径；
- 方法；
- 查询字符串；
- 请求头；
- cookie，包括客户端 session cookie 和我们稍后会讨论的 "flash" cookie；
- 一些便利的方法，有助于在内容协商时使用一些头信息。

　　我们先快速了解一下 RequestHeader，以便更细致地了解它。我们会以**钩子**（hook）的方式嵌入到 Play 的方法中，这个方法将会决定如果找不到对应的**请求处理器**（request handler）的情况下采取什么样的措施，代码目前会出现的情况（因为现在还没有定义路由、控制器或 Action）。

　　创建文件 app/ErrorHandler.scala，该文件包含如程序清单 4.5 所示的内容。

程序清单 4.5　自定义无法找到请求处理器时 Play 的行为

```scala
import javax.inject._
import play.api.http.DefaultHttpErrorHandler
import play.api._
import play.api.mvc._
import play.api.mvc.Results._
import play.api.routing.Router
import scala.concurrent._
```

通过依赖注入，定义一个可被框架发现的 ErrorHandler

```scala
class ErrorHandler @Inject() (
    env: Environment,
    config: Configuration,
    sourceMapper: OptionalSourceMapper,
    router: Provider[Router])
  extends DefaultHttpErrorHandler(env, config, sourceMapper, router) {
```

扩展 DefaultHttpErrorHandler 特质，它是在 Play 中自定义错误处理的钩子

```scala
  override protected def onNotFound(
    request: RequestHeader, message: String
  ): Future[Result] = {
    Future.successful {
      NotFound("Could not find " + request)
    }
  }
}
```

重载 onNotFound 方法，当与客户端的通信出现错误时，拦截 Play 的默认行为

返回 404 Not Found 结果，并且包含一条表示结果的字符串信息

　　如果找不到对应的处理器，那么 Play 在开发模式下的标准行为是展现一条对开发人员友好的错误信息（你可能已经看到），而在生产模式下则会展现一条简单的 404 错误信息。在程序清单 4.5 中，我们通过重载 Play 的 DefaultHttpErrorHandler 覆盖了这个默认机制，这个类是自定义默认错误处理功能的入口。我们在接下来的

章节中将会看到，有更多这样的特质可供使用，以便于自定义 Play 的请求处理生命周期。

在程序清单 4.5 的样例中，我们只是返回了 RequestHeader 的字符串形式表述。

接下来，我们借助终端窗口用 curl 命令来看一下结果（在基于 UNIX 的操作系统中，curl 默认就是可用的）：

```
~ » curl -v http://localhost:9000
* Rebuilt URL to: http://localhost:9000/
* Hostname was NOT found in DNS cache
* Trying ::1...
* Connected to localhost (::1) port 9000 (#0)
> GET / HTTP/1.1
> User-Agent: curl/7.37.1
> Host: localhost:9000
> Accept: */*
>
< HTTP/1.1 404 Not Found
< Content-Type: text/plain; charset=utf-8
< Content-Length: 20
<
* Connection #0 to host localhost left intact
Could not find GET /
```

按照这个结果，RequestHeader 的字符串形式表述是 "GET /"。这是一个很好的起点，但是正如之前所述，RequestHeader 中包含了很多的信息。为了探究其内容的丰富性，我们调试这个方法中返回结果的那一行。

为了实现这一点，我们在运行 sbt 时需要启用 JVM 调试代理。退出当前正在运行的 sbt 进程，然后通过如下的方式重新启动：

```
sbt -jvm-debug 5005
```

5005 是调试代理所监听的端口，它会等待来自调试工具的连接，大多数的 IDE 都会提供该功能。按照这种方式启动 sbt 之后，使用 run 命令再次启动应用，然后通过你最喜欢的 IDE 调试应用，这样就能深入探索 RequestHeader 的结构了。

练习 4.1

通过 curl 来探索不同的请求方法以及 RequestHeader 所具有的请求头信息，并添加 cookie，观察它是如何表述的。

---

curl 的便捷指导

curl 支持如下的标记。

- -v 或 --verbose：打印详细输出，在本章的样例中建议启用。
- -b 或 --cookie：将 cookie 添加到请求中，以 key=value 对的形式来设置 cookie，例如 -b user=123。
- -H 或 --header：将自定义的头信息添加到请求头中，例如 -H "X- My-Header:Hi"。

现在，我们已经对传入的请求有了一定的了解，接下来看一下请求是如何分发到 Play 应用的各种处理组件中的。

4.2.2 请求路由

HTTP 请求是由**路由器**（router）分析并发送到对应的 Action 上的，如图 4.3 所示。

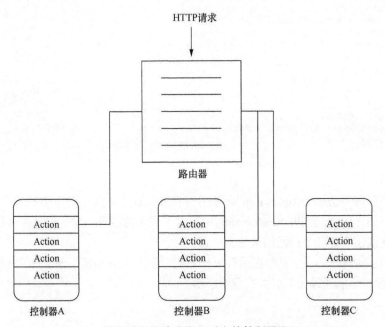

图 4.3 路由器会将请求指向对应的控制器和 Action

路由器会查看 RequestHeader 并分析方法、URI 以及查询字符串，进而确定要将请求发送至哪一个 Action。路由器是由多个不同的**路由**（route）所组成的，每个路由可以想象为单个**请求匹配器**（request matcher）。Play 有其自己的文本格式来定义路由，路由要置于 conf/routes 文件中。

为了定义本项目的路由，创建包含如下内容的 conf/routes 文件：

```
GET        /test        controllers.Test.testAction
```

保存该文件并刷新应用。现在我们应该会遇到一个应用错误。Play 会编译路由文件，这意味着每个路由（稍后将会看到，还包含每个路由参数）都会基于 **Action 生成方法**（action generation method）进行检查，以查看它是否真的能够兼容。Action 生成方法负责创建 Play Action，而 Action 负责处理 HTTP 请求。

> **Action 与 Action 生成方法** 能够创建 Play Action 的方法称为 Action 生成

方法，因为它们的执行结果会形成一个 Play 的 Action。实际上，通常将它们直接称为"Action"而不是"Action 生成方法"。

若要修正上面的路由，可以让它指向 controllers.Default.todo 方法，这个方法会返回一个简单的 501 Not Implemented 页面。与其使用虚拟的路由，还不如创建用于词汇导入控制器的路由。

在 app/controllers/Import.scala 文件中创建控制器，其中包含程序清单 4.6 所示的内容。

程序清单 4.6　词汇导入控制器的骨架

```scala
package controllers

import play.api.mvc._

class Import extends Controller {
  def importWord(
    sourceLanguage: String,
    targetLanguage: String,
    word: String,
    translation: String
  ) = TODO
}
```

我们稍后将会具体来介绍这个控制器的语义和结构。而在上面的样例中，比较重要的是我们创建了一个方法，并使用 TODO 这种快捷方式（它会指向 controllers.Default.todo Action）进行了实现。

将这个方法装配到路由上，然后将已有的 test 路由替换为程序清单 4.7 所示的新路由，需要确保代码写在同一行上。

程序清单 4.7　用于导入词汇的路由定义

```
PUT /import/word/:sourceLang/:word/:targetLang/:translation
  controllers.Import.importWord(sourceLang, word,
  targetLang, translation)
```

准备就绪，发送请求并使其路由到对应的位置上。你可能会注意到我们还要通过请求 URL 传递数据给 importWord 方法。我们可以将路径上的每个片段作为参数值传递给 action 生成方法。这些命名的 URL 片段称为**路径参数**（path parameter）。

前面的样例还存在一个问题：它包含一个错误，即方法定义和调用它时的参数顺序颠倒了，具体来说就是单词和目标语种参数弄混了。默认情况下，每个路径参数都是 String 类型，没有必要将类型标记出来。对于像上面样例这样较长的方法定义，如果不仔细，很容易会将参数弄混。幸好，我们可以定义路径参数类型，Play 会自动将参数转换为正确的类型，这样不仅有助于避免开发的过程中出现类似的错误，还能保证运行时路径参数的合法性。

我们首先修正这个错误，然后用内置的 Lang 类来代表语言。更新控制器方法，使其遵循程序清单 4.8 所示的定义形式。

程序清单 4.8　用类型安全的方式表述语种所形成的控制器方法

```
import play.api.i18n.Lang
def importWord(
  sourceLanguage: Lang,
  word: String,
  targetLanguage: Lang,
  translation: String
) = TODO
```

现在，我们需要告诉路由，预期的两个语言类型参数为 Lang 类型。如程序清单 4.9
所示，同样需要将代码写到一行中。

程序清单 4.9　针对语种，使用类型安全的路由

```
PUT /import/word/:sourceLang/:word/:targetLang/:translation
  controllers.Import.importWord(
    sourceLang: play.api.i18n.Lang,
    word,
    targetLang: play.api.i18n.Lang,
    translation
  )
```

最后，我们需要告诉 Play 如何读取 play.api.i18n.Lang 类型的路径参数。为了实现这一
点，需要创建一个 PathBindable。创建 app/binders/PathBinders.scala 文件，如程序清单 4.10
所示。

程序清单 4.10　用于读取 Lang 类型作为路径一部分的 LangPathBindable

将所有 binder 放到一个对象中，简化
将它们导入路由器中的过程

```
  package binders

  import play.api.i18n.Lang
  import play.api.mvc.PathBindable

 object PathBinders {

    implicit object LangPathBindable extends PathBindable[Lang] {
      override def bind(key: String, value: String):
        Either[String, Lang] =
          Lang.get(value).toRight(s"Language $value is not recognized")

      override def unbind(key: String, value: Lang): String = value.code
    }

  }
```

实现 bind
方法，将
查询片段
读取为某
个类型

将 PathBindable 声明为隐式对象，
因此它可以被路由器隐式解析

实现 unbind 方法，将某
个类型写入为路径片段

将绑定结果编码为 Either[String, Lang]，这意味着绑定结果要
么是一条错误信息，要么能够成功读取为 Lang 类型的值

检查是否有对应输入值的语种，如
果没有的话，那么返回错误信息

为了使用这个类型安全的绑定机制，我们还需要做一件事情：添加 routesImport += "binders.PathBinders._" 到 build.sbt 文件中，让路由器能够知道这个类型绑定。在生成的路由器文件中，将会添加一个 import 语句。

Play 的路由文件会转换为 Scala 源码文件，然后与应用的源码一起编译。如果 Scala 编译器发现某个路由指明了给定的类型，那么它会为这个类型尝试寻找合适的 PathBindable，如果无法找到，那么会给出提示信息。如果应用编译成功，那么可以确信对应的绑定已经执行。

在变更 build.sbt 后，重新加载构建系统 变更 build.sbt 后，例如前面的样例中添加 routesImport 语句，不要忘记用 reload 命令重新加载 sbt 控制台。否则，变更是不生效的，编译依然会失败。

查询字符串参数 请求路径并不是将参数传送到 Action 的唯一方式，我们不仅可以使用查询参数，还可以使用 QueryStringBindable 绑定特定的类型。我们随后将会介绍到查询参数的处理的内容。

Either 类型 Scala 的 Either[A,B] 类型让编码结果有两个最终值成为可能。左侧类型（A）通常用来编码错误场景，右侧类型（B）是预期的结果。

现在，我们可以用 curl 测试一下所有的内容是否符合预期。首先，检查使用合法的语种时，是否能够正确地路由请求：

```
curl -v -X PUT http://localhost:9000/import/word/en/hello/fr/bonjour
```

这将会生成一个 501 Not Implemented 的结果（因为我们使用了 TODO Action，并没有真正的实现）。

现在我们将 TODO Action 替换为返回 "Ok (Action { request => Ok })" 的 Action，然后检查一个非法的语种：

```
curl -v -X PUT http://localhost:9000/import/word/en/hello/foo/bonjour
```

这应该会得到一个 400 Bad Request 结果，因为 foo 并不是一个合法的语种。

反向路由 定义在路由文件中的每个路由都会有一个对应的反向路由（reverse route），它会形成一个 URL，在视图引擎或 Email 中，这个 URL 会很有用。例如，可以使用 routes.Import.importWord(Lang("en"), "hello", Lang ("fr"), "salut").url() 方法创建一个导入特定词汇的链接。相对于手写 URL，使用反向路由的优势在于不会出现错误的链接，因为它始终是由 Play 生成的，并且来源于路由器所呈现的实际状态。

现在第一个路由已经准备就绪并且可以运行，接下来再实现几个 Action。

4.2.3 控制器、Action 和结果

一个 Play 应用可以视为请求处理函数的集合，即 Action。与其他 MVC 框架类似，这些 Action 是组织在各种控制器（controller）中的，控制器对相关的 Action 进行了分组。在样例中，会有两个控制器：处理新词汇添加的 Import 控制器和进行测验的 Quiz 控制器。

1. 创建 Action 并返回结果

继续未完成的任务，实现单个词汇导入的功能。首先，找到一种方式保存和查询单词。一般而言，我们会使用某种数据库来完成该功能，但是对这个样例来说，我们简单地把数据存储到内存中即可。

创建包含程序清单 4.11 所示的 models/Vocabulary.scala 文件。

程序清单 4.11　定义词汇条目的简单模型

```
package models

import play.api.i18n.Lang

case class Vocabulary(
  sourceLanguage: Lang,
  targetLanguage: Lang,
  word: String,
  translation: String)
```

这非常简单，但是只有这个模型什么事情都做不了。接下来，我们构建一个简单的服务来存储词汇，如程序清单 4.12 所示。

程序清单 4.12　简单的内存词汇存储

```
package services

import javax.inject.Singleton        ← 指定 VocabularyService 类为 singleton 作用域，这意味
import play.api.i18n.Lang               着相同的实例会注入到所有依赖它的类中

@Singleton
class VocabularyService {

  private var allVocabulary = List(   ← 用一个最小化的词汇
    Vocabulary(Lang("en"), Lang("fr"), "hello", "bonjour"),  表初始化列表，因为应
    Vocabulary(Lang("en"), Lang("fr"), "play", "jouer")      用每次重新加载的时
  )                                                          候列表内容都会丢失

  def addVocabulary(v: Vocabulary): Boolean = {  ←
    if (!allVocabulary.contains(v)) {
      allVocabulary = v :: allVocabulary            只添加尚未存在的词汇
      true                                          并返回一个 Boolean 值
    } else {
```

```
      false
    }
  }
}
```

现在，我们有了一个简单的内存存储系统，对于我们来说它已经很完善了。addVocabulary 方法还显得非常原始，它只会返回一个简单的 Boolean 值，对于本例来说已经足够，但是对于实际应用来说还远远不够，因为对于条目无法添加的情况，它并没有给出任何的细节。我们将用这个系统实现 Import 控制器的 importWord Action。

注意 这个存储实现非常简陋，它甚至不是线程安全的。多个客户端有可能同时访问这个服务，这可能会导致相同的条目被添加两次或者新条目丢失。这个服务更可靠的实现需使用线程安全的集合或者借助一些并发机制，这些机制我们会在第 5 章和第 6 章进行详细介绍。

在实现 Import 控制器的 importWord Action 之前，我们必须告诉控制器如何获得 VocabularyService。Play 用 JSR 330 所定义的注解来实现依赖注入，我们会用这些注解将 VocabularyService 注入所有使用它的控制器中。修改 Import 控制器的构造器：

```
import javax.inject.Inject

class Import @Inject() (vocabulary: VocabularyService)
  extends Controller {
  // ...
}
```

在这里，我们所需要做的就是声明 Import 类在构造时需要 VocabularyService，它的构造器通过使用@Inject()注解进行依赖注入。现在，我们已经准备就绪，可以实现 importWord Action 了，如程序清单 4.13 所示。

程序清单 4.13　实现添加单词的 Action

```
def importWord(
  sourceLanguage: Lang,
  word: String,
  targetLanguage: Lang,
  translation: String
) = Action { request =>          ◁──  用 Action 构造器构建一个简
  val added = vocabulary.addVocabulary(        单的 Action
    Vocabulary(sourceLanguage, targetLanguage, word, translation)
  )
  if (added)
    Ok
  else
    Conflict                     ◁──  如果添加没有正常运行（因为我们已经添加过这
}                                      个单词），那么返回 409 Conflict 响应
```

如果添加成功，返回 200 Ok 响应

现在，我们可以通过 curl 测试它的行为是否符合预期：

```
~ » curl -v -X PUT http://localhost:9000/import/word/en/hello/fr/ \
\ bonjour
```

```
* Hostname was NOT found in DNS cache
*   Trying ::1...
* Connected to localhost (::1) port 9000 (#0)
> PUT /import/word/en/hello/fr/bonjour HTTP/1.1
> User-Agent: curl/7.37.1
> Host: localhost:9000
> Accept: */*
>
< HTTP/1.1 409 Conflict
< Content-Length: 0
```

　　因为“hello”这个单词已经存在于初始的集合中，所以这个结果是符合预期的。

　　Play 中的依赖注入　　Play 在提供依赖注入功能时，它的目标是不局限于具体的方式。所有的 Play 组件都可以通过原始的构造器或工厂方法来进行初始化。Play 借助抽象，能够让任意的 JSR 303 实现插入进来。Play 内置默认使用并提供了 Guice。

　　现在，我们需要做的就是实现用于测验功能的控制器。首先扩展 VocabularyService 的功能，如程序清单 4.14 所示。

程序清单 4.14　扩展 Vocabulary 的功能，使其能够检索并校验随机的词汇

```
def findRandomVocabulary(sourceLanguage: Lang, targetLanguage: Lang):
  Option[Vocabulary] = {
    Random.shuffle(allVocabulary.filter { v =>        ◁ 在匹配所需语种的词汇中，
      v.sourceLanguage == sourceLanguage &&              随机选择一个子集
      v.targetLanguage == targetLanguage
    }).headOption
}

def verify(
  sourceLanguage: Lang,
  word: String,                                       通过查找匹配的 Vocabulary，判断
  targetLanguage: Lang,                               给出的翻译结果是否正确
  translation: String): Boolean = {
  allVocabulary.contains(              ◁
    Vocabulary(sourceLanguage, targetLanguage, word, translation)
  )
}
```

　　然后，需要实现 Quiz 控制器，它需要为我们提供单词并校验给出的翻译是否恰当。在 app/controllers/Quiz.scala 文件中创建用于测验的控制器并实现如下两个方法。

- ■　def quiz(sourceLanguage: Lang, targetLanguage: Lang)：该 Action 会使用 findRandomVocabulary 方法，如果能够找到一个随机的单词，就返回 200 Ok 结果并将找到的单词包含在结果之中，否则要返回 404 Not Found 结果。
- ■　def check(sourceLanguage: Lang, word: String, targetLanguage: Lang, translation: String)：这个 Action 会校验单词，如果翻译正确，就返回 200 Ok 结果，否则返回 406 Not Acceptable 结果（406 Not Acceptable 是最接近我们想要表达内容的结果，尽管按照 HTTP 规范它并不一定具有最精确相符的语义，但是对于这个

样例来说还是可以的)。

如果你在实现这些方法的过程中遇到困难，可以随时参考本章的源码，但是这不会太难。

我们剩下需要做的事情就是应用程序的路由。打开 conf/routes 文件并添加程序清单 4.15 所示的路由，同样需要确保每个路由要写在同一行中。

程序清单 4.15　用于测验功能的路由

```
GET /quiz/:sourceLang
  controllers.Quiz.quiz(sourceLang: play.api.i18n.Lang,
  targetLang: play.api.i18n.Lang)

POST /quiz/:sourceLang/check/:word
  controllers.Quiz.check(sourceLang: play.api.i18n.Lang, word,
  targetLang: play.api.i18n.Lang, translation)
```

与实现 Import 控制器的路由时类似，上面的样例中，我们使用路径参数来为 Action 提供一些数据。但与之前不同的是，Action 方法调用中还有一些没有明确来源的参数。如果现在编译，会从编译错误中得到一些关于 Play 如何获取这些值的线索，如下所示：

```
No QueryString binder found for type play.api.i18n.Lang.
Try to implement an implicit QueryStringBindable for this type.
```

传递给 Action 生成方法且没有声明为路径参数的所有其他参数都被视为请求中查询字符串的一部分。与路径参数类似，查询字符串参数也可以进行类型化，未知的类型需要对应一个 QueryStringBindable 类，在路由中需要能够访问该类。

请继续为 Lang 类型实现 QueryStringBindable。不要忘记在 build.sbt 中添加必要的 import 语句并重新加载构建系统。

现在，我们可以尝试看一下所有的事情是否符合预期：

```
~ » curl -v http://localhost:9000/quiz/en\?targetLang\=fr
* Hostname was NOT found in DNS cache
*    Trying ::1...
* Connected to localhost (::1) port 9000 (#0)
> GET /quiz/en?targetLang=fr HTTP/1.1
> User-Agent: curl/7.37.1
> Host: localhost:9000
> Accept: */*
>
< HTTP/1.1 200 OK
< Content-Type: text/plain; charset=utf-8
< Content-Length: 4
<
* Connection #0 to host localhost left intact
play%

~ » curl -v -X POST
```

```
  http://localhost:9000/quiz/en/check/play
  \?targetLang\=fr\&translation\=jouer
* Hostname was NOT found in DNS cache
*   Trying ::1...
* Connected to localhost (::1) port 9000 (#0)
> POST /quiz/en/check/play?targetLang=fr&translation=jouer HTTP/1.1
> User-Agent: curl/7.37.1
> Host: localhost:9000
> Accept: */*
>
< HTTP/1.1 200 OK
< Content-Length: 0
<
* Connection #0 to host localhost left intact
```

如上所示，我们可以指定法语作为目标语言，进而检索测验要使用的单词并提交结果。

默认的 ActionBuilder　到目前为止，我们都是用 Action 标记（notation）实现 Action 的功能，例如 Action { request => ... }。在幕后，Action 是一个 ActionBuilder，这是 Play 提供的一个辅助机制，用来实现更加高级的 Action 代码块。

Request 与隐式 Request　通常 Action 会写成 Action { implicit request => ... }。这是由于很多库和 Play 提供的便利方法需要得到 request，因此将其视为一个**隐式参数**（implicit parameter）。Scala 的隐式参数是一种基于类型进行参数传递的方式，在方法调用过程中，不需要明确写出这些参数。Scala 将会在不同的作用域（本地定义、继承成员、导入对象、包对象等）中尝试查找隐式值，并将其传递给需要它的方法。

练习 4.2

　　现在，在测验相关的 Action 中，我们已经将目标语种从查询字符串中读取了出来。作为一个练习，你可以尝试从自定义的 X-Target-Language 头信息中读取它们。

2．Action 幕后是如何实现的

我们用到了 Action，但是还没有介绍它的内部是如何运行的。在使用 Play 的大多数场景中，不必在这个级别开展工作，但是更多地了解一些细节，明白当 Play 收到请求时会发生什么还是值得研究的。

我们先从 Action 和 Request 的定义开始学习：

```
trait Action[A] extends EssentialAction {
  def parser: BodyParser[A]
  def apply(request: Request[A]): Future[Result]
}
```

```
trait Request[+A] extends RequestHeader {
  def body: A
}
```

究其核心，HTTP 的请求体就是一堆原始的字节。在 Play 中，Action 和 Request 都是以请求体的类型进行类型化的（也就是前面代码中的 A）。Play 有一种机制，能够将 HTTP 请求体的原始类型转换成易于操作的类型，例如 String、JsValue、java.io.File 或其他类型，这些类型都会需要一个**请求体解析器**（body parser）。

此时，你可能想要知道组成 HTTP 请求体的原始字节存储在何处。在 Action 的 apply 方法中，request 参数已经是 Request[A]了，这意味着它已经被解析过了，请求体已经变成了更好的 Scala 类型。为了查看原始数据隐藏在何方，我们需要近距离地看一下 EssentialAction 特质：

```
trait EssentialAction
  extends (RequestHeader => Iteratee[Array[Byte], Result])
  with Handler
```

解读如下所示：

- with Handler：最后的这个代码片段表明 EssentialAction 是一个 Handler，在 Play 中，该类型用来表明这是一个可以处理请求（可能是 HTTP 请求，也有可能是 WebSocket）的对象；

- (RequestHeader => Iteratee[Array[Byte], Result])：这段代码定义了一个函数，该函数接受 RequestHeader 作为参数并生成 Iteratee [Array[Byte], Result]。

我们虽然已经知道了 RequestHeader 是什么：函数的预期输入，其实包含请求的基本信息（方法、路径和请求头）。但是，看上去很奇怪的 Iteratee[Array[Byte], Result]又是什么呢？在第 2 章中，我们快速地介绍过 iteratee，现在，我们重新回头看一下。Iteratee[E, A]是一个处理流数据的工具，它会消费 E 类型，并生成一个或更多的 A。在本例中，输入是 Array[Byte]（HTTP 的原始请求体，这也就是它的隐身所在），输出是一个简单的 Play Result。所以，Iteratee 会消费 HTTP 请求体所组成的数据，并最终生成一个 Result 作为输出。

我们总结一下 EssentialAction 到底是什么。它是一个函数，接受 RequestHeader 作为输入并生成 Iteratee，而 Iteratee 又会以请求体的字节作为输入，生成 Result。我们可以将 Action 视为按照多步执行的一种机制：

① Action 会得到 RequestHeader，据此推断要使用哪一个 BodyParser 来处理请求体；

② 一旦所有的事情就位，请求体会以字节流的方式传入，并生成 Request[A]；

③ 使用 Request 来生成 Result。

这看起来非常复杂，Play 为什么费尽周折地来做请求体解析这件看似非常简单的事呢？答案是，Play 做的所有事情都是异步、非阻塞的。iteratee 的目的在于实现异步的流操作：它们消费浏览器发送过来的数据时并不会阻塞线程，所以如果传输有暂停，不会有资源浪费在等待传输恢复上。同时，用 iteratee 进行请求体解析意味着数据一旦到达就可以进行解析。对于大型文件来说，这种机制尤为重要，因为将所有内容都加载到内存之后再进行解析的确不是什么好方案。

4.2.4　WebSocket

WebSocket 能够实现与服务器之间的双向通信，因此对于交互式 Web 应用的构建来说，它是一个非常棒的工具。如图 4.4 所示，Play 会以一种特殊的方式来处理 WebSocket。WebSocket 连接的建立分为两步：首先，客户端发送一个正常的 GET 请求，这个请求要包含一个特殊的 Upgrade 头信息；其次，如果服务器支持 WebSocket 协议，那么它将会答复 WebSocket 连接的详细信息，同时客户端会切换到该协议上。在此过程中，Play 并没有使用 Action，而是用一个特殊类型的 Handler 来初始化 WebSocket 连接。在对 WebSocket 的支持方面，我们可以与 Actor 组合使用，也可以与 iteratee 组合使用。如果需要维持客户端和服务端之间的交互式对话，那么 Actor 所提供的方案要比 iteratee 更有吸引力，因为它的理念是构建在异步消息传递之上的。

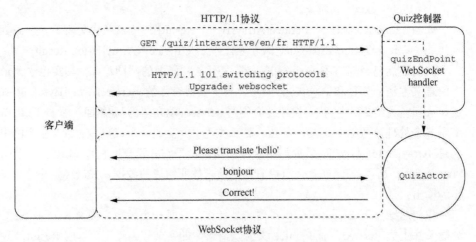

图 4.4　用于交互式词汇测验的 WebSocket 连接。
当客户端请求 WebSocket 连接时，
Play 会创建用于测验的 Actor

在第 2 章中，我们曾经搭建过 WebSocket 连接，用于得到流式的 tweet，但当时并没有进行双向的通信。我们基于这个过程继续前进，构建图 4.4 所示的交互式测验端点。

首先构建一个 QuizActor，它会与客户端进行单词测验和翻译过程的交流，如程序清单 4.16 所示。

程序清单 4.16　与 WebSocket 客户端交互的 QuizActor

基于所需的语言和输出通道的引用(out)创建 Actor

跟踪当前要求翻译的单词

设置所请求的单词,这样能够知道基于什么内容进行校验

```
class QuizActor(out: ActorRef,
                       sourceLang: Lang,
                       targetLang: Lang,
                       vocabulary: VocabularyService)
    extends Actor {

  private var word = ""

  override def preStart(): Unit = sendWord()

  def receive = {
    case translation: String
      if vocabulary.verify(
        sourceLang, word, targetLang, translation
      ) =>
        out ! "Correct!"
        sendWord()
    case _ =>
      out ! "Incorrect, try again!"
  }

  def sendWord() = {
    vocabulary
      .findRandomVocabulary(sourceLang, targetLang).map { v =>
      out ! s"Please translate '${v.word}'"
      word = v.word
    } getOrElse {
      out ! s"I don't know any word for ${sourceLang.code} " +
      " and ${targetLang.code}"
    }
  }
}
```

在启动时，发送一个要翻译的新单词

如果提供了正确的翻译，就发送一个新的单词

一旦新的 WebSocket 连接建立，Play 会自动创建新的 Actor 实例并以 Actor 引用的方式将其提供出来，它代表了输出的通道。传入的消息是由客户端发送的，我们可以在 Actor 的 receive 方法中对其进行回应。现在，不用过多担心 Actor 的运行细节，我们会在第 6 章进行详细讨论。

在创建 WebSocket 端点时，最重要的就是告诉 Play 如何创建新的 Actor 实例。为了实现这一点，我们先来创建一个很小的工具方法，该方法会返回 Actor 的 Props，它实际上是阐述 Actor 如何构建的一种方式，如程序清单 4.17 所示。

程序清单 4.17　用于创建 QuizActor 的 Props 工具方法

```
object QuizActor {
  def props(out: ActorRef,
                 sourceLang: Lang,
```

```
                     targetLang: Lang,
                     vocabulary: VocabularyService): Props =
        Props(classOf[QuizActor], out, sourceLang, targetLang, vocabulary)
}
```

现在，我们唯一需要做的事情就是创建处理器方法，将由客户端发送的 GET 请求升级为 WebSocket 连接。添加如下的代码到 Quiz 控制器中，如程序清单 4.18 所示。

程序清单 4.18　WebSocket 处理器方法

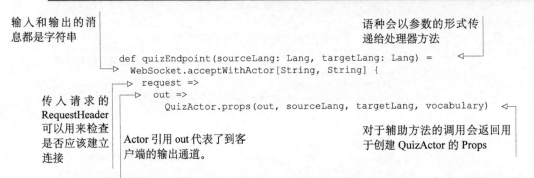

为了正确地创建 WebSocket 连接，Play 需要知道消息的编码，因此我们需要以传入和传出消息类型的方式提供给它。这也是 Actor 中我们预期接收（或发送）的类型。在第 2 章中，我们用 JSON 在客户端和服务端之间进行通信（用到了 JsValue 类型），但是在本例中我们会使用简单的字符串类型。

如果需要，其实还可以用其他处理器方法建立连接，例如 WebSocket.tryAcceptWithActor，如果我们需要处理连接时的一些关注项（例如认证），它就会很有用处。

最后一点同样重要，那就是我们需要有一个路由来接收来自客户端的最初请求。添加程序清单 4.19 所示的代码到 conf/routes 文件中。

程序清单 4.19　创建 WebSocket 连接的 GET 路由

```
GET   /quiz/interactive/:sourceLang/:targetLang
  controllers.Quiz.quizEndpoint(
  sourceLang: play.api.i18n.Lang,
  targetLang: play.api.i18n.Lang)
```

现在万事俱备，我们可以尝试使用全新的 WebSocket 端点了。curl 除了能够告诉我们连接能否建立之外并没有其他太大的用处，因此我们可以用浏览器扩展测试连接，例如 Chrome 的 Simple WebSocket Client，结果如图 4.5 所示。

这样就完成了！Play 负责处理所有内部细节（用于确定格式化 WebSocket 线路所发送的数据的方法），让我们能够专心提供业务功能。

图 4.5 用浏览器扩展测试 WebSocket 连接

4.2.5 调整默认的请求处理管道

Play 允许我们以多种方式改变应用的默认行为。通常情况下，我们希望添加自定义的错误处理并解决横切性的关注点（尤其是安全相关的）。在下面的章节中，我们将介绍利用 Play 实现这些场景的方法。

1. 自定义错误处理

通过重载 Play 的 DefaultErrorHandler，我们就能自定义处理错误和展现给用户的方法。在程序清单 4.5 中，我们看到了如何为 404 Not Found 响应自定义处理器，但是远不止如此！DefaultErrorHandler 通过如下的方法提供默认行为。

- onBadRequest：处理 400 Bad Request 客户端错误。
- onForbidden：处理 403 Forbidden 客户端错误。
- onNotFound：处理 404 Not Found 客户端错误。
- onOtherClientError：处理其他类型的客户端错误。
- logServerError：指定如何记录服务器错误日志。
- onDevServerError：指定在开发期如何展现服务器错误。
- onProdServerError：指定在生产模式如何展现服务器错误。

我们可以（同时应该）用这些钩子（hook）方法改善错误处理功能，使其满足应用的需要。例如，如果应用中我们感兴趣的某个部分出错了，那么可以发送 E-mail 或触发某种类型的监控服务。上述方法都能访问 RequestHeader，这样就能更细粒度地控制应用如何进行响应。

400 Bad Request 对于 400 Bad Request 结果来说，它可能是由控制器显式返回的，也可能是因为在解析路径参数、查询字符串或请求体时出现了故障，但是没有对应的处理器。在前面的样例中，我们提交一个新的单词并以 foo 作为语种时看到过这种场景。

2. 过滤器

Play 提供了一种机制，允许我们添加一个或多个过滤器，并将其应用到请求和响应上，如图 4.6 所示。

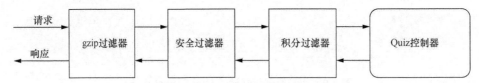

图 4.6 能够修改请求和结果默认行为的过滤器链

过滤器只是一个很小的组件，它能够访问请求头，如果有必要，还能访问过滤器链中的结果——这个结果是该过滤器后面的过滤器链形成的。搭建过滤器链最简便的方式就是定义 HttpFilters 特质的实现并用 Play 进行注入。

在使用 Play 的过滤器之前，我们需要添加如下的内容到 build.sbt 中：

```
libraryDependencies += filters
```

然后在根包下创建 Filters 类，内容如程序清单 4.20 所示，这样就能搭建过滤器链了。

程序清单 4.20 搭建新的过滤器，让应用更快更健壮

注入 GzipFilter，它会 gzip 压缩发往客户端的响应，从而带来速度的提升

```
import javax.inject.Inject
import play.api.http.HttpFilters
import play.filters.gzip.GzipFilter
import play.filters.headers.SecurityHeadersFilter

class Filters @Inject() (
  gzip: GzipFilter
) extends HttpFilters {
  val filters = Seq(gzip, SecurityHeadersFilter())
}
```

HttpFilters 特质会根据所指定的过滤器搭建一个过滤器链

按照顺序指定想要使用的过滤器。Play 的 SecurityHeadersFilter 会添加一些基于头信息的安全检查和策略

在处理横切性的关注点时，过滤器非常有用，通常更容易的处理方式是将其挂接到

请求处理管道上，而不是在每个 Action 上都进行处理。

现在开始构建我们自己的过滤器！因为这是一个词汇学习的应用，所以采用鼓励用户的方式，在每次请求中都提示他们的得分，例如在提交新单词或回复测验结果的时候。创建包含程序清单 4.21 所示内容的 app/filters/ScoreFilter.scala 文件。

程序清单 4.21　在每个请求中打印当前积分的简单过滤器

同时提供当前请求的头信息 → （nextFilter 函数代表链中的下一个请求处理器，通常来讲是一个过滤器）

```
class ScoreFilter extends Filter {
  override def apply(
    nextFilter: (RequestHeader) => Future[Result]
  )(rh: RequestHeader):
  Future[Result] = {

    val result = nextFilter(rh)
    import play.api.libs.concurrent.Execution.Implicits._
    result.map { res =>
    if (res.header.status == 200 || res.header.status == 406) {
      val correct = res.session(rh).get("correct").getOrElse(0)
      val wrong = res.session(rh).get("wrong").getOrElse(0)
      val score = s"\nYour current score is: $correct correct " +
        s"answers and $wrong wrong answers"
      val newBody =
        res.body andThen Enumerator(score.getBytes("UTF-8"))
      res.copy(body = newBody)
    } else {
      res
    }
    }
  }
}
```

导入 ExecutionContext 以运行 Future 请求。只处理 Ok 或 Not Acceptable 请求。将已有的响应体和得分结果连接在一起。将请求头用到下一个过滤器上，得到操作的结果。返回结果的副本，其中包含了已修改的响应体。

因为过滤器会一个接一个地形成链，所以 Filter 的 apply 方法提供了一个代表链中下一个过滤器的函数，如果后面没有过滤器，那么接下来的请求处理器负责将请求转换为结果。

这个过滤器会从 Play 的 session 中读取当前得分，然后将其附加到已有的响应体上。因为响应体是字节的异步流，所以我们用 andThen 方法将两个由 enumerator 处理的流组合在一起。

Play 的客户端 session　与很多传统的 Web 应用服务器不同，Play 的 session 是客户端 session，这意味着它是通过 cookie 来展现的。因此，客户端的访问可以从一个节点切换到另一个节点，不会有任何的问题，这样能使 Play 应用更容易地进行水平扩展。Play 的 session cookie 会用应用的 secret key 进行加密。在第 7 章处理 Play 中的状态时，我们还会讨论这个话题。

现在，唯一剩下的事情就是记录得分。打开 app/controllers/Quiz.scala，并按照程序清单 4.22 进行调整。

程序清单 4.22　调整 Quiz 控制器的 check Action，实现计分的功能

```
def check(
  sourceLanguage: Lang,
  word: String,
  targetLanguage: Lang,
  translation: String) = Action { request =>
    val isCorrect =
      vocabulary
        .verify(sourceLanguage, word, targetLanguage, translation)
    val correctScore =
      request.session.get("correct").map(_.toInt).getOrElse(0)
    val wrongScore =
      request.session.get("wrong").map(_.toInt).getOrElse(0)
      if (isCorrect) {
        Ok.withSession(
          "correct" -> (correctScore + 1).toString,
"wrong" -> wrongScore.toString
        )
      } else {
        NotAcceptable.withSession(
          "correct" -> correctScore.toString,
          "wrong" -> (wrongScore + 1).toString
        )
      }
}
```

从 session 中读取之前的得分，将
计数从 String 类型转换为 Int

使用调整后的积分设置
新的 session

最后，请务必将这个全新的过滤器添加到 Filters 类的过滤器链中。

接下来，我们看一下它是否能够正常运行！首先，发起请求：

```
~ » curl -v -X POST http://localhost:9000/quiz/en/check/play
  \?targetLang\=fr\&translation\=jouer
* Hostname was NOT found in DNS cache
*   Trying ::1...
* Connected to localhost (::1) port 9000 (#0)
> POST /quiz/en/check/play?targetLang=fr&translation=jouer HTTP/1.1
> User-Agent: curl/7.37.1
> Host: localhost:9000
> Accept: */*
>
< HTTP/1.1 200 OK
< Content-Security-Policy: default-src 'self'
< Set-Cookie: PLAY_SESSION="c...f-correct=1&wrong=0"; Path=/; HTTPOnly
< X-Content-Type-Options: nosniff
< X-Frame-Options: DENY
< X-Permitted-Cross-Domain-Policies: master-only
< X-XSS-Protection: 1; mode=block
< Content-Length: 62
<
* Connection #0 to host localhost left intact
Your current score is: 1 correct answers and 0 wrong answers%
```

观察以下问题：

■　响应中包含了当前分数的信息，说明自定义的 ScoreFilter 生效了；

- 根据响应头信息（X-Content-Type-Options、X-Frame-Options 等），说明安全过滤器生效了；
- 得到了一个 cookie（在 Set-Cookie 中，它包含了 Play session）。

为了让基于 cookie 的 session 能够生效，需要在后续的请求中将 cookie 发送回去。在使用 curl 时，可以使用--cookie 参数并将收到的 cookie 内容复制粘贴上：

```
~ » curl -v --cookie "PLAY_SESSION=\"c...f-correct=1&wrong=0\""
 -X POST http://localhost:9000/quiz/en/check/play\?targetLang\=fr
 \&translation\=jouer
```

通过在每个请求上传递更新后的 cookie（在浏览器中，会自动这样做的），我们会发现响应中附加计分的机制能够正常运行了。

4.3　小结

在本章中，我们探讨了 Play 的基本机制和理念（Play 是借助这些理念构建的），并基于这些理念创建 Web 应用：

- 路由、路径绑定和可绑定的查询字符串用于路由和请求元素的解析，解析得到的元素会传递到控制器的 Action 中；
- 控制器和 Action 是 Play 处理请求的主要机制；
- WebSocket 能够提供客户端和服务器之间的交互式对话；
- 对默认的请求管道进行自定义，例如自定义错误处理和过滤器。

通过本章的学习，我们已经具备了使用 Play 的基本工具。接下来进一步看一下如何以反应式的方式使用这些工具。先来仔细研究一下 Future 机制！

第二部分

核心概念

在这一部分中，我们将会阐述反应式 Web 应用的核心概念。首先介绍建模和操作异步计算的核心理念 Future 和 Actor，它们在设计之初就将容忍故障考虑了进来，其次介绍如何在反应式应用中使用这些工具，最后介绍如何将反应式理念用到用户界面上。

本章内容
- 操作 Future 并处理故障
- 在 Play 中正确使用 Future 的方法
- 将业务逻辑划分为更小的并适于采用 Future 实现的单元

在 Scala 中，Future 是实现异步和反应式编程的基础：它允许我们操作尚未进行计算的结果、高效地处理这种计算出现故障时的情况，并且能够更高效地使用计算资源。在 Play 的很多库和其他工具中，我们都会遇到 Future。

本章分为两部分。首先，我们将会介绍如何在独立的环境和 Play 环境中使用 Future。其次，我们会以一个业务逻辑为例，将其转化为多个 Future（能够组合起来以便于并行执行）。

5.1 使用 Future

与第 3 章中简单介绍过的 Option 类似，Future 是个一元（monadic）的数据结构，这意味着除了别的功能以外，它可以与其他的 Future 进行组合。Future 基于大家熟知的回调理念提供了一个抽象层。第 1 章简要介绍过"回调地狱"的问题，这个问题让 JavaScript 这样的语言备受困扰（如使用服务端异步 Node.js 平台编写代码），这个问题其实源于对较低层次的工作（包括操作异步任务的结果、调用复杂的回调链以及恰当地处理链中所出现的错误）缺乏一个适当的抽象。

Future 以一种异步的方式解决了这些编程问题，它包括了多种处理方式，如下所示：

- 在一个可组合的数据结构中封装异步计算的结果；
- 透明地处理失败的场景，将错误信息在 Future 链中传播；
- 提供在线程池中调度执行异步任务的机制。

在本章的第一部分中，我们将用 Play 的 WS 库（在第 2 章中，曾经简单用过它），发起对几个 Play 框架相关站点的访问。WS 库是异步的并且会返回 Future 结果。

5.1.1　Future 基础

将 scala.concurrent.Future[T]想象成一个盒子，如果执行成功，那么里面会有一个 T 类型的值，如图 5.1 所示。如果执行失败，那么将保留导致其的原始 Throwable。只要

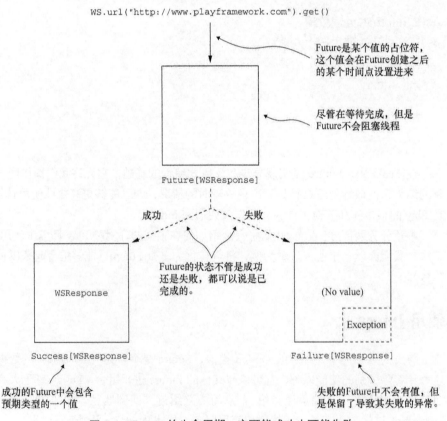

图 5.1　Future 的生命周期：它可能成功也可能失败

Future 所等待的计算得到结果，那么它就是**成功**（succeeded）的，如果计算过程中出现了错误，那么它就是**失败**（failed）的。不管是哪种情况，一旦 Future 完成了计算，它就是**已完成**（completed）的状态了。

Future 在声明之后就会开始执行，这意味着它所要进行的计算将会异步执行。例如，可以用 Play 的 WS 库执行针对 Play 框架 Web 站点的 GET 请求：

```
val response: Future[WSResponse] =
  WS.url("http://www.playframework.com").get()
```

这个调用将会立即返回，允许我们去做其他的事情。在某个时间点，Future 中的调用将会完成，此时我们可以得到计算结果，并可以利用这个结果进行后续的操作。与 Java 的 java.util.concurrent.Future<V>有所不同，在 Java 中，Future 能够检查计算是否已完成并且会在检索结果时阻塞调用线程，而在针对 Scala 的 get()方法中，我们能够指定针对执行结果要执行什么样的后续操作。

若要使用 Future 来注册回调，则可以使用 onComplete 处理器，因为它展示了成功或失败两种情景：

```
import scala.util.{Success, Failure}

response onComplete {
  case Success(response) => println(s"Success: response.body")
  case Failure(t) => t.printStackTrace()
}
```

onComplete 处理器会接收一个 Try[T] => U 类型的回调。Future 的成功和失败会分别用 Success 和 Failure 两个 case 类进行编码，这两个类是 Try 的实现。

1. 转换 Future

在使用某个库时，有一种很常见的场景，就是要将库的结果转换为更适合手边实际任务的类型。不管是产生一个 Future 的单次调用，还是多次调用产生多个 Future，让这些 Future 持有不同类型的结果，对于构建更为复杂的异步计算管道来说，能够在无须等待 Future 完成的情况下就能转换 Future 的内容都是至关重要的。

接下来，我们看一下 Future 如何进行转换，如程序清单 5.1 所示。

程序清单 5.1　成功执行并转换 Future

```
val response: Future[WSResponse] =
  WS.url("http://www.playframework.com").get()     ◁──  通过发起到 Play 站点的 GET
val siteOnline: Future[Boolean] = response.map { r =>  ◁──  请求声明初始的 Future
  r.status == 200
}
                                                        使用 map 函数将 Future
                                                        [WSReponse] 转 换 为
                                                        Future[Boolean]
siteOnline.foreach { isOnline =>        ◁──  基于请求成功完成
  if(isOnline) {                             的 siteOnline Future
    println("The Play site is up")           执行后续的操作
  } else {
```

```
    println("The Play site is down")
  }
}
```

在本例中，我们通过检查响应的状态，判断 GET 请求是否成功。需要注意的是，尽管我们在 map 函数中声明了要对 WSResponse 结果采取什么样的操作，但不是必须要完成。关联到初始 response Future 的函数只有 Future 成功时才会执行一次。如果 Future 失败，这个函数是不执行的。

依据面向表达式编程的精神，Future 的目的就是要在一个或多个较小的步骤中进行转换和组合。在程序清单 5.1 的样例中，也可以使用 foreach 函数（它会返回 Unit 类型的结果）所提供的副作用（side-effecting）功能，但相对于执行副作用操作，转换 Future 更有用。

2. 从 Future 的失败状态恢复

Future 并非总是会成功。如果失败，Future 将会记住导致故障的原因，而不是马上抛出异常。不用将代码包装到 try...catch 代码块中，我们能够完全控制何时处理故障，如程序清单 5.2 所示。

程序清单 5.2　恢复 Future 的故障

通过 recover 函数
实现恢复功能

返回 Future[Option[Boolean]]，
因为我们并不能始终清楚地
判断站点是否可用

```
val response: Future[WSResponse] =
  WS.url("http://www.playframework.com").get()

val siteAvailable: Future[Option[Boolean]] = response.map { r =>
  Some(r.status == 200)
} recover {
    case ce: java.net.ConnectException => None
}
```

如果没有网络，
那么返回 None

函数 recover 接受一个偏函数作为参数，允许匹配不同类型的异常并对其进行相应的处理。在本例中，我们返回的是 Option[Boolean]而不是 Boolean，用于表示并非始终都能正确反应站点是否可用，这在没有网络连接时尤为重要。

> **故障编码**　在有些场景下，使用 Option[Boolean]并不一定足以表达故障的语义。如果可能出现的故障类型不限于一种，那么更好的方式是将 Future 视为成功并在计算管道的结尾处插入故障处理策略。在 5.2 节中，我们将会详细介绍如何实现这种方式。

3. 组合 Future

Scala Future 最棒的特性之一就是我们可以对其进行组合。

假设需要检查多个 Play 相关站点的可用性,不必等待一个站点检查完成再去检查另一个站点，而是可以并发地多个请求，如图 5.2 所示。

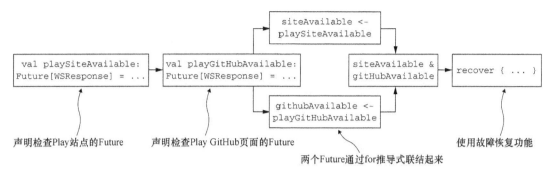

声明检查Play站点的Future　声明检查Play GitHub页面的Future　两个Future通过for推导式联结起来　使用故障恢复功能

图 5.2　两个 Future 组合在一起，所以结果和故障处理可以联合起来

如程序清单 5.1 所示，Future 能够访问与 Option 相同类型的一元运算。虽然可以使用第 3 章所讨论的 map 和 flatMap 操作，但是使用 for 推导式会更加便捷，因为这样形成的代码会更加易读，如程序清单 5.3 所示。

程序清单 5.3　使用 for 推导式组合多个 Future

检查站点可用性的辅助方法

```
def siteAvailable(url: String): Future[Boolean] =
  WS.url(url).get().map { r =>
    r.status == 200
  }
val playSiteAvailable =
  siteAvailable("http://www.playframework.com")
val playGithubAvailable =
  siteAvailable("https://github.com/playframework")

val allSitesAvailable: Future[Boolean] = for {
  siteAvailable <- playSiteAvailable
  githubAvailable <- playGithubAvailable
} yield (siteAvailable && githubAvailable)
```

持有 Play 站点可用性的 Future

持有 Play GitHub 页面可用性的 Future

在 for 推导式中组合 Future，所以它们可以并发运行

当两个 Future 都完成时，检查所有站点是否可用

在这里，我们首先声明了两个 Future，分别对应需要检查的站点。然后，我们用 for 推导式将其组合起来，只有两个站点都可用时才会返回 true。在这个样例中，比较重要的是将 Future 的定义放到了 for 推导式的外部。这是因为 Future 在声明之后会马上执行。如果将 Future 声明放在 for 推导式内部，那么第二个 Future 会在第一个 Future 完成之后才执行，这违背了我们的初衷。

此时，我们可以在组合后的 allSitesAvailable Future 上添加恢复机制：

```
val overallAvailability: Future[Option[Boolean]] =
  allSitesAvailable.map { a =>
```

```
      Option(a)
  } recover {
    case ce: java.net.ConnectException => None
}
```

我们没有在每次调用上分别进行故障处理，而是将故障处理放到计算链的最后。通过这种方式，故障处理的逻辑放到一个位置即可，会使代码更易读更易维护。这种方式的优势现在看起来可能并不明显，但是我们在 5.2 节详细地介绍故障处理机制。

4．运行 Future

在学习如何在 Play 中使用 Future 之前，还有最后一件事情需要了解。为了运行起来，Future 需要访问一个 ExecutionContext，它会负责运行异步的任务。通常来讲，ExecutionContext 会由一个简单原始的 ThreadPool 来提供支撑功能。

如果运行本章前面样例中的代码，你会遇到一个编译错误，提示你需要提供执行上下文。Play 有一个默认的执行上下文，可以通过如下的方式导入：

```
import play.api.libs.concurrent.Execution.Implicits._
```

实际上，如果你想了解它是如何运行的，可以很容易地创建自己的执行上下文，如程序清单 5.4 所示。

程序清单 5.4　声明自定义的执行上下文，并基于它运行简单的 Future 代码

```
import scala.concurrent._                          基于 Java 的 Executor API
import java.util.concurrent.Executors              创建 ExecutionContext

implicit val ec = ExecutionContext.fromExecutor(   ◁
  Executors.newFixedThreadPool(2)                  ◁   声明具有两个线程的固定
)                                                      ThreadPool

val sum: Future[Int] = Future { 1 + 1 }  ◁   创建一个简单的 Future，
sum.foreach { s => println(s) }              用来计算两个数的和
```

在本例中，ec 执行上下文以隐式值的方式进行了声明。这种 API 的好处在于我们不用告诉每个 Future 该使用哪个执行上下文。但是，这里有个提示：我们很容易采取的一种做法就是导入一个默认的执行上下文，然后就把这件事忘记了，直到出现状况，导致需要调整或优化当前使用的执行上下文才会意识到这一点。例如，如果我们在实际应用中使用这个自定义的执行上下文，在每个编译单元都导入它，很可能在一定的时间点就会出现资源耗尽的情况。此时，我们需要重新审视整个代码库，并检查在每个场景下使用这个执行上下文是否恰当。

当我们刚开始一个项目时，使用默认的执行上下文可能会很便利，但是要想避免后续的麻烦，更好的策略是设计服务 API 时允许将执行上下文传递进来。稍后，我们会进一步讨论该话题。

5. 何时创建 Future

在大多数场景下，我们会使用某些库（如 Play 的 WS 库）所提供的 Future。但是，对于所使用的工具来说，异步库或封装器并不一定总是可用的。

如程序清单 5.5 所示，Future 主要应该用于存在阻塞操作的地方。阻塞操作主要是 I/O 密集型的，例如网络调用或磁盘访问。如程序清单 5.4 中所示，Scala 提供了一种创建 Future 的便利方式。

程序清单 5.5　对阻塞操作创建 Future

```
import scala.concurrent._
import scala.concurrent.ExecutionContext.Implicits.global
import java.io.File

def fileExists(path: String): Future[Boolean] = Future {
  new java.io.File(path).exists
}
```

需要注意的是，上面的代码并不能将阻塞代码变成异步的！java.io.File API 的调用依然是阻塞的，但是现在这段代码可以在不同的执行上下文中运行，这意味着它不会使用应用默认执行上下文的线程，记住这一点非常重要，尤其是在使用 Play 时更是如此。

> **Future 代码块**　Future 代码块（block）并不仅会创建新的 Future，还会将它的执行基于一个执行上下文调度。

我们不应该通过创建 Future 来包装 CPU 密集的操作。这不会有什么帮助，CPU 密集型的操作并不是阻塞的（有一个例外：用于执行复杂计算的长时间 CPU 操作可以视为阻塞的）。除非代码要并行运行多个计算（而且需要这些计算同时进行），创建 Future 是一个高成本的操作，因为这会涉及将计算切换到其他执行上下文并且要承担上下文切换所带来的成本。

> **异步代码并不等价于更快的代码**
>
> 关于异步代码，有一种很危险的偏见，那就是以为它会更快。事实并非如此，异步代码是非阻塞的，这意味着在等待结果时，它不会垄断线程。异步操作之所以会有相应的成本，是因为上下文切换会有开销。鉴于上下文切换的频率高低有所不同，这种开销的重要性会有或多或少的差异，但它会始终存在。James Roper 在关于性能的一次演讲中，曾对这种现象进行过阐述。

> **告诉执行上下文代码是阻塞的**
>
> blocking 标记能够用于说明执行上下文特定的代码片段是阻塞的。这之所以很有用，是因为执行上下文可以据此采取相关的反应，例如创建更多的线程（在 fork-join ThreadPool 的情况之下）。使用这个标记还能够让其他开发人员更加明确（对于当前开发人员未来理解代码也有好处）地知道这部分代码是阻塞的。程序清单 5.5 的代码可以重写为如下样式：
>
> ```
> import scala.concurrent._
> import scala.concurrent.ExecutionContext.Implicits.global
> import java.io.File
>
> def fileExists(path: String): Future[Boolean] = Future {
>   blocking {
>     new java.io.File(path).exists
>   }
> }
> ```

关于 Future 的基本知识，我们已经讨论了很多，下面来看如何在 Play 中高效地使用它们。

5.1.2 Play 中的 Future

Play 遵循了事件驱动的 Web 服务器架构，所以它的默认配置进行了优化，只会使用少量的线程。这意味着，为了让 Play 应用有更好的性能，我们需要编写异步的控制器 Action。如果确实难以按照异步编程原则编写应用，那么就需要调整 Play 的配置，以适应其他的范式。

接下来，我们将介绍如何编写异步 Action 以及如何调整 Play 的线程池配置以满足我们的需求。

1．构建异步 Action

Play 有一种专门用于生成生成异步控制器 Action 的机制，它会以 Future 作为预期结果。现在，我们将前面的样例修改为异步 Action，如程序清单 5.6 所示。

程序清单 5.6 检查 Play 站点是否可用的异步 Action

```
import play.api.libs.ws._
import scala.concurrent._
import play.api.libs.concurrent.Execution.Implicits._       ◁── 使用 Action.async 构建
import play.api.Play.current                                      器创建异步 Action

def availability = Action.async {
  val response: Future[WSResponse] =
    WS.url("http://www.playframework.com").get()
  val siteAvailable: Future[Boolean] = response.map { r =>
    r.status == 200
  }
  siteAvailable.map { isAvailable =>      ◁── 将形成的 Future 进行
    if(isAvailable) {                          map 操作生成 Result
      Ok("The Play site is up.")
```

```
    } else {
      Ok("The Play site is down!")
    }
  }
}
```

在调用时，这个 Action 会检查 Play 站点的状态，检查状态码是否为 200 Ok，据此返回一条简短的消息表明网站是否可用。Action.async 构造器预期会传入一个 Request => Future[Result]类型的函数。通过这种方式声明的 Action 与简单的 Action { request => ... } 调用并没有太大的差别，唯一的差异在于 Play 能够知道 Action.async Action 已经是异步的了，所以不会将它们的内容封装到 Future 代码块中。这样做是有道理的，Play 默认会将 Action 的内容体基于其 Web Worker 池异步执行，这需要将执行包装到一个 Future 中来实现。Action 和 Action.async 的唯一差异在于，在后者中，我们需要提供异步执行功能。

Play 的这种行为意味着，在 Action 中使用阻塞代码时，我们必须要特别小心。

2. 阻塞与非阻塞的控制器 Action

正如我们在前面所看到的，如果要执行阻塞式的 I/O 操作或者长时间执行 CPU 密集型操作，Action.async 构建器是很有用的。相反，常规的 Action 不会预期得到底层的 Future，但是 Play 会基于默认的 Web Worker 池运行常规 Action 的内容体，并假设它们是非阻塞的。下面的 Action 只是生成一个 Result，没有做其他事情，因此它是纯 CPU 密集型的。

```
def echoPath = Action { implicit request =>
  Ok(s"This action has the URI ${request.path}")
}
```

下面的这个 Action 是有问题的，因为它使用了 java.io.File API：

```
def listFiles = Action { implicit request =>
  val files = new java.io.File(".").listFiles
  Ok(files.map(_.getName).mkString(", "))
}
```

在这里，java.io.File API 执行了阻塞的 I/O 操作，这意味着在操作系统得到执行目录的文件列表的过程中，Play Web Worker 池里为数不多的线程会有一个被劫持。这种情况是应竭力避免的，因为它可能导致 Worker 中的线程被耗尽。

在编写反应式 Web 应用的过程中，识别代码何时会被阻塞是最重要的方面之一。例如，很多数据库驱动依然是阻塞的（处理这种问题的方法参见第 7 章）。

反应式审计工具　有一款反应式审计工具（可以在 Github 上查找并获取），可用于指出项目中的阻塞式调用。

3. 有弹性的反应式 Action

因为 Future 有内置的故障恢复机制，所以将其应用到异步 Action 是很自然的事情。

自定义错误处理器

在第 4 章中，我们曾看到 Play 有一种默认的错误处理机制，它还可以进行自定义，如扩展 DefaultHttpErrorHandler。但是，在有些场景中，配置自定义的处理器会很有用处，如在构建 REST API 的时候。在这种情况下，最好将错误处理集中到一个方法之中，如程序清单 5.7 所示。

程序清单 5.7　自定义错误处理器，它能够用到多个 Future 上

处理 UserNot FoundException 异常，将会形成 404 Not Found 结果

将错误处理器定义为偏函数，它以 Throwable 作为输入并生成一个恢复后的 Result

处理 Connection Exception 异常，将会形成 503 Service Unavailable 结果

处理 UserDisabledException 异常，将会形成 401 Unauthorized 结果

借助 recover 方法将恢复处理器插入 Future 中

执行一个会产生认证 Result 的方法（??? 标记是合法的 Scala 语法，如果执行，它将抛出 scala.NotImplementedError）

```scala
def authenticationErrorHandler: PartialFunction[Throwable, Result] = {
  case UserNotFoundException(userId) =>
    NotFound(
      Json.obj("error" -> s"User with ID $userId was not found")
    )
  case UserDisabledException(userId) =>
    Unauthorized(
      Json.obj("error" -> s"User with ID $userId is disable
    )
  case ce: ConnectionException =>
    ServiceUnavailable(
      Json.obj("error" -> "Authentication backend broken")
    )
}

val authentication: Future[Result] = ???

val recoveredAuthentication: Future[Result] =
  authentication.recover(authenticationErrorHandler)
```

在本例中，我们定义了一个通用的恢复处理器，它知道该如何处理调用认证服务时可能会抛出的不同类型的异常。我们将这个恢复机制封装到偏函数中，这样它就能重用了。例如，如果想要支持不同类型的认证方式，既能够基于 E-mail 和密码认证，也能够使用社交网络认证机制，那么可以在所有场景下使用相同的恢复处理器。

将恢复处理器链接起来　通过多次调用 recover，将多个恢复处理器链接起来。这种方式，使我们可以定义"终极（last resort）"处理器，从而在已有的处理器执行完成之后再调用它们，以便应对更为严重的错误。

恰当地处理超时

在使用第三方服务时，一种较好的做法是设置请求能消耗的最长时间，如果超时，就切换到备选行为，而不是让用户持续等待很长时间（Play 默认的时间是两分钟）。在理想情况下，所有事情都能快速、顺利地运行，但是正如我们在第 1 章所讨论的那样，这只是理想情况。调用远程服务可能会出现超时。

程序清单 5.8 明确声明了等待服务答复的时间，并且定义了一个在超时情况下的备选响应，从而允许客户端采取相应的措施（可能会在一定的延迟后重新尝试调用认证服务）。

程序清单 5.8　处理超时

```
import play.api.libs.concurrent.Promise
import scala.concurrent.duration._

case class AuthenticationResult(success: Boolean, error: String)

def authenticate(username: String, password: String) = Action.async {
  implicit request =>
    val authentication: Future[AuthenticationResult] =
      authenticationService.authenticate(username, password)
    val timeoutFuture = Promise.timeout(
      "Authentication service unresponsive", 2.seconds
    )
    Future.firstCompletedOf(
      Seq(authentication, timeoutFuture)
    ).map {
      case AuthenticationResult(success, _) if success =>
        Ok("You can pass")
      case AuthenticationResult(success, error) if !success =>
        Unauthorized(s"You shall not pass: $error")
      case timeoutReason: String =>
        ServiceUnavailable(timeoutReason)
    }
}
```

创建两秒后超时的 Promise

在两个 Future 中，调用首先完成的那一个

Promise　上述样例中所使用的 Promise 是 Play 提供的便利工具，不要将其与 Scala 的 Promise 弄混，后者应该是 scala.concurrent.Promise 类型。

4. 正确地配置和使用执行上下文

Play 为应用提供了一个默认的执行上下文，它可以用 import play.api.libs.concurrent.Execution.Implicits._ 语句导入。不要将其与 scala. concurrent.ExecutionContext.Implicits.global 中所定义的 Scala 全局执行上下文相混淆。Play 默认的执行上下文是由 Akka 分发器（dispatche）作为支撑的，通过 Play 来进行配置。

Akka 分发器　Akka 是一个用于并发编程的工具集。我们在第 2 章中已经用到了 Akka Actor，在第 6 章，我们还会继续讨论它。但是 Akka 并不局限于 Actor，它所提供的另一个工具就是用于支持配置各种线程执行策略的分发器。Play 用这种配置工具来设置自己的 Web Worker 池。

因为 Play 遵循了基于事件的服务器模型，所以在默认执行上下文中可用的热线程（hot thread）数量相对是很有限的。默认情况下，分发器会为每个 CPU 核心创建一个线程，池中最大的热线程数是 24，下面的代码片段就是从 Play 的参考配置中抽

取出来的：

```
akka {
  actor {
    default-dispatcher {
      fork-join-executor {
        parallelism-factor = 1.0
        parallelism-max = 24
        task-peeking-mode = LIFO
      }
    }
  }
}
```

　　如果应用真的是以异步方式构建的，没有阻塞的 I/O 或 CPU 操作（长时间的运算是阻塞的，相对于常规操作，它们会让 CPU 长时间处于繁忙状态），那么这种配置非常合适。池中最多有 24 个热线程，因此很容易想象如果有一个操作在高负载情况下行为不当会造成什么样的后果。

　　为了使反应式应用在高负载情况下运行良好，很重要的一点就是确保应用是完全异步的，如果不能实现，就采取不同的策略来处理阻塞操作。我们来看几个场景。

　　使用基于线程模型的备选方案

　　如果在所面临的情况中，很多的代码都是同步的，而我们对此无法改变或者没有资源去改变，那么最简单的解决方案就是放弃挣扎并采用大量线程的备选模型。尽管这并不是最具吸引力的方案，因为上下文的切换会带来性能的损耗，但是对于那些在构建之时没有考虑到异步行为的已有项目来说，这种方式是非常便利的。在实践中，按照这种方式来配置应用，能够使其性能有所提升，还能给团队一定的时间来将其修改为其他的方式。

　　为了配置大量存在同步操作的应用，我们所需要做的就是增加线程的数量：

```
akka {
  akka.loggers = ["akka.event.slf4j.Slf4jLogger"]
  loglevel = WARNING
  actor {
    default-dispatcher = {
      fork-join-executor {
        parallelism-min = 300
        parallelism-max = 300
      }
    }
  }
}
```

　　这个配置创建了有 300 个线程的池，对于大多数同步操作来说，这已经足够了。与此形成对比的是，Tomcat 在其 Worker 池中默认配置了 200 个线程。这种类型的应用性能上可能不会像纯异步应用那么好，但是在没有其他可选方案的情况下或者应用没有太高的性能要求，这种方式还是很有帮助的。

内存使用　增加可用线程数的同时也会造成应用所需内存的增加。

使用专门的执行上下文

通常来讲，应用中大部分操作都可以是异步的，但是会有一些昂贵的 CPU 操作或同步库调用难以避免。如果你能识别需要阻塞访问的那些特殊场景，那么有一种很好的方式就是配置几个专门的执行上下文，并将它们用在这些特殊的场景中。

阻塞式的数据库驱动　通过阻塞式的驱动访问数据库（大多数的驱动目前依然如此）是另外一种情况，我们将在第 7 章讨论。

决定创建什么执行上下文以及如何使用它们并不是一件容易的事情，在应用达到一定的规模和复杂性并暴露出潜在的瓶颈之前，尝试这样做其实也没有太大的意义。毕竟，在设计之时，很难预测哪个库会出问题，因为在构建应用时，对于使用哪些库通常并没有严格的规划。需要注意的是，这种细粒度的执行上下文配置只会影响整个应用的一小部分，这与应用前期的基础设施决策（例如使用哪种数据库）是有差异的。这些重要的决策需要预先确定，它们会对执行上下文的配置有一个全局的影响。

举例来说，假如应用要用图数据库生成某种类型的报告，它会使用一个第三方的服务来调整图片大小。这些库可能会执行阻塞的 I/O 操作，所以一种很好的办法就是将它们的影响隔离到默认的池之外，这样它们就不会影响应用的性能了。

我们首先需要在 conf/application.conf 文件中配置这些上下文，如程序清单 5.9 所示。

程序清单 5.9　在 conf/application.conf 中自定义执行上下文

```
contexts {
    graph-db {                              使用 thread-pool-executor 定义池
        thread-pool-executor {
          fixed-pool-size = 2
        }                                   定义线程数量
    }
    image-resizer {
        thread-pool-executor {
            core-pool-size-factor = 10.0
            max-pool-size-max = 50          定义核心池因子，线程数量
        }                   max-pool-size-ma  将会是核心数乘以这个因子
    }                       x = 50
}
```

接下来，我们需要在应用中实例化这些上下文，例如在 Contexts 对象中如程序清单 5.10 所示。

程序清单 5.10　声明自定义的执行上下文

```
object Contexts {
  val graphDb: ExecutionContext =
    Akka.system.dispatchers.lookup("contexts.graph-db")
```

```
val imageResizer: ExecutionContext =
  Akka.system.dispatchers.lookup("contexts.image-resizer")
}
```

最后，我们将上下文用到设计时想要使用的地方。之前讨论过要使用特定的服务来查询图数据库和调整图片大小，接下来看一下如何在报告服务中使用自定义的上下文如程序清单 5.11 所示。

程序清单 5.11 使用自定义的执行上下文

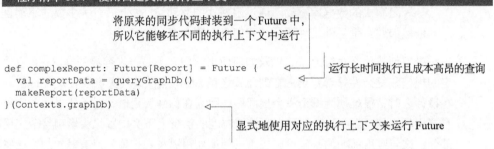

```
def complexReport: Future[Report] = Future {        ◁──    运行长时间执行且成本高昂的查询
  val reportData = queryGraphDb()
  makeReport(reportData)
}(Contexts.graphDb)
```

将原来的同步代码封装到一个 Future 中，所以它能够在不同的执行上下文中运行

显式地使用对应的执行上下文来运行 Future

为了限制自定义执行上下文的规模，很有用的一种方式就是考虑使用场景以及应用所要运行硬件环境。

首先，比较好的做法是尽可能让线程数量越少越好，减少上下文切换的数量并且会节省内存。另外，还要考虑池耗尽时会发生什么状况。在生成报告这个样例中，只有少数的高级用户每月会使用几次，因此在生成报告时稍微等待一会并不是很严重的事情。不过，新用户调整头像图片的函数要保证可用性和快速响应。

假设所规划的应用要部署在四核 CPU 的机器上，在应用启动时，将会为调整图片大小的进程创建 40 个线程（因为前面的代码将因子设置为 10.0，所以线程池将会基于这个数字为每个 CPU 核心创建线程）。如果调整图片大小的进程耗时 1 秒，那么每秒钟就能调整 40 张图片，每台机器每秒钟最多能够调整 50 张图片(这样归因于 max-pool-size-max 值的配置)。

如果使用 4 台机器来部署新应用，在启动之时就会有 200 个并发线程用于调整图片。即便有 200 个用户同时注册，他们也不一定会同时上传个人图片，所以应用所支持的有效注册的用户数量会超过 200，这样来说就足够了。

如果应用有了爆发性增长（更多的用户同时注册），我们就需要准备将其扩展到更多的节点。我们会在第 9 章讨论这个话题。

执行上下文与虚拟环境

如果应用要部署到云基础设施平台上，评估出合适的线程池大小就会更困难一些，因为我们无从得知机器上的核心是真实的还是虚拟的。如果你的计算机是双核的，但是按照四核的假设去限制线程池，就会导致性能变差。一种比较好的做法是先在虚拟化基础设施上运行试验性的部署环境，然后再运行生产环境的应用。

限制执行上下文的大小

为了确定自定义执行上下文的规模,我们可以遵循如下的指导建议:

- 要记住我们的目标是保护整个应用不受资源耗尽的困扰;
- 考虑特定上下文出现资源耗尽时的影响;
- 了解应用所运行的硬件,尤其是了解可供支配的核心的数量;
- 注意运行在上下文中的任务可能消耗的最长时间。

基于舱壁模式的业务功能

根据应用的特点,我们可能会采取不同的方式来组织执行上下文,或者采用第 1 章简单介绍过的舱壁模式。基于这种方式,我们不会按照技术方面(数据库、特定的第三方服务)来创建专门的上下文,而是基于应用的功能来创建上下文。

在图 5.3 中,我们可以看到一个电子商务站点的不同业务功能。应用的上下文要基于这些关注点来配置。在这样的环境中,每个模块用自己专属的上下文处理所有技术栈,包括阻塞的数据库调用或阻塞的第三方调用。

如果采用这种配置方式并在整个应用中使用,需要预先做很多准备,但是它的优势在于核心服务并不会因为其他服务的资源耗尽而受到影响。例如,报告模块的缺陷导致占用了很多的线程,但它并不会影响支付服务。

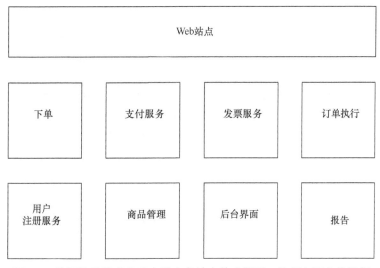

图 5.3 基于舱壁模式构建电子商务站点的功能时,执行上下文的组织

5.1.3 测试 Future

在测试方面,返回 Future 结果的服务要比返回简单原始的同步结果的服务更需要技巧。幸运的是,大多数测试库已经能够接受 Future,并且已经包含了一些有用的辅助工

具。在下面的样例中，我们将看到如何使用 specs2 库（这个库默认和 Play 打包在一起）来测试 Future。

1. 要测试哪些行为

在开始了解如何使用 specs2 实现测试之前，首先需要考虑一下要测试哪些行为。毕竟，Future 是一个特殊的抽象，它与时间的流逝直接相关。从这个方面来讲，我们要测试的内容就不仅仅局限于针对同步代码所测试的那些用例（例如，不能仅仅测试服务在指定的时间限制内有没有响应）。图 5.4 展现了通过 Future 实现的异步服务所具有的不同属性，这些都是我们想要进行测试的。

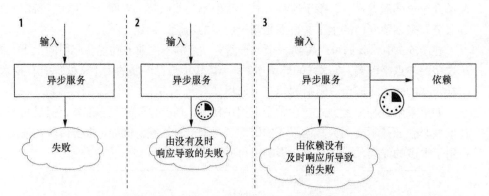

图 5.4　异步服务不仅需要测试结果的正确性，还需要更多类型的测试。我们需要
确保它们在正确的时间做了正确的事情 1. 正确性；2. 及时性；3. 延迟

同步服务主要用于测试行为的**正确性**（correctness），即针对特定的一组输入，测试它们的行为是否符合预期。而异步服务还需要测试**及时性**（timeliness）。这种行为又会受到外部依赖及时性的影响，所以要测试的第三种行为就是服务如何应对这些依赖所导致的延迟。

2. 如何用 specs2 来测试 Future

为了让 Future 的测试更简单，我们应该让执行上下文是可配置的。在使用 Future 时，这是一种很好的实践。

```
trait AuthenticationService {
  def authenticateUser(email: String, password: String)
    (implicit ec: ExecutionContext): Future[AuthenticationResult]
}
```

在用 specs2 对 Future 的功能支持时，我们会用一个单线程的**执行器**（executor）进行测试，在测试中它默认就是可用的。我们可以重写这个配置，或者是根据测试场景传入具体的执行器。

接下来，我们为认证服务编写几个测试，如程序清单 5.12 所示。

程序清单 5.12　用 specs2 测试 Future

spec2 的 ExecutionEnv 提供了一个用于执行 Future 的执行上下文

await 方法将针对 T 类型的常规匹配器转换为针对 Future[T]的匹配器

```scala
import scala.concurrent.duration._

class AuthenticationServiceSpec extends Specification {

  "The AuthenticationService" should {
    val service = new DefaultAuthenticationService

    "correctly authenticate Bob Marley" in {
      implicit ee: ExecutionEnv =>
        service.authenticateUser("bob@marley.org", "secret")
        must beEqualTo (AuthenticationSuccessful).await(1, 200.millis)
    }

    "not authenticate Ziggy Marley" in { implicit ee: ExecutionEnv =>
      service.authenticateUser("ziggy@marley.org", "secret")
      must beEqualTo (AuthenticationUnsuccessful).await(1, 200.millis)
    }

    "fail if it takes too long" in { implicit ee: ExecutionEnv =>
      service.authenticateUser("jimmy@hendrix.com", "secret")
      must throwA[RuntimeException].await(1, 600.millis)
    }
  }
}
```

throwA 匹配器测试 Future 是否发生了失败

specs2 有一个非常好的特性，那就是所有常用的匹配器（beEqualTo、throwA 等）可以和 Future 一起使用。与 specs2 匹配器的常规用法相比，唯一区别在于要在使用匹配器的断言语句末尾加上 await 后缀，借助它可以指定重试次数和超时时间。

在编写单元测试时，测试单个 Future 是非常有用的。我们将在第 11 章深入讨论整个反应式 Web 应用的测试。

5.2　用 Future 来设计异步业务

Future 是一个非常棒的工具，但是要想高效地使用它们，需要一些预先的规划和思考。在本节中，我们将构建一项能够统计 Twitter 用户的关注者和好友的服务，如图 5.5 所示。

收到用户的请求时，服务将用 Twitter API 查找最新的关注者和好友数量，然后将其与数据库中存储的之前的数量进行对比，最后发送一条消息给用户，告诉他们数据相对于上一次统计所发生的变更。它同时还会将新的数量保存到数据库中，以便于将来的请求使用。

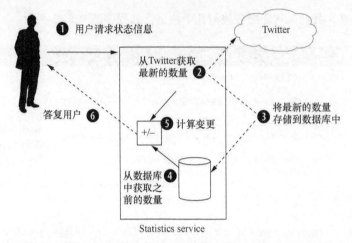

图 5.5　Twitter 统计服务，能够通知用户关注者和好友数量的变化

5.2.1　识别可并行的元素

　　如果采用原始直接的方式来实现这个服务所需的各个步骤，那么会形成图 5.6 所示的情形。

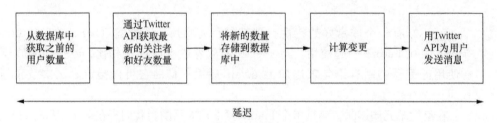

图 5.6　基本的 Twitter 统计报告服务所涉及的步骤，它们依次
顺序执行，延迟是所有步骤所消耗时间的总和

　　执行整个过程所消耗的时间称为**延迟**（latency），它是由每个顺序步骤所持续的时间相加得到的。我们的目标是减少延迟，提升用户的满意度，因为他们想尽快得到答复。

　　找到合适的粒度等级　注意，图 5.6 中的每个步骤只做一件事情。在这个阶段，我并没有将看起来相互关联的条目分组到一个步骤中，例如"从数据库中获取之前的数量并保存新的数量。"我们真正想达到的目的是将整个过程切分为尽可能小的步骤，使它们保持相同的粒度级别。在理解了每个步骤的本质特点以及如何重新排列之后，我们就能组合密切相关的步骤，从而实现处理过程的优化。

在处理过程被划分为单独的片段之后，我们就可以用异步的视角来识别执行 I/O 或网络操作的元素。我们希望首先识别出这样的步骤，因为它们很好地标记了哪些元素需要异步运行。需要记住的一点是，我们并不希望这些操作在等待完成时阻塞到一个线程上。如图 6.5 所示，几乎所有步骤都会执行某种类型的 I/O 操作，只有"计算变更"这个步骤除外，它是纯 CPU 密集的。

为了缩短整体过程的延迟，我们希望尽可能多的步骤能够并行执行。理想情况下，所有步骤都并行执行，在这种情况下，整个过程的延迟就会缩短为最长步骤的耗时。阿姆达尔定律（Amdahl's law）详细阐述了某个过程中各个步骤的并行化程度对过程速度的影响（见图 5.7）。

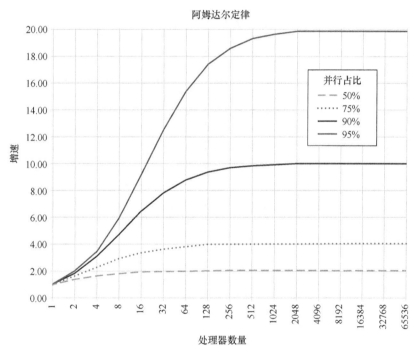

图 5.7　阿姆达尔定律显示为了获得高水平的速度增加，某个过程中
各个单独的步骤要实现尽可能高的并行

来源于 Daniels220 通过 Wikimedia Commons 对英文版 Wikipedia 所做的贡献（基于
File:AmdahlsLaw.png 所开展的个人工作成果）[CC BY-SA 3.0]

回过头看看 Twitter 的统计服务，仔细审视一下这些步骤，看哪些有可能实现并行。对于这个简单的用例，你可能已经看出这些步骤之间存在的依赖。例如，在从数据库获取之前的数据和通过 Twitter 获取当前的数量之前，我们是无法计算变更的。这个非常

简单，以至于我们可以进行这样的依赖分析，但对于更加复杂的过程来说，依赖关系就不会这么明显了。幸好，有一种方法能够让我们尽可能地实现并行化。

我们把所有步骤以伪代码的形式写出来，明确每个步骤的输入和输出，其结果如图 5.8 所示。

```
def retrievePreviousCountsFromDatabase(userName):
    (previousFollowersCount, previousFriendsCounts)

def fetchRelationshipCountFromTwitter(userName):
    (currentFollowersCount, currentFriendsCount)

def storeCounts(
    userName, currentFollowersCount, currentFriendsCount
)
def calculateChange(
    previousFollowersCount, previousFriendsCounts,
    currentFollowersCount, currentFriendsCount):
        (followersDifference, friendsDifference)

def sendMessageToUser(
    userName, followersDifference, friendsDifference
)
```

图 5.8　明确各个步骤之间依赖关系的伪代码

按照输入和输出的形式进行描述，不同步骤（其实就是函数）之间的依赖关系就更加明显了。如果"解绑"这些依赖，就能给出执行流的一个并行版本，如图 5.9 所示。

步骤分组　我们将两个相关的步骤分到了一组，即计算变更和发送消息给用户。这样做可行有两个原因：首先没有其他步骤消费"计算变更"步骤的输出；其次，这个步骤本身不是异步的（它只是 CPU 密集型的）。

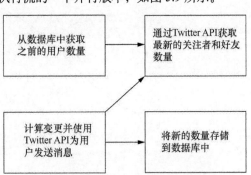

图 5.9　Twitter 统计服务过程的并行版本

5.2.2　组合服务的 Future

在 5.1.1 节中，我们已经简单介绍过，与使用简单的回调相比，Future 抽象所提供的最重要的特性之一就是它们能够进行组合。在本节中，我们将介绍如何使用这个特性。

1．定义服务接口

为了实现服务，我们将用几个特质来描述各种组件的行为。首先，我们需要有一种既能存储数据又能检索之前所存储的统计数据的方式，如程序清单 5.13 所示。

程序清单 5.13　用于存储和检索本地统计数据的 repository 接口

```
trait StatisticsRepository {

  def storeCounts(counts: StoredCounts)                          用于存储新检索到的数据的方法
    (implicit ec: ExecutionContext): Future[Unit]
  def retrieveLatestCounts(userName: String)
   (implicit ec: ExecutionContext): Future[StoredCounts]
                                                                 用于检索最新数据的方法
}

case class StoredCounts(
  when: DateTime,
  userName: String,                  case 类，用于保存特定时间点某个用户的关注者和好友数量
  followersCount: Long,
  friendsCount: Long
)
```

接下来，我们需要有一种与 Twitter 通信的方式，从而检索关注者和好友的状态，并发送信息给用户，如程序清单 5.14 所示。

程序清单 5.14　与 Twitter API 进行通信的接口

```
trait TwitterService {                  从 Twitter 获取最新的关注者
                                        和好友数量的方法
  def fetchRelationshipCounts(userName: String)
    (implicit ec: ExecutionContext): Future[TwitterCounts]

  def postTweet(message: String)
    (implicit ec: ExecutionContext): Future[Unit]
                                                   发送 tweet 的方法
}

case class TwitterCounts(followersCount: Long, friendsCount: Long)
                                        用于保存最新数量的 case 类
```

最后但同样重要的一个步骤是，我们需要为核心统计服务创建接口，如程序清单 5.15 所示。

程序清单 5.15　统计服务的简单接口

```
trait StatisticsService {
  def createUserStatistics(userName: String)
    (implicit ec: ExecutionContext): Future[Unit]
}
```

在最后一个接口方法中，返回类型 Future[Unit]看起来有些诡异。但实际上，这个服务本身并不会返回任何有用的值。它会执行一个（非常有用的）副作用（side effect），即检索数据并将其发送出去，但是执行本身并不会提供任何有用的结果，所以没有必要定义返回类型。要说有什么区别，那就是定义返回类型反而会更加令人困惑而且并没有更有用：如果一个方法返回 Unit 或 Future[Unit]，它至少清晰地说明“这是一个副作用方法”。你可能会说它可以用于识别执行成功与否，这是一个很好的切入点，我们稍后

将会详细讨论如何处理故障。

我们定义的所有方法都有一个隐式的 ExecutionContext 参数，当方法被调用时，这个参数就可用了。这与我们在 5.1.1 节所讨论的内容一致，即不应该将异步方法的执行与固定的执行上下文紧耦合。在实践中，我们想要能够很容易地切换要使用的上下文。

现在，最重要的接口已经准备就绪，接下来开始使用这些接口。在本章中，我们不会详细介绍这些接口的实现，感兴趣的读者可以查阅本书的源码。

2．检索统计数量

要计算用户的统计数据，首先需要检索之前和现在的关注者和好友数量，如程序清单 5.16 所示。这里会用到之前定义的统计 repository 和 Twitter 服务，如图 5.10 所示。

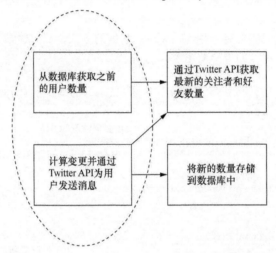

图 5.10　第一步：从 Twitter 和本地数据库中检索数量

程序清单 5.16　并行获取之前的数量和当前的数量

```
class DefaultStatisticsService(
  statisticsRepository: StatisticsRepository,
  twitterService: TwitterService) extends StatisticsService {

  override def createUserStatistics(userName: String)
    (implicit ec: ExecutionContext): Future[Unit] = {

    val previousCounts: Future[StoredCounts] =
      statisticsRepository.retrieveLatestCounts(userName)
    val currentCounts: Future[TwitterCounts] =
      twitterService.fetchRelationshipCounts(userName)

    val counts: Future[(StoredCounts, TwitterCounts)] = for {
      previous <- previousCounts
      current <- currentCounts
    } yield {
```

调用方法获取之前和当前的数量，这样它们就会开始执行

用 for 推导式并发运行 Future

```
      (previous, current)
    }
  Future.successful({})
}
```

←—— 将结果分组到一个元组中

←—— 现在，返回一个成功的 Unit 结果，保证编译通过

第一步并不复杂，需要做的就是调用对应的服务获取之前和当前的数量。在 for 推导式之前，要预先声明 Future。正如在 5.1.1 节所提到的，Future 在声明之后会马上执行。

上面的代码可以缩短为如下的形式：

```
val counts: Future[(StoredCounts, TwitterCounts)] = for {
  previous <- statisticsRepository.retrieveLatestCounts(userName)
  current <- twitterService.fetchRelationshipCounts(userName)
} yield {
  (previous, current)
}
```

在上面的代码中，实际所发生的情况可能会与预期相反：for 推导式的第一个生成器（generator）会一直等到 Future 执行完成才会转移到第二个生成器上，这就破坏了并行运行的初衷。

3. 使用统计数量

服务方法的第二步需要将新得到的统计数量存储到数据库中，便于稍后重用，同时还要通知用户，告知他们统计数据（见图 5.11）。与第一步类似，我们希望操作能够并发执行。第二步比第一步有意思的地方在于，输入已经是 Future 了，要运行的操作也会生成 Future 结果。稍加不慎，就会形成层叠（imbricated）在一起的 Future，这并不是我们想要的结果。

现在，继续实现剩余的两个步骤，如程序清单 5.17 所示——稍后解决这个组合相关的问题。

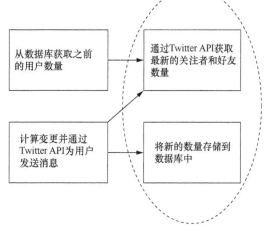

图 5.11　第二步：保存新得到的数量并发送信息给用户

程序清单 5.17　存储新获取到的统计数量并发送统计消息

```
def storeCounts(counts: (StoredCounts, TwitterCounts)): Future[Unit] =
  counts match { case (previous, current) =>
    statisticsRepository.storeCounts(StoredCounts(
      DateTime.now,
      userName,
```

←—— 将数量元组作为输入并进行匹配，便于值的抽取和使用

```
      current.followersCount,
      current.friendsCount
    ))
  }

def publishMessage(counts: (StoredCounts, TwitterCounts)):
  Future[Unit] =
    counts match { case (previous, current) =>
      val followersDifference =
        current.followersCount - previous.followersCount
      val friendsDifference =
        current.friendsCount - previous.friendsCount
      def phrasing(difference: Long) =
        if (difference > 0) "gained" else "lost"
      val durationInDays =
        new Period(previous.when, DateTime.now).getDays

  twitterService.postTweet(
    s"@$userName in the past $durationInDays you have " +
    s"${phrasing(followersDifference)} $followersDifference " +
    s"followers and ${phrasing(followersDifference)} " +
    s"$friendsDifference friends"
  )
}
```

计算关注者、好友数量的差异以及所经历的时间，将其作为发布消息的一部分

在 Twitter 中提醒用户，以便吸引他们的注意

现在，我们有了两个方法，每个方法负责处理一个步骤。正如前面所提到的，这两个方法本身都是异步的，还会消费异步方法的输出，所以它们的结果就是包含 Future 的 Future，如图 5.12 所示。

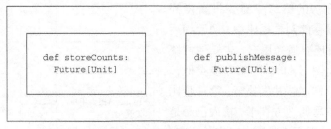

图 5.12　storeCounts 和 publishMessage Future 的结果
本身依赖于其他 Future 的结果，从而形成了嵌套

有一个工具能够将这些层叠的 Future 扁平化，即 flatMap。第 3 章中曾提到，flatMap 所做的事情与 map 类似，它会将一个函数应用到结构中的每个元素上（在本例中，也就是第一个 Future 的结果），然后将链实现扁平化。现在，用 flatMap 来连接这两个步骤，如程序清单 5.18 所示。

程序清单 5.18　连接两个步骤

```
// first group of steps: retrieving previous and current counts
val previousCounts: Future[StoredCounts] =
```

```
              statisticsRepository.retrieveLatestCounts(userName)
          val currentCounts: Future[TwitterCounts] =
              twitterService.fetchRelationshipCounts(userName)

          val counts: Future[(StoredCounts, TwitterCounts)] = for {
              previous <- previousCounts
              current <- currentCounts
          } yield {
              (previous, current)
          }

          // second group of steps: using the counts in order to store them
          // and publish a message on Twitter
          val storedCounts: Future[Unit] = counts.flatMap(storeCounts)
          val publishedMessage: Future[Unit] = counts.flatMap(publishMessage)

          for {
              _ <- storedCounts
              _ <- publishedMessage
          } yield {}
```

用 flatMap 消费第
一步的结果，避免
出现嵌套

在两个 Future 可用之后，就
将第一步的结果联合起来

将两个 Future 的
执行联合在一起

返回 Unit 结果

下画线意味着我们不关心生成器
语句的结果，但是想要它们执行

在这里，我们用 flatMap 连接第一个 for 推导式的结果，以避免出现嵌套。随后，用另一个 for 推导式将两个 Future 的结果（storedCounts 和 publishedMessage）放到一起。这样，方法就能返回一个简单的 Future[Unit]，在进行错误处理时，这会非常有用。

5.2.3　错误的传播与处理

现在，服务可以发布出去供别人使用了。但是还有一个必须注意的问题，即如何应对不同类型的错误情况：

- 数据库可能无法访问；
- Twitter API 可能无法访问（因为网络问题，或者因为凭证无法使用或未定义）；
- 用户在 Twitter 上可能并不存在。

这只是用户在使用服务时可能遇到的一部分问题。实际上，我们通常会忽略程序究竟是如何发生故障的。在这里，不要过早地捕获异常并在每个点上进行处理，使用 Future 之后可以采用另一种方式，那就是让异常在异步执行链上进行传播，如图 5.13 所示。

我们目前采用的是通过各种方式来组合 Future（for 推导式和 flatMap），这意味着从服务得到的最终结果将带有执行路径中所产生的异常。与其在链中进行恢复，还不如在最后进行处理。

1．识别不同类型的错误

为了让恢复机制能够采取正确的措施，或者至少为用户提供准确的错误信息，首先需要正确地识别错误。即便不能立即处理错误，也需要确保其进行了恰当的编码。然后，看一个 StatisticsRepository 实现的样例，它用到了 ReactiveMongo 驱动，如下面的程序清单所示（完整的样例参见本章的源码）。

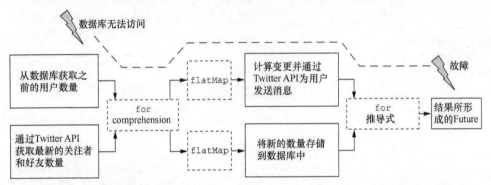

图 5.13　如果发生异常的话，它将会在组合形成的 Future 链中传播

为何使用 MongoDB　主要原因就是它的**异步驱动**（ReactiveMongo）比较成熟，并且适合达成本章的目标。另外，它有一个很简单的查询 API，并且能够很容易地部署到各种平台上，这都使它使用起来很简便，如程序清单 5.19 所示。

程序清单 5.19　StatisticsRepository 的实现

```
class MongoStatisticsRepository @Inject()
  (reactiveMongo: ReactiveMongoApi) extends StatisticsRepository {
  private val StatisticsCollection = "UserStatistics"

  private lazy val collection =
    reactiveMongo.db.collection[BSONCollection](StatisticsCollection)

  override def storeCounts(counts: StoredCounts)
    (implicit ec: ExecutionContext): Future[Unit] = {
    collection.insert(counts).map { lastError =>
      if(lastError.inError) {
        throw CountStorageException(counts)
      }
    }
  }

  override def retrieveLatestCounts(userName: String)
    (implicit ec: ExecutionContext): Future[StoredCounts] = {
    val query = BSONDocument("userName" -> userName)
    val order = BSONDocument("_id" -> -1)
    collection
      .find(query)
      .sort(order)
      .one[StoredCounts]
      .map { counts =>
        counts getOrElse StoredCounts(DateTime.now, userName, 0, 0)
      } recover {
```

insert 方法返回一个 Future，包含了 MongoDB 的错误状态

如果有错误，则抛出自定义的 CountStorage Exception，让客户端代码能够决定该如何应对

如果没有找到 counts 值，不要将其视为错误，而是返回空的统计数据

从查询 counts可能遇到的异常中恢复

```
      case NonFatal(t) =>
        throw CountRetrievalException(userName, t)
      }
  }
}
```

◁──NonFatal 匹配器要匹配所有非
致命异常，致命异常可能会包
括OutOfMemoryError和其他系
统级别的异常

```
case class CountRetrievalException(userName: String)
  extends RuntimeException("Could not read counts for " + userName)

case class CountStorageException(counts: StoredCounts)
  extends RuntimeException
```

在前面的样例中，有 3 种处理错误的不同场景。

第一种场景就是试图存储新数量时可能会出现错误。在这种情况下，如果出现错误，ReactiveMongo API 并不会抛出异常。我们需要主动检查返回的状态是否为错误。如果你不熟悉 MongoDB，最后一句代码看上去可能会有些怪异。MongoDB 的错误处理机制就是这样设计的。如果遇到错误，就抛出自定义的 CountStorageException，这个异常中包含了我们想要保存的数量，使用这个服务的客户端代码就能决定如何进行应对了。

在第二种场景中，我们无法为用户找到任何的统计数据。用户如果第一次使用这个服务，可能会遇到这种情况。这里没有将其视为一个错误并返回异常，而是将所有数据都设置为 0。

在第三种场景中，我们将查询数据库可能发生的所有异常都进行了显式恢复，将其封装到了自定义的 CountRetrievalException。

> **使用 NonFatal 捕获异常** 在程序清单 5.19 中，读者可能也注意到了，我们没有直接捕获异常，而是捕获封装在 scala.control.NonFatal 中的异常。这样就不会匹配 VirtualMachineError、OutOfMemoryError 和 StackOverflowError 这样的错误，以及 Scala 控制结构所使用的特定类型的异常。应该尽可能地在更高层级处理这种类型的错误和 Throwable 子类，因为基本上无法采取任何措施来恢复它们。

2. 在统一的地方执行恢复功能

为了让调用 StatisticsService 的客户端代码避免遇到问题，我们应该尝试从异常中进行恢复。如果确实无能为力，也应该为调用该服务的外部方法提供一条便于使用的消息。

首先拦截所有可能出现错误的地方，采用程序清单 5.20 所使用的机制，重新修改程序清单 5.18 的结尾部分。

程序清单 5.20 在将结果传递给服务的客户端之前，恢复执行过程中的故障

```
class DefaultStatisticsService(
  statisticsRepository: StatisticsRepository,
  twitterService: TwitterService) extends StatisticsService {
```

使用 recoverWith，
提供能够处理异
常的 Future 结果

恢复不想处理的
所有异常，并返回
一个统一的异常

```
// ...

val result = for {
  _ <- storedCounts
  _ <- publishedMessage
} yield {}

result recoverWith {
  case CountStorageException(countsToStore) =>
    retryStoring(countsToStore, attemptNumber = 0)
} recover {
  case CountStorageException(countsToStore) =>
    throw StatisticsServiceFailed(
      "We couldn't save the statistics to our database. "
      + "Next time it will work!")
  case CountRetrievalException(user, cause) =>
    throw StatisticsServiceFailed(
      "We have a problem with our database. Sorry!", cause
    )
  case TwitterServiceException(message) =>
    throw StatisticsServiceFailed(
      s"We have a problem contacting Twitter: $message"
    )
  case NonFatal(t) =>
    throw StatisticsServiceFailed(
      "We have an unknown problem. Sorry!"
    )
}

class StatisticsServiceFailed(cause: Throwable)
  extends RuntimeException(cause) {
    def this(message: String) = this(new RuntimeException(message))
    def this(message: String, cause: Throwable) =
      this(new RuntimeException(message, cause))
}
object StatisticsServiceFailed {
  def apply(message: String): StatisticsServiceFailed =
    new StatisticsServiceFailed(message)
  def apply(message: String, cause: Throwable):
    StatisticsServiceFailed =
      new StatisticsServiceFailed(message, cause)
}
```

如果无法存储检索到的统计数
据，通过调用函数进行重试

如果无法恢复 Count
StorageException，在这
里提供致歉的信息

声明自定义的异常类型,并为统计服务
所有已知的故障提供统一的视图

针对发生的异常，可以采取两种措施：第一种，尝试从故障中恢复，并采取相应的措施来实现这一点；第二种，可以放弃，以更加易于展现的方式将故障信息传递给服务的客户端。在前面的样例中，我们只是尝试恢复了存储异常，而将其他错误封装到一个特定类型的异常中，并提供易于人类阅读的信息。这样，使用该服务的人就不用关心产生错误的底层技术原因了（这些底层的原因和服务的用户并没有太大的关系）。

为了从存储异常中恢复，我们会使用 retryStoring 函数多次尝试存储，如程序清单5.21 所示。

程序清单 5.21 在放弃之前，尝试调用存储统计数量的递归函数 3 次

从故障中恢复，再次调用存储函数 → 存储统计数量，最多尝试 3 次

```
    private def retryStoring(counts: StoredCounts, attemptNumber: Int)
      (implicit ec: ExecutionContext): Future[Unit] = {
      if (attemptNumber < 3) {
        statisticsRepository.storeCounts(counts).recoverWith {
          case NonFatal(t) => retryStoring(counts, attemptNumber + 1)
      } else {
        Future.failed(CountStorageException(counts))
      }
    }
```

如果无法正常运行，失败并抛出初始类型的异常 →

递归调用 retryStorage 方法并递增已尝试次数

这个函数会再次尝试存储统计数据，并在发生故障时调用自身。在尝试 3 次之后，它会放弃并宣告失败，此时会使用存储 repository 最初所返回的异常。这也是在程序清单 5.20 的 recover 部分，我们需要检查这种类型的异常的原因。

5.3 小结

在本章中，我们介绍了 Future 在理论和实践中是如何运行的。最重要的是，我们学到了如下的内容：

- Future 会成功或者失败，如果失败，故障信息会在 Future 链中传播；
- Future 可以进行组合，对于复杂异步任务的构建来说，这是很重要的特性；
- 使用 Future 时，需要处理超时，这一点需要进行测试，从而确保异步服务是有弹性的。

除了学习 Future 的基础知识，我们还讨论了如何在 Play 框架中最好地使用该技术，以及如何配置框架的执行上下文，从而保证系统能够平稳运行。在这个过程中，尤其需要注意以下几点：

- 阻塞操作会影响到 Play 默认很小的线程池。它们应该在专门的线程池中运行，或者是采用适应大部分同步应用的配置；
- 通过导入执行上下文，避免在应用中硬编码所要使用的上下文，并在服务的接口函数中将其声明为隐式参数；
- 在确定应用的配置和应用的执行上下文时，要预先思考采用何种策略。

在下一章中，我们将会学习构建复杂异步应用的另一个重要工具 Actor。

第 6 章　Actor

本章内容
- 创建 Actor 和 Actor 层级
- 按照 Akka 的方式发送消息和处理失败
- 通过控制消息和断路器应对负载的变化

伴随 Erlang 编程语言的发展，基于 Actor 的并发模型[1]得到了普及，而在 JVM 平台上，Akka 工具集对其进行了实现。本章对 Actor 进行了简单介绍。Actor 是构建可扩展和可靠应用程序的有效工具。在 Play 中，Akka 默认就是可用的，可以用于构建更加高级的异步逻辑。

Actor 是一个涉及面很广泛的话题，我们只介绍其最重要的方面，以便能使用它。想深入了解 Actor 的读者可参考 Akka 官方文档以及《Reactive Design Patterns》和《Akka in Action》这两本书。

从某种程度上来说，Actor 模型是按照面向对象的方式来做正确的事情：Actor 的状态可以发生变化，但是它不会直接暴露给外界。Actor 之间会通过异步消息（message）的传递实现互相交流，而消息本身是不可变的。Actor 所能做的事情必须是下面 3 项中的某一项：

---

[1] Carl Hewitt、Peter Bishop 和 Richard Steiger 在第三届人工智能国际联合研讨会的论文集 IJCAI'73 上的论文 "A universal modular ACTOR formalism for artificial intelligence"，(Morgan Kaufmann Publishers, 1973), 235-245。

■ 发送和接收任意数量的消息；

■ 作为对消息的响应，改变其行为或状态；

■ 启动新的子 Actor。

Actor 决定要共享什么状态以及何时对其进行变更。借助这个模型，编写并发程序会更加简单，不必受到**竞态条件**（race condition）或死锁的困扰。在传统的编程模式中，我们偶尔会碰到读取或写入过期的状态，为了避免出现这种状况，会用到锁，而这种做法就会引发上述的困扰。

6.1 Actor 的基本原理

我们在第 2 章和第 4 章已经见到过 Actor，并用它来处理 WebSocket 连接。到目前为止，所搭建的 Actor 都非常简单，我们也没有花太多的时间描述它们的不同组成部分。

第 5 章基于 Future 构建了一个工作流，用它来计算 Twitter 关注者的统计信息。本章将会扩展 Twitter 分析服务的理念，本章的版本会组合使用 Future 和 Actor，进而深入了解一下使用 Actor 的不同方式。

6.1.1 简单的 Twitter 分析服务

在本章中，我们将构建一个简单的服务，该服务会对用户在 Twitter 上的活动进行简单的分析，如图 6.1 所示。首先要探索的用例就是计算某条 tweet 的"影响（reach）"，也就是它被转推了多少次以及可能被多少人阅读过。

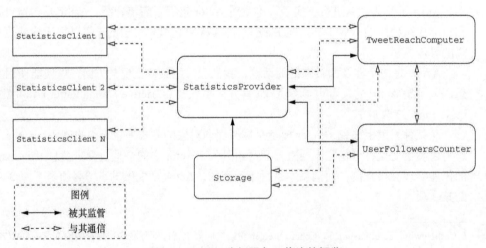

图 6.1 Twitter 分析服务工作流的概览

为了提供一个健壮的服务，我们必须要处理存储服务的问题并且要考虑 Twitter API 的访问迅速限制。

Actor 应该只有一个职责，这样就非常易于实现和理解。不管任务是什么，它们都应该通过集体协作来完成该任务。所要构建的 Actor 见表 6.1。

表 6.1　Actor 及其职责的概览

Actor	职责	监管者	与谁对话
StatisticsClient	代表一个 WebSocket 客户端连接，转发（forward）消息和结果	由 Play 本身所提供的 Actor	StatisticsProvider
StatisticsProvider	监管所有的统计服务，转发来自客户端的消息	Akka User Guardian	StatisticsClient, TweetReachComputer
TweetReachComputer	计算 Tweet 的影响	StatisticsProvider	StatisticsProvider, StatisticsClient, UserFollowersCounter, Storage
UserFollowersCounter	提供某个用户的关注者数量	StatisticsProvider	TweetReachComputer
Storage	存储数据	StatisticsProvider	TweetReachComputer

下面将依次介绍构建该服务的每个步骤，我们首先会简略地搭建其功能，然后对其不断进行完善。

6.1.2　搭建基础框架：Actor 及其子 Actor

服务的核心将是 StatisticsProvider，它会接收来自客户端的请求并确保这些请求得到满足。

首先使用 Activator 来创建一个新的项目：运行 activator new twitter-service play-scala-2.4 并使用 Play Scala 模板；另一种方式就是将第 4 章中样例的结构复制过来。不管是哪种方式，不要忘记第 2 章提到的解决 OAuth 缺陷的变通方案，即在 build.sbt 中添加如下代码：

```
libraryDependencies += "com.ning" % "async-http-client" % "1.9.29"
```

在 build.sbt 中声明对最新版本 Akka 的依赖，因为我们要用到它的几个特性，还要声明对日志库的依赖：

```
libraryDependencies +=
  "com.typesafe.akka" %% "akka-actor" % "2.4.0",
  "com.typesafe.akka" %% "akka-slf4j" % "2.4.0"
```

搭建完成之后，继续前进，创建程序清单 6.1 所示的 StatistcsProvider Actor 的主体框架：

程序清单 6.1　StatisticsProvider Actor 的主体框架

实现 receive 方法，这是 Actor 唯一需要实现的方法

实现 Actor 特质并混入 ActorLogging 特质，后者提供了非阻塞日志的功能

```
package actors

import akka.actor.{Actor, ActorLogging, Props}

class StatisticsProvider extends Actor with ActorLogging {
  def receive = {
    case message => // do nothing
  }
}
object StatisticsProvider {
  def props = Props[StatisticsProvider]
}
```

处理传入的所有数据，这里实际上什么都没做

通过提供 Actor 的 Props 来定义如何初始化该 Actor

最后，为了让日志正确运行，还需要一点配置。首先告诉 Akka 到哪里去记录日志，在 conf/application.conf 文件中添加程序清单 6.2 所示的配置：

程序清单 6.2　配置日志绑定

```
akka {
  loggers = ["akka.event.slf4j.Slf4jLogger"]
  loglevel = "DEBUG"
  logging-filter = "akka.event.slf4j.Slf4jLoggingFilter"
}
```

这里使用了由 Akka 所提供的 SLF4J logger。这是因为 Play 已经包含了 logback，我们将用它作为 SLF4J 的后端，这意味着还需要对其进行恰当的配置。将 Activator 生成的 conf/logback.xml 调整为程序清单 6.3 所示的样式。

程序清单 6.3　调整 logback 配置，使其展现 Actor 日志

```
<configuration>
```

在 INFO 级别记录 Play 日志

```
  <!-- ... -->

  <logger name="play" level="INFO" />
  <logger name="akka" level="INFO" />
  <logger name="application" level="DEBUG" />
  <logger name="actors" level="DEBUG" />

  <root level="ERROR">
    <appender-ref ref="STDOUT" />
  </root>

</configuration>
```

在 INFO 级别记录 Akka 日志

在 DEBUG 级别记录应用日志

在 DEBUG 级别记录 actors 包的日志

构建的所有 Actor 都会放到 actors 包中，这种配置能够确保日志信息都记录下来。

1．Actor 的主要理念

Actor 就像手机一样，能够发送和接收消息。默认情况下，消息是按照接收的顺序来处理的，在得到处理之前，消息会在 Actor 的收件箱里排队等候。收件箱有很多种类型，默认的 Actor 收件箱是**不受限制的**（unbounded），这就意味着如果消息处理的速度不够快，并且一直累积的话，那么应用最终将会出现内存用尽的问题。两个 Actor 之间互相通信的样例可以如图 6.2 所示。

实现 Actor 时，我们并不会直接访问收件箱。与外界进行通信的关键在于**偏函数** receive。这个函数会接收传入的消息以及 **Actor 上下文**（在后面的样例可以看到，它可以通过 context 引用来进行访问）。这个上下文提供了与外部世界进行通信的必要手段。Actor 是 ActorSystem 的一部分，这个系统会负责资源的管理，允许 Actor 完成各自的工作。

创建完毕后，Actor 就会等待消息传入、对其进行处理并转向下一条消息（如果收件箱为空，就什么也不做）。Actor 要实现对其消息的处理，需要有一个能够让 Actor 执行处理逻辑的分发器。分发器也是一个 ExecutionContext，这意味着我们可以借助它在 Actor 中执行 Future（稍后介绍）。默认情况下，相同的分发器会用到整个 ActorSystem，它的背后实际上是由一个 fork-join 执行器来提供支持（即第 5 章所介绍到的）。

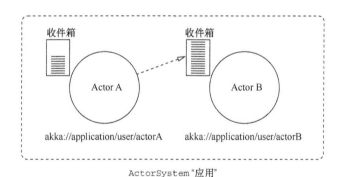

图 6.2　两个 Actor 之间的互相通信，每个 Actor 都有自己的收件箱和 Actor 引用

Actor 并不是线程，但是它需要线程来完成其工作。Actor 通常是一个长期存活的轻量级组件，它会对各种事件（以传入消息的形式）做出反应，并使用线程来执行事件相关联的工作。默认的分发器会使用共享的线程池，Actor 会在线程池所给的任意一个线程中执行。线程和 Actor 之间的这种分离能够带来更好的资源利用率：没有任务要做的 Actor 不会持有任何的线程。另外，还有其他类型的分发器，例如 PinnedDispatcher，它能够为每个 Actor 提供一个专属的线程池，这个池中只有一个线程，从而确保每个 Actor

在需要线程时，都有一个准备就绪并等待使用的线程。要使用哪种分发器在很大程度上要取决于 Actor 系统要完成什么样的工作。

Actor 并不是直接暴露的，而是通过 **Actor 引用**（actor reference）进行访问的。就像电话号码一样，Actor 引用是针对某个 Actor 的指针。如果 Actor 重启（例如因为崩溃）并且被新的**化身**（incarnation）所替换，引用依然是有效的，它所引用的并不是某个特定化身的标识符。这好比智能手机在两年后（刚过保修期不久）坏掉了，用户换了一个新手机，但是这并不影响那些想给你打电话的人。

> **Actor 引用的优势**   至于为什么使用 Actor 引用而不是直接与 Actor 进行对话，这里面的原因恐怕并不是那么显而易见。引入这种间接性会带来两个很重要的优势。首先，Actor 生命周期的变化（例如 Actor 崩溃）对于等待与该 Actor 对话的其他 Actor 来说是隐藏起来的。其次，因为与 Actor 进行交流的唯一方式就是使用 Actor 引用，所以 Actor 本身的方法就无法进行直接的调用。这样就避免了很多非线程安全的调用——当一条消息到达时，Actor 能够完全控制它的状态该如何变化。Actor 的内部运行就像是在一个单线程的环境中那样。

此时，代码清单 6.1 中的 Actor 只是一个 Actor 类——无法与其进行对话。启动后，能够获取到一个 Actor 引用，借助这个引用就能与 Actor 进行交流了。

2. 创建 Actor

到目前为止， Actor 还未发生作用。实际上，它还不存在！我们会让 Play 的依赖注入机制在应用初始化时创建它，这需要在 app/modules/Actors.scala 中搭建一个模块，如程序清单 6.4 所示。

程序清单 6.4   通过 ActorSystem 直接创建 StatisticsProvider

```
package modules

import javax.inject._
import actors.StatisticsProvider
import akka.actor.ActorSystem
import com.google.inject.AbstractModule
class Actors @Inject()(system: ActorSystem)        ◄── 将 ActorSystem 注入模
  extends ApplicationActors {                           块实现中，这样它就可
  system.actorOf(                                       以创建 Actor 了
    props = StatisticsProvider.props,
    name = "statisticsProvider"
  )
}

                                                   为 Actor 模块定义标记性的特质
trait ApplicationActors                        ◄──

class ActorsModule extends AbstractModule {
```

创建根 Actor

实现 Actor 的 Guice 模块

```
override def configure(): Unit = {
  bind(classOf[ApplicationActors])
    .to(classOf[Actors]).asEagerSingleton  ◁
}
}
```

定义为立即绑定，所以在应用启动时就会初
始化，这样在应用的任意组件中都可以使用
它，不需要显式声明对它的依赖

我们还需要在 application.conf 中启用这个模块，这样 Play 才能知道它的存在，如下所示：

```
play.modules.enabled += "modules.ActorsModule"
```

让 Play 创建和注入 Actor　Play 的依赖注入机制允许它在任意需要的地方
创建 Actor 和注入 Actor 引用。我们会在第 7 章看到如何实现这一点。这里采
用的是单纯使用 Akka 的方式。

实际上，创建 Actor 的方式有两种：一种是让 Actor 系统创建实例；另一种是用已
有 Actor 的上下文来创建子 Actor。

Actor 并不是独立存在的，而是 Actor **层级结构**（actor hierarchy）的一部分，每个
Actor 都有一个父 Actor。所创建的 Actor 会受到应用中 ActorSystem 的 user guardian 的
监管，这是一个由 Akka 提供的特殊 Actor，它会负责监管用户空间中的所有 Actor。监
管 Actor 的作用就是决定如何处理子 Actor 中出现的失败，并采取对应的行动。

user guardian 则由 root guardian 来监管（同时还会监管 Akka 内部另一个特殊的
Actor），root guardian 本身则由一个特殊的 Actor 引用来监管。据说，在所有其他 Actor
引用出现之前，这个特殊的引用就存在了，它被称为"行走在太空的泡沫之上"（见 Akka
的官方文档）。

始终致力于形成层级的结构　值得注意的一点是，不要在应用中创建太多
的顶层（top-level）Actor，否则会丧失控制监管的能力。除此之外，顶层 Actor
创建的成本更高昂，这是因为会涉及 user guardian 端的一些同步操作。在设计
Actor 系统时，要保持尽可能少的顶层 Actor，并构建出一个层级结构，将自己
创建的 Actor 纳入该结构中，这样就能完全控制所有失败情况的处理。

复杂的 Actor 系统　可以让处于同一个 ActorSystem 的 Actor 之间彼此通
信，还可以让跨 JVM 运行的 Actor 之间实现通信，这需要通过远程或集群来实
现。在这些配置中，之前所讨论的理念依然有效，消息传递依然是通过 Actor
引用实现的，不用关心 Actor 实际**在哪里**运行。

在程序清单 6.4 中，我们并没有直接实例化 Actor 类，而是让 Akka 的 ActorSystem
借助 Props 实现该功能。Props 能够告诉 Akka 如何实例化 Actor 类，它们是可序列化的。
如果 StatisticsProvider 有构造函数参数，那么 Props 将会如下所示：

```
val extendedProps = Props(classOf[StatisticsProvider], arg1, arg2)
```

> **该将 Props 放到何处**
>
> 如果想更细致，那么有一种好的实践是在 Actor 类的伴生对象中定义 Props。示例如下：
> ```
> object StatisticsProvider {
>   def props(arg1: String, arg2: Int) =
>     Props(classOf[StatisticsProvider], arg1, arg2)
> }
> ```

3. Actor 的生命周期

我们已经创建了一个新的 Actor，它还会在 Play 应用启动的时候非常开心地和我们打招呼。

在 app/actors/StatisticsProvider.scala 中重写 StatisticsProvider Actor 的 preStart 生命周期方法，添加如下的代码片段：

```
override def preStart(): Unit =
  log.info("Hello, world.")
```

现在，重新启动应用，你在控制台上将会看到如下的输出行：

```
[INFO] [04/03/2015 07:44:47.026]
  [application-akka.actor.default-dispatcher-2]
  [akka://application/user/$a] Hello, world.
```

发出这个消息的 Actor 运行在 default-dispatcher-2 上，其绝对路径是 akka://application/user/$a。名称中的$a 这一部分是由 Akka 生成的，因为我们并没有指定它的名称。我们可以稍微修改一下程序清单 6.4 中的代码：

```
val providerReference: ActorRef =
  Akka.system.actorOf(
    Props[StatisticsProvider], name = "statisticsProvider"
)
```

启动时，新的路径将会变成 akka://application/user/statisticsProvider。

Actor 有众多的生命周期方法，preStart 只是其中之一。完整的列表见表 6.2。

表 6.2

阶段	由谁触发	涉及的生命周期方法	描述
启动（Start）	调用 actorOf	preStart	确定 Actor 的路径，创建 Actor 实例并调用 preStart 钩子方法
恢复（Resume）	如果监管者需要的话，可以触发		如果一个 Actor 发生了崩溃（通过抛出异常），就会进入监管过程，Actor 会被暂停。监管者可能会决定恢复 Actor 的执行

续表

阶段	由谁触发	涉及的生命周期方法	描述
重启（Restart）	如果监管者需要的话，那么可以触发	preRestart 和 postRestart	监管者的默认行为是重启失败的 Actor。在这种情况下，Actor 路径虽然会保持一致，但是会通过创建一个新的实例来取代旧的 Actor（它们被称为 Actor 的化身（incarnation））。Actor 收件箱里面的信息依然还会存在，但是 Actor 实例里面的状态会被冲掉（因为会有一个全新的实例替换进来）
停止（Stop）	调用context.stop()或者响应 PoisonPill	postStop	当 Actor 停止时，关注该 Actor 的其他 Actor 会收到一条 Terminated 消息

如果 Actor 抛出异常，我们就说它失败（或者崩溃）。在这种情况下，它的监管者要决定接下来该如何应对，后续章节将讨论在 Actor 监管时如何对它进行处理。

4．子 Actor 的实现

现在，我们通过创建几个子 Actor 来实现服务的基本功能。就像创建 StatisticsProvider 一样，我们创建 Actor 类 UserFollowersCounter、TweetReachComputer 和 Storage。

为了创建子 Actor，我们要使用 StatisticsProvider Actor 上下文。将已有的 preStart 方法替换为如程序清单 6.5 所示的内容。

程序清单 6.5　在 StatisticsProvider 启动时创建子 Actor

```
var reachComputer: ActorRef = _
var storage: ActorRef = _
var followersCounter: ActorRef = _

override def preStart(): Unit = {
  log.info("Starting StatisticsProvider")
  followersCounter = context.actorOf(
    Props[UserFollowersCounter], name = "userFollowersCounter"
  )
  storage = context.actorOf(Props[Storage], name = "storage")
  reachComputer = context.actorOf(
    TweetReachComputer.props(followersCounter, storage),
    name = "tweetReachComputer")
  )

}
```

通过使用 context.actorOf 方法，所创建出来的 Actor 都会成为当前 Actor 的子 Actor。在监管 Actor 中，所有子 Actor 可以通过 context.children 集合进行访问，或者根据名字通过 context.child(childName)来进行访问。

子 Actor 需要在父 Actor 的 preStart 方法中创建，从而确保如果父 Actor 崩溃，它们能够进行重建（当父 Actor 崩溃时，其所有的子 Actor 也会终止）。

5. 消息传递

Actor 的目的是通过消息传递来建模异步的处理过程。正如组织机构中的人一样，Actor 也会彼此传递消息并对特定类型的消息进行回应。但是与人不同的是，Actor 只会响应其 receive 方法中能够处理的一组消息。如果没有定义对应的通配符场景的话，它们会大胆地忽略不需要响应的消息，甚至连一条日志都没有（这种行为对于刚学习 Actor 的人来说可能会有些困惑，因此比较好的做法是为未处理的消息打印日志）。构建 Actor 系统最重要的事情之一就是保证消息协议的正确性。

应对未处理的消息

我们可以重载 unhandled 方法，将 Actor 中所有未处理的数据打印到日志中，如下所示：

```
class SomeActor extends Actor with ActorLogging {
  override def unhandled(message: Any): Unit = {
    log.warn(
      "Unhandled message {} message from {}", message, sender()
    )
    super.unhandled(message)
  }
}
```

现在，我们通过一个最小化协议来为重要的交互建模：

- 客户端和 StatisticsProvider 之间的请求，这个请求是关于如何计算 tweet 影响力信息的；
- StatisticsProvider 和 UserFollowersCounter 之间；
- StatisticsProvider 和 Storage 之间。

创建 app/messages/Messages.scala 文件，该文件包含如程序清单 6.6 所示的内容。

程序清单 6.6　初始化消息协议

```
package messages

case class ComputeReach(tweetId: BigInt)
case class TweetReach(tweetId: BigInt, score: Int)

case class FetchFollowerCount(user: String)
case class FollowerCount(user: String, followerscount: Int)

case class StoreReach(tweetId: BigInt, score: Int)
case class ReachStored(tweetId: BigInt)
```

在上面的样例中，这个最小化的协议包含了一组请求-响应对，而且它非常乐观——这里没有消息负责处理故障（不过，我们也会创建几个这样的 case 类）。

消息的不可变性　从一个 Actor 传递给另一个 Actor 的消息应该是不可变的。确实，如果一条消息已经发送给了另一个 Actor，而它的内容却在"幕后"发生了变化，实在是没有比这更令人费解的事情了。这会破坏 Actor 状态的封装原则（按照该原则，只有 Actor 才能改变自己的状态）。

将消息从一个 Actor 发送到另一个 Actor 有多种方式：

- tell（也被称为!）按照即发即弃的方式发送消息，在消息发送之后，立即返回。目前来讲，它是最流行的发送消息的方式，能够实现耦合；
- ask（也被称为?）会返回一个 Future，并且会在给定的超时时间内（这个值必须要提供）预期得到一个答复。这种方式的一个比较流行的使用场景就是在 Actor 系统边界上的通信，在这种情况下，非 Actor 发送的请求无法通过 receive 方法接收到；
- forward 类似于 tell，但是它会维护消息原始的发送者信息，因此接收消息的一方能够直接进行回复；
- pipeTo 是一个特殊的消息发送模式，它允许得到的 Future 结果在计算完成之后发送给一个 Actor。要使用这种模式，我们需要导入 akka.pattern.pipe。

接下来，我们通过实现样例的核心功能学习如何发送消息，也就是图 6.3 所示的 TweetReachComputer。当收到 StatisticsProvider 所发出的计算某条 tweet 影响的请求时，我们联系 Twitter 并获取其转推（retweet）的信息，对于每条转推，我们获取每个用户的关注者数量，将结果反馈给客户端并将数量存储起来。

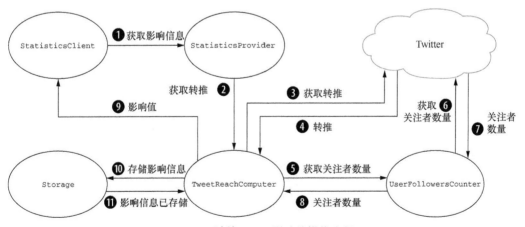

图 6.3　计算 tweet 影响的操作流程

这些操作大多数都是异步的，所以除了要处理异步消息传递，我们还要处理 Actor 中的 Future。下面我们来看 TweetReachComputer 的一个实现样例，如程序清单 6.7

所示。

程序清单 6.7　TweetReachComputer 核心流的实现

使用 Actor 的
dispatcher 作为
ExecutionContext，
会基于它来执行
Future

将对其他 Actor 的引用作
为构造器参数传递进来

```scala
class TweetReachComputer(
  userFollowersCounter: ActorRef, storage: ActorRef
) extends Actor with ActorLogging {
  implicit val executionContext = context.dispatcher

  var followerCountsByRetweet =
    Map.empty[FetchedRetweet, List[FollowerCount]]

  def receive = {
    case ComputeReach(tweetId) =>
      fetchRetweets(tweetId, sender()).map { fetchedRetweets =>
        followerCountsByRetweet =
          followerCountsByRetweet + (fetchedRetweets -> List.empty)
        fetchedRetweets.retweeters.foreach { rt =>
          userFollowersCounter ! FetchFollowerCount(tweetId, rt)
        }
      }

    case count @ FollowerCount(tweetId, _, _) =>
      log.info("Received followers count for tweet {}", tweetId)
      fetchedRetweetsFor(tweetId).foreach { fetchedRetweets =>
        updateFollowersCount(tweetId, fetchedRetweets, count)
      }
    case ReachStored(tweetId) =>
      followerCountsByRetweet.keys
        .find(_.tweetId == tweetId)
        .foreach { key =>
          followerCountsByRetweet =
            followerCountsByRetweet.filterNot(_._1 == key)
        }
  }

  case class FetchedRetweets(
    tweetId: BigInt, retweeters: List[String], client: ActorRef
  )

  def fetchedRetweetsFor(tweetId: BigInt) =
    followerCountsByRetweet.keys.find(_.tweetId == tweetId)

  def updateFollowersCount(
    tweetId: BigInt,
    fetchedRetweets: FetchedRetweet,
    count: FollowerCount) = {
    val existingCounts = followerCountsByRetweet(fetchedRetweets)
    followerCountsByRetweet =
      followerCountsByRetweet.updated(
        fetchedRetweets, count :: existingCounts
      )
    val newCounts = followerCountsByRetweet(fetchedRetweets)
    if (newCounts.length == fetchedRetweets.retweeters.length) {
      log.info(
        "Received all retweeters followers count for tweet {}" +
```

搭建缓存，存储某个
转推计算得到的关
注者数量

通过 Twitter 获取转
推数据，当 Future
的结果计算完成后
基于此进行操作

获取转推该 tweet 的所
有用户的关注者数量

在计分信息持久化之
后，将状态移除

更新关注者数
量的状态

检查所有关注者数量
是否都已获取到

将最终的计分回复
给客户端

```
                  ", computing sum", tweetId
            )
            val score = newCounts.map(_.followersCount).sum
            fetchedRetweets.client ! TweetReach(tweetId, score)
            storage ! StoreReach(tweetId, score)
          }
        }

        def fetchRetweets(tweetId: BigInt, client: ActorRef):
          Future[FetchedRetweets] = ???
    }
```

将计分信息
持久化

获取转推——这
个实现作为练习
留给读者

在接收到 ComputeReach 消息后，我们联系 Twitter 获取某条 tweet 的转推（fetchRetweets
方法的实现作为练习留给读者——现在，你应该对使用 WS 调用 Twitter API 非常熟悉了。
基于这些转推，我们调用 UserFollowersCounter 获得这些转推的作者有多少关注者。在得到
所有用户的信息之后，我们将其答复给客户端并将计分信息存储起来。

上面的样例很好地实现了功能，但是例子中包含了一个潜在的竞态条件。在
ComputeReach case 中，我们等待 ComputeReach Future 完成，然后覆盖可变类型
followerCountsByRetweet 的状态，计算开始时，使用新的空 FollowerCount 类型的 List
来更新它的值。这里的问题在于所有事情都是异步的，Actor 可以接收更多的消息，包
括 ComputeReach 消息。这样就可能导致另一个 fetchRetweets Future 开始执行，当第一
个 Future 还在执行的同时，就有改变 followersCountByRetweet 值的可能性。

那么，该如何处理这种情况呢？你可能也猜到了，阻塞 Future 并等待结果并不
是好主意——我们确实不应该在 Actor 中阻塞。还记得我们在前面提到的管道模式吗？
接下来，我们使用这个模式来解决竞态条件的问题。

> **Actor 状态——var 与 val**　在选择如何编码 Actor 的状态时，要始终优先
> 选择 val 所持有的不可变数据结构，而不是 var 所持有的可变数据结构。如果
> 你（或队友）决定发送 val 状态，至少应保证它是不可变的，这样可使从外部
> 来改变 Actor 状态的风险会大大降低。如果传递的是可变状态，那么其他人就
> 有改变内部状态的风险，带来不可知的影响。

6. 通过管道将 Future 和 Actor 连接起来

管道模式能够在 Future 计算完成后自动将结果发送给任意的 Actor。这样就能将可
能影响 Actor 状态的并发操作转换为有序的操作，消除竞态条件的出现。

现在，我们重写 receive 方法的第一部分，如程序清单 6.8 所示。

程序清单 6.8　将 fetchRetweets 通过管道连接到 TweetReachComputer

```
import akka.pattern.pipe          ◀──── 导入管道模式

def receive = {
  case ComputeReach(tweetId) =>
    fetchRetweets(tweetId, sender()) pipeTo self      ◀── 将 fetchRetweets 通过管
                                                         道连接到 Actor 上
```

```
case fetchedRetweets: FetchedRetweets =>
  followerCountsByRetweet += fetchedRetweets -> List.empty
  fetchedRetweets.retweets.foreach { rt =>
  userFollowersCounter ! FetchFollowerCount(
    fetchedRetweets.tweetId, rt.user
  )
}
...
}
```

获取 Future
的结果

在 Future 成功完成之后，计算结果（FetchedRetweets 的一个实例）将会发送到 Actor
上，我们可以将其视为另外一条消息。

在这种模式下，需要注意的一件事就是 Future 失败的情况。如果我们不修改处理故
障的方式，那么一条 akka.actor.Status.Failure 类型的消息将会发送给 Actor，其中虽然包
含了造成故障的 Throwable，但是不会提供任何有用的上下文信息。使用管道模式时，
一种比较好的做法是通过定义合适的消息来处理成功和故障，程序清单 6.9 所示处理故
障的情况。

程序清单 6.9　在发送到管道之前，对 Future 的故障进行转换

```
case class RetweetFetchingFailed(
  tweetId: BigInt, cause: Throwable, client: ActorRef
)

def receive = {
  val originalSender = sender()
  case ComputeReach(tweetId) =>
    fetchRetweets(tweetId, sender()).recover {
      case NonFatal(t) =>
        RetweetFetchingFailed(tweetId, t, originalSender)
    } pipeTo self
  ...
}
```

定义持有故障上
下文的 case 类

处理 Future 故障的恢复

将导致故障的原因和一些上下文信
息封装到专门设计的 case 类中

将"安全"的 Future
添加到管道中

按照这种方式，如果 Future 发生故障，我们将会收到一条 RetweetFetchingFailed 消
息，其中包含了正确处理故障的上下文信息。这样，我们就可以采取一些措施了，例如
通知客户端他们的请求无法完成。

> **捕获原始的发送者**　你可能已经注意到了，我们想要在 RetweetFetchingFailed
> 消息中捕获发送者，这是在 Future 之外捕获的。正如之前所示，我们这样做是
> 为了保证所使用的是正确的发送者，如果在 Future 中获取，那么在 Future 发生
> 故障的时候，它可能已经发生变化了。

7. 初学者常见的错误

初学者在刚刚组合使用 Actor 和 Future 时，会有一些常见的错误。当遇到这样的错
误时，抓狂的我们难免想把计算机从窗户扔出去。

不要混淆可变状态!

使用 Actor 会造成一种假象,让我们感觉所有事情都是按照顺序发生的,但是在有些场景下,它也会出现竞态条件。我们已经看到,混合使用 Actor 和 Future 就是这样一种场景,在 Future 中覆盖 Actor 的状态是要不惜一切代价避免的。

不要混淆发送者!

在 Actor 中使用 Future 的另一个常见错误就是混淆消息的发送者。通过调用 sender()方法,我们始终都能获取正在处理的消息的发送者。在与 Future 组合使用时,会引发的一个问题在于,Future 的完成速度与消息的处理速度不一定匹配,例如,当 Future 完成时,Actor 所处理的并不一定还是原来的那条消息;在 Future 的完成回调中调用 sender()方法获取到的有可能是错误的发送者。从某种程度上来讲,这是一种特殊的可变状态混淆的场景,但是它可能会被忽略,因为发送者是由 Akka 本身所提供的。

在程序清单 6.7 中,假设我们在调用 UserFollowersCounter 的闭包中获取发送者。如果另一个客户端同时发送请求,尝试获取 tweet 的影响信息,那么我们就可能将结果答复给了错误的客户端。

不要误用上下文!

Actor 上下文只有在 Actor 内部是有效的,它不能用到其他线程中。在使用 Future 时,误用上下文是非常糟糕的做法:

```
class Nitrogliceryn(service: ExplosionService) extends Actor {
  def receive = {
    case Explode =>
      import Contexts.customExecutionContext
      val f: Future[Boom] = service.fetchExplosion
      // closing over the actor context is dangerous
      // since the context relies on running on the same thread
      // than its actor - DO NOT TRY THIS AT HOME
      f.map { boom =>
        context.actorSelection("surroundings") ! boom
      }
  }
}
```

这个样例无法按照预期的情况运行,因为 Future 很可能会在 customExecutionContext 所提供的另一个线程中执行。而 Actor 的上下文原本只会在 Actor 中运行,从而导致功能无法正常运行。

何时使用 Future, 何时使用 Actor Future 是一次性计算单个结果的工具。如果特定的任务非常明确,那么可以使用 Future,例如从数据库或 Web 服务中获取结果。

Actor 用于更高级的过程,它们可以持有状态,Actor 之间发送的消息能够导致状态的变化，这可能发生在分布式，甚至更复杂的网络对象之间。Actor 层级结构中所封装的逻辑要在 Actor 生命周期中进行多次调用，Actor 能够基于过去的状态做出决策。一旦完成，Future 就结束了，但如果需要，Actor 还可以继续发挥作用。

6.2 任其崩溃——监管与恢复

在继续下面的内容之前，我们总结一下已经完成的功能：

- 创建了 StatisticsProvider Actor，并且在应用启动时，在 Play 的 Global 对象中启动它；
- 创建了 TweetReachComputer、UserFollowersCounter 和 StatisticsProvider Actor，并使它们成为 StatisticsProvider 的子 Actor；
- 在 TweetReachComputer 中发送消息并对不同的消息做出反应，其中有些是 Future 的计算结果。

在目前的实现中，还没有任何的故障处理机制。在第 5 章中，我们看到了 Future 相关的错误处理策略，用到了 recover 和 recoverWith 处理器，而在 Actor 中，故障处理的方式略有差异。

让一个系统或组件崩溃并将其恢复起来的理念是 Erlang 编程语言的基石之一。这种理念用来设计能够长时间运行且不需人工干预的系统。

Akka 社区的博客冠名为"任其崩溃"（Let it crash）。Actor 模型的核心理念就是将问题划分为 Actor 层级，如果达到理想的拆分粒度，每个叶子 Actor 都会具有最恰当的关注点（定义良好的一个工作范围），然后依赖监管机制来处理所有无法预知的问题。因此，"任其崩溃"除了是一个很好的博客网站标题之外，它也很好地总结了基于 Actor 的系统的设计哲学，其设计理念就是单个组件可能会崩溃，但是系统知道如何自愈。

正如我们在第 1 章中所提到的，想要将系统可能失败的所有方式都预测出来几乎是不可能的。Actor 系统不是关注如何**避免**故障，而是关注如何以最有效的方式从故障中**恢复**。在实践中，这种方式不会尝试捕获异常，而是让其随流程继续进行，由崩溃 Actor 的监管者决定如何采取下一步措施。对于习惯传统编程风格（例如检查型异常的编码风格）的人来说，这可能会使其感到困惑，但是一旦习惯了这种方式，就会感觉编码会变得非常轻松自由。

6.2.1 可靠的存储

为了更好地理解 Akka 的故障恢复机制和哲学，我们构建一个 Storage Actor。与第 5 章类似，我们会使用 ReactiveMongo 驱动，将计算得到 tweet 影响数据存储到 MongoDB

中。但与第 5 章不同的是，我们将会自行处理连接初始化。

首先，创建 Actor 并初始化连接。创建如程序清单 6.10 所示的 Actor。

程序清单 6.10 初始化 Storage Actor 和到 MongoDB 的连接

```
class Storage extends Actor with ActorLogging {

  val Database = "twitterService"
  val ReachCollection = "ComputedReach"

  implicit val executionContext = context.dispatcher

  val driver: MongoDriver = new MongoDriver())
  var connection: MongoConnection = _
  var db: DefaultDB = _
  var collection: BSONCollection = _
  obtainConnection()s

  override def postRestart(reason: Throwable): Unit = {
    reason match {
      case ce: ConnectionException =>
        // try to obtain a brand new connection
        obtainConnection()
    }
    super.postRestart(reason)
  }

  override def postStop(): Unit = {
    connection.close()
    driver.close()
  }

  def receive = {
    case StoreReach(tweetId, score) => // TODO
  }

  private def obtainConnection(): Unit = {
    connection = driver.connection(List("localhost"))
    db = connection.db(Database)
    collection = db.collection[BSONCollection](ReachCollection)
  }
}

case class StoredReach(when: DateTime, tweetId: BigInt, score: Int)
```

重载 postRestart 处理器方法，在重启后，如果有必要，那么重新初始化连接

处理因为 ConnectionException 异常所导致的重启

当 Actor 停掉时，关闭连接和驱动实例

将 MongoConnection 声明为 Actor 的状态

为了让功能能够正常运行，ReactiveMongo 需要一个基于 Akka ActorSystem 系统的驱动，还需要一个 MongoConnection，它代表了到 MongoDB 的连接池（根据 MongoDB 配置的不同，一个到 MongoDB 服务器的物理连接可以处理多个逻辑连接）。当 Storage Actor 启动时，我们初始化这些组件；而在当 Actor 停止时，我们自行清理这些组件。

在 Actor 中使用可变状态 在 Actor 中使用可变状态是完全合法的（例如程序清单 6.10 中的 connection 变量），只要它不与外部世界共享即可。如果只有 Actor 能够访问其状态，那么它不会面临并发访问的风险。但需要注

意的是，不要将这个可变状态直接暴露给外部，比如在传递给其他 Actor 的消息中引用它，这样会破坏安全港（safe-harbor）的范式。在通过 Future 进行异步操作时，使用可变状态要特别小心，因为在这种情况下可能会出现竞态条件。

在收到消息时，我们应该要求驱动将其存储起来，并回复一条 ReachStored 消息。我们使用 collection.insert 来实现这种乐观的场景。如果你对此感到困惑的话，那么建议阅读 ReactiveMongo 的文档，或者参阅第 5 章的做法。

在处理完乐观的场景后，我们接下来看事情中残酷的一面。大致来讲，有可能会发生两种情况的系统失败：一种是我们能够预料到的；另一种则是我们预先不知道会发生的。不管是哪种情况，在 Actor 中发生的失败都会导致 Actor 的崩溃。监管者要决定下一步采取什么措施。关于监管层级的样例如图 6.4 所示。

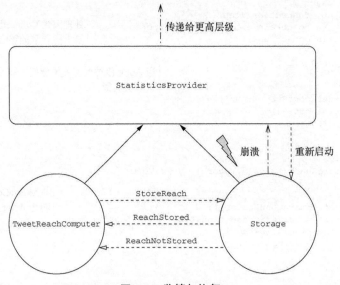

图 6.4　监管与恢复

当遇到预期的错误（并非故障！）时，我们可以采用 ReactiveMongo 的错误处理机制：MongoDB 会返回所执行最后一次操作的状态，它会在驱动中编码为 insert 操作的结果。基于这个状态，我们就可以进行多次尝试，直到插入操作得到确认，就像我们在第 5 章所做的那样。很重要的一点在于，要将其理解为错误处理方式的一种：我们显式地检查 ReactiveMongo insert 操作所返回的状态，判断是否一切正常。这些行为是数据库存储相关的正常业务逻辑的一部分。

故障则是完全不同的概念，它们会打断组件操作的正常流程。在下面的内容中，我们将会处理一个连接中断的故障。它可能会在任何时间发生，在每次 insert 调用之前进行检查并没有太大的意义。当连接遇到这种问题时，ReactiveMongo 会抛出 ConnectionException 异常，我们就使用这些知识来进行处理。

6.2.2 任其崩溃

在这里我们不会试图捕获 ConnectionException，而是让它摧毁 Storage Actor 的化身，当这种情况发生时，StatisticsProvider 监管者需要决定如何处理该 Actor。

针对这种类型的决策，Akka 定义了监管策略（supervisor strategy）。有两种监管策略是最为常用的：

- AllForOneStrategy 意味着如果 Actor 的某个子 Actor 发生故障，所有子 Actor 都会按照相同的方式来进行处理；
- OneForOneStrategy 只会影响到行为出现异常的那个子 Actor。

选择哪种策略在很大程度上取决于子 Actor 要完成什么样的工作。例如，如果子 Actor 相互协作来计算一个复杂的结果，为了实现这个目的，这些子 Actor 要互相协作，它们的状态会出现错综复杂的关联，在这种情况下，我们可能会选择 OneForAll 策略。如果它们中的某一个出现崩溃，重启之后，它的兄弟 Actor 要查出缺失哪些信息会非常复杂。我们采用 OneForAll 策略，将所有子 Actor 全部停掉并全部重新创建，这样会更加简单。在其他场景中，如果兄弟节点主要都是负责自己的任务，那么只重新创建出现故障的 Actor 是更好的做法。

在样例中，兄弟 Actor 会协作，但基本上是无状态的，所以我们在 StatisticsProvider 中定义一个 OneForOne 监管策略，如程序清单 6.11 所示。

程序清单 6.11 声明自定义的监管者策略，处理不同的异常

如果遇到 ConnectionException，重启该 Actor

使用 OneForOneStrategy，在两分钟的时间内最多尝试三次，如果均失败，停止该 Actor

```
override def supervisorStrategy: SupervisorStrategy =
  OneForOneStrategy(maxNrOfRetries = 3, withinTimeRange = 2.minutes) {
    case _: ConnectionException =>
      Restart
    case t: Throwable =>
      super.supervisorStrategy.decider.applyOrElse(t, _ => Escalate)
  }
```

对于其他类型的故障，采用默认的监管策略，如果策略不处理该故障，会将其向上层传递

使用 OneForOneStrategy 意味着我们只会重启出现崩溃的子 Actor（AllForOneStrategy 策略与此不同，它会重启所有子 Actor）。我们只有在遇到 ConnectionException 的时候才会这样做，因为我们希望能够从这种异常中恢复，对于其他类型的故障，会将其向上层

传递。

默认的监管策略提供了一些恰当的默认行为，包括处理 Actor 的消亡、当子 Actor 无法初始化时的特殊处理以及当抛出 Exception 时重启子 Actor。无法处理的其他类型的 Throwable 会在 Actor 层级中向上传递，在本例中，我们使用 ActorSystem 本身来创建的 StatisticsProvider，所以进一步往上传递就会传到 user guardian 上。当处理 Actor 无法预知的故障时，向上传递（Escalation）是一种可选的策略，当 Actor 因为未处理的异常类型而出现故障时，如果我们不知道该如何处理，那么就请求它的监管者来决定接下来该怎么做。

> **user Guardian 监管策略**　user guardian 默认的监管策略是在出现异常时重启它的子 Actor，除非遇到几个特殊的场景——在这几个场景中 Actor 的本意就是要关闭的（比如当 Actor 无法初始化或将 Actor 故意杀掉时）。

6.2.3　观察 Actor 的消亡并将其复活

尽管本节的标题看着很神秘，但实际上是介绍一种不同的监管模式。Akka 的 SupervisorStrategy 提供了一种很好的机制来拦截和处理子 Actor 的各种故障，但是在有些场景下，这种监管机制并不总是行之有效的。在样例中，如果 Storage 遇到无法预料的存储问题，在配置的时间范围内重试指定的次数后，子 Actor 就会停止。如果没有存储功能，那么服务就无法执行预期的功能，所以我们可能希望明确告诉该服务的客户端，它目前处于不可用的状态。

为了实现这一点，我们采用另一种类型的监管，它会观察 Actor 的消亡，然后采取必要的步骤进行恢复。在这个过程中，我们会采用 Actor 一个非常有趣的特性：会改变它们收到消息时的默认反应，实际上就是临时覆盖它们的行为，直到事情好转（我们希望如此）为止。

我们借助 Akka，能够监控 Actor 的生命周期，所以在它终止时，我们能够收到通知。在 Akka 中，这通常称为"DeathWatch"，因为它是在 DeathWatch 组件中实现的。

现在，我们看一下如何使用这些特性，如程序清单 6.12 所示。

程序清单 6.12　指定 Storage 子 Actor 的监管策略

将对 Storage 子 Actor 的监控注册到生命周期中

```
class StatisticsProvider extends Actor with ActorLogging {
  // ...

  override def preStart(): Unit = {
    // ... initialization of the children actors
    storage = context.actorOf(Props[Storage], name = "storage")
    context.watch(storage)
```

采用调度的方式在一
分钟之后给自身发送
一条 ReviveStorage
消息

对终止的反应。因为我
们只订阅了 Storage Actor
的通知，因为这必定是该
Actor 发生了终止

```
                  }
    def receive = {
      case reach: ComputeReach =>
        reachComputer forward reach
      case Terminated(terminatedStorageRef) =>
        context.system.scheduler
          .scheduleOnce(1.minute, self, ReviveStorage)
        context.become(storageUnavailable)
    }

    def storageUnavailable: Receive = {
      case ComputeReach(_) =>
        sender() ! ServiceUnavailable
      case ReviveStorage =>
        storage = context.actorOf(Props[Storage], name = "storage")
        context.unbecome()
    }
  }

  object StatisticsProvider {
    case object ServiceUnavailable
    case object ReviveStorage
  }
```

切换到新定义的
行为

对 ComputeReach
请求的响应，告
诉客户端服务不
可用

切换回原始
的行为

复活 Storage
子 Actor

在创建 Storage 后，我们使用 context.watch()方法订阅它的消亡事件，这个方法接收的是一个 ActorRef。如果 Storage 子 Actor 被永久终止（很可能是在尝试重启未成功的情况下，监管策略促使它这样做），我们就会收到通知，这样，我们就有一种备选的方式来响应传入的消息。如果 Actor 只是崩溃并重启，我们是不会被通知的，而是会继续观察 Actor 的生命周期。

在本例中，我们等待一分钟，希望能够它能够自行修复。如果没有修复，我们将重新创建一个新的 Storage 子 Actor。在实际编码中，我们可能会采用更精细的策略。比如，我们可以完全切换到不同类型的存储上、使用备选的数据库主机或者将数据写到本地文件系统中，当数据库可用时再同步到数据库中。这完全取决于服务的故障对你来说意味着什么，以及在最为复杂的情况下，我们是否迫切希望保持它处于可用状态。

指数回退　在本例中，我们采用了一种非常简单的回退策略（back-off strategy），那就是在尝试重建 Storage Actor 之前等待了一分钟。在网络系统中，有一种更为精细的策略：监管者在尝试联系子 Actor 前会等待一个指数增加的时间。Akka persistence 提供的 BackoffSupervisor 实现了该行为。[1]

6.3　系统对负载的反应，实现监控并预防服务过载

一个真正的反应式应用不仅能够通过监管的方式应对软件或硬件的问题，还能在系统面临过载时优雅降级。在下面的章节中，我们将会介绍一些处理机制，它们能够确保

---

[1] 参见 Akka 文档中 "Supervision and Monitoring" 一章的 "Delayed restarts with the BackoffSupervisor pattern"。

服务不会出现完全无响应的情况。

6.3.1　流控制消息

我们都知道，互联网的核心在于 TCP/IP 能够跨越世界范围内异构、复杂且脆弱的网络结构，确保消息的安全投递。TCP/IP 所使用的一个主要机制就是确认消息的抵达。如果发送方在给定的时间范围内没有收到来自接收者的确认（acknowledgment）消息，那么包将会重新发送。

假设因为某种情况，使得数据库过载或临时不可用，导致有些计算得到的分值无法插入。如果采用类似 TCP/IP 的机制（但没有那么精细），能够设法得到分值已插入数据库的确认信息，那么这会是非常有用的。在程序清单 6.7 中，我们曾经提到过这种机制。ReachStored 消息本身就是一条确认消息，它代表计算得到的影响数据已经接收到并被 Storage 保存了起来。也就是说，我们还没有处理出现意外情况（即无法收到确认信息）的场景。

我们接下来构建一种机制，能够处理未接收到确认消息的存储请求，如下所示：

- 如果在给定的时间窗口（window of time）没有收到确认，会重新发送消息；
- 如果多次发送重试请求，不会导致 tweet 影响数据的重复存储；
- 能够意识到存储发生的更大问题，并采取相应的应对措施。

我们依次看一下上面的这些任务该如何实现。

1. 检查未确认的消息

第一步，定期检查是否有未确认的消息。首先，添加一个调度机制，如程序清单 6.13 所示。

程序清单 6.13　为未确认的消息搭建调度器

初始化调度器，每隔 20 秒重新发送未确认的消息

```
class TweetReachComputer(
  userFollowersCounter: ActorRef, storage: ActorRef
) extends Actor with ActorLogging with TwitterCredentials {
  // ...
  val retryScheduler: Cancellable = context.system.scheduler.schedule(
    1.second, 20.seconds, self, ResendUnacknowledged
  )
  override def postStop(): Unit = {
    retryScheduler.cancel()
  }
  def receive = {
    // ...
    case ResendUnacknowledged =>
      val unacknowledged = followerCountsByRetweet.filterNot {
        case (retweet, counts) =>
```

当 Actor 停止时，取消调度器

排除所有数据都已送达的情况

```
        retweet.retweeters.size != counts.size
    }
    unacknowledged.foreach { case (retweet, counts) =>
      val score = counts.map(_.followersCount).sum
      storage ! StoreReach(retweet.tweetId, score)         ←──  重新发送新的 StoreReach
    }                                                             消息到 Storage 上
  }
  case object ResendUnacknowledged
}
```

改善基于时间的调度 在这个简单的样例中，我们假设数据库是出现问题的组件。但是，如果服务同时也处于高负载的情况下，又该怎么办呢（或者数据库是因为服务的大量使用才导致出现高负载的状况）？在本例中，更好的做法是对给定数量的 ComputeReach 消息检查其中未确认的消息，ResendUnacknowledged 消息可能会丢失在大量传入的请求之中。这是使用前面所提到的指数后退的绝佳场景。

至少投递一次的语义 要确保消息至少被接收过一次是很困难的，在现实的系统中，我们的原生实现并不一定能够很好地运行，比如，JVM 发生了崩溃。Akka persistence 提供了至少投递一次的语义（at-least-once delivery semantics）[1]，如果你希望在系统中确保该语义，最好采用这个实现，而不是自己进行轮询。

2. 避免重复存储

如果重复发送命令，要求存储之前存过的计分，我们需要确保相同的元素不会存储两次。

在 Storage Actor 中，我们采用一种简单的机制来检查这种重复，如程序清单 6.14 所示。

程序清单 6.14　避免存储重复的消息

检查是否已经写入了该 tweet 的计分信息，如果没有，才会继续

```
class Storage extends Actor with ActorLogging {
  // ...
  var currentWrites = Set.empty[BigInt]            ←──  跟踪我们当前想要
                                                          写入的标识符
  def receive = {
    case StoreReach(tweetId, score) =>
      log.info("Storing reach for tweet {}", tweetId)
    if (!currentWrites.contains(tweetId)) {          ←──  在保存之前，先将
      currentWrites = currentWrites + tweetId             tweet 的标识符写入
      val originalSender = sender()                       currentWrites 集合中
      collection
        .insert(StoredReach(DateTime.now, tweetId, score))
```

---

[1] 参见 Akka 文档 "Persistence" 一章的 "At-Least-Once Delivery" 小节。

<table>
<tr><td>

如果失败，将 tweet 的
标识符从 currentWrites
集合中移除

</td><td>

```
    .map { lastError =>
      LastStorageError(lastError, tweetId, originalSender)
  }.recover {
    case _ =>
      currentWrites = currentWrites - tweetId
  } pipeTo self
}
```

</td></tr>
<tr><td>

如果写入失败，将
tweet 的标识符从
currentWrites 集合
中移除

</td><td>

```
case LastStorageError(error, tweetId, client) =>
  if(error.inError) {
    currentWrites = currentWrites - tweetId
  } else {
    client ! ReachStored(tweetId)
  }
}
}
```

</td></tr>
</table>

```
object Storage {
  case class LastStorageError(
    error: LastError, tweetId: BigInt, client: ActorRef
  )
}
```

通过这种机制，我们能够跟踪当前要写入的消息，避免为相同的 tweet 多次保存计分信息。我们还收集了之前的所有写入的历史，这是很有用的，因为 ReachStored 消息可能只会在调用 ResendUnacknowledged 之后才进行处理，所以将这些消息记录下来是有意义的。也就是说，在实际的应用中，我们需要确保阶段性地清理历史，避免出现内存耗尽的问题。

练习 6.1

实现上文中 currentWrites 的清理。有种方式就是标记已保存数据的标识符，阶段性地将它们从集合中清理出去。

"只写一次"实现的局限性　通过这个实现，我们其实无法始终保证计算得到的影响计分只保存一次。如果 Storage Actor 崩溃，保存在 currentWrites 中的状态会丢失，这样在重启之后有些消息就会保存两次。这种方法还有一个不足，它实际上意味着一条 tweet 的计分信息只能保存一次，如果该 tweet 以后转推，数据也无法更新了。另一种方式就是将计算时间和计分信息一起存储起来，这样就能存储更多的值。

3. 应对不断增加的未确认消息

如果有太多的存储请求得不到确认，那么不断地进行重发会让事情变得更糟糕。在这种情况下，最好改变默认的行为并停止处理传入的请求，至少要降低速度。

有一种比较暴力的方式是抛出一个特定类型的异常，通知监管者出现问题了，并切换至服务不可用（Service Unavailable）的模式。在本例中，更好的方式是将未得到确认的请求作为异常的一部分传播出去，这样在恢复之后，我们就有机会重新存储它们。

"红旗（red flag）"方式可能会有效，但是它不够精细。数据库有可能还能处理更多的消息，只是处理节奏比较慢，这时**反应式回压**（reactive back pressure）概念就能发挥作用了。在本例中，回压意味着要告知生产者（这里也就是 StatisticsProvider），我们现在无法以这么快的速度处理消息，因此需要降低速度。StatisticsProvider 可以按照一定的比例拒绝传入的请求，从而有机会把速度降低下来，这样既能够减轻服务的负载，又不会导致系统整体的停顿。

通过控制消息流的方式来实现真正的反应式回压是一个很复杂的话题，我们将在第9 章讨论反应式流时介绍实现该机制的技术。

在系统过载时，作为反应式回压的替代方案，我们需了解如何通过消息的优先级改变上游 Actor 的行为。接下来，我们就看一下这种方式。

6.3.2 具有优先级的消息

在本章开始时，我们提到每个 Actor 都有一个收件箱。默认情况下，我们会使用 UnboundedMailbox，这是一个由 java.util.concurrent.ConcurrentLinkedQueue 作为内部支撑的收件箱，队列消息按照接收的顺序进行排序。顾名思义，这是一个没有边界的收件箱，这意味着它会不断增长。如果消息的处理速度不够快，那么 JVM 可能会耗尽内存。在这种情况下，它并不是一个很好的可选方案。

Akka 提供了多个不同类型的收件箱，其中有一个名为 ControlAwareMailbox，我们将使用它来看一个之前一直忽略的问题：Twitter API 的速度限制。Twitter API 会跟踪在给定的**时间窗口**（time window）内它被调用的次数，如果达到了一个阈值，就不允许继续对 API 进行调用了。如果服务所接收到的请求超过了允许的阈值，Twitter 的速度限制机制就会不对这些请求产生响应了。这样来看，Twitter 对服务的速度限制要比存储层过载更难解决——实际上，我们可以大胆地说，因为 Twitter 的速度限制，存储层出现过载的可能性几乎为零，而在此之前，Twitter 就已经不会再提供数据。

1. 探测何时接近速度限制的阈值

针对特定类型的请求，Twitter 会使用响应头将速度限制的信息告知我们。在这种情景下，有两个头信息特别有用：X-Rate-Limit-Remaining 和 X-Rate- Limit-Reset。前者描述了在当前的时间窗口中还剩多少请求；而后者是一个 UTC 时间戳，代表了时间窗口何时重置。

练习 6.2

在 UserFollowersCounter 的 Twitter 调用的响应中检查 X-Rate-Limit-Remaining 头信息的值。如果这个值低于 10，那么便发送一条 TwitterRateLimitReached 消息给监管者。

这个消息的定义如下：

```
import akka.dispatch.ControlMessage
    case class TwitterRateLimitReached(reset: DateTime)
      extends ControlMessage
```

我们可以借助 context.parent 引用发送消息给父 Actor。

---

2. 搭建 ControlAwareMailbox

ControlAwareMailbox 是一种特殊类型的收件箱，它会立即传递 ControlMessage 类型的消息。要使用 ControlAwareMailbox，我们需要做的第一件事情就是配置一个使用它的分发器。添加如下的配置到 conf/application.conf 中：

```
control-aware-dispatcher {
  mailbox-type = "akka.dispatch.UnboundedControlAwareMailbox"
}
```

接下来，需要告诉 Akka，我们想要在 StatisticsProvider Actor 中使用这个分发器。调整 Actors 组件，使其按照自定义的分发器来启动 Actor 层级结构，如程序清单 6.15 所示。

程序清单 6.15 使用自定义的分发器

```
class Actors @Inject()(system: ActorSystem)
 extends ApplicationActors {
 Akka.system.actorOf(
   props = StatisticsProvider.props
     .withDispatcher("control-aware-dispatcher"),    ◁──
   name = "statisticsProvider"
 )
}
```
在启动时，指定要使用配置中自定义的分发器

最后，我们需要在 StorageProvider 中处理 TwitterRateLimitReached 消息，在 Twitter 恢复我们的工作之前，需要告知客户端服务目前是不可用的，如程序清单 6.16 所示。

程序清单 6.16 处理 Twitter 对我们进行速度限制的糟糕状况

```
def receive = {
  // ...
  case TwitterRateLimitReached(reset) =>
    context.system.scheduler.scheduleOnce(
      new Interval(DateTime.now, reset).toDurationMillis.millis,
      self,
      ResumeService
    )
    context.become({
      case reach @ ComputeReach(_) =>
        sender() ! ServiceUnavailable
```
在达到时间窗口重置时，以调度的方式发送一条消息对我们进行提醒

拒绝所有传入的请求

```
    case ResumeService =>
      context.unbecome()
})
```
 取消临时行为，恢复服务

```
case object ResumeService
```

借助这种机制，我们能够有效避免对 Twitter 产生请求过载，从而能够避免不必要的更长时间的速度限制。

6.3.3 断路器

遗憾的是，并不是所有服务都像 Twitter 那样，能够通过速度限制的机制防止用户过载。所以，随着负载的增加，这些服务的响应速度会明显变慢。基于某些原因，这些系统一般用来处理一些烦琐的任务，比如输入旅程开销、上传会议报告或生成项目消耗时间的报告等。

在与较慢的系统进行交互时，有种危险就是这种系统的慢速和无响应会波及构建好的新应用中，这些新应用可能会具有最新潮的反应式特征。这里就是断路器能够发挥作用并拯救我们的地方了。断路器的概念如图 6.5 所示。

断路器一般用在电路之中，用来防止过载或短路。如果你同时使用洗碗机、洗衣机、热水壶和面包机，可能就会听到它发出的声音。但是与家里简单的断路器相比，我们在这里所讨论的断路器会更复杂一些，因为它们会尝试复位。

图 6.5 断路器

断路器的功能如下所示：

① 如果所有事情运行正常，它会处于**关闭**（closed）状态，允许电流（或数据）流过；

② 如果出现过载或探测到短路，断路器会**跳闸**（trip），使其处于**开启**（open）状态，不允许任何内容通过。此时，灯光会熄灭，我们就能意识到同时运行所有家用电器（或试图让所有数据通过）并不是一个好主意；

③ 等待一会儿之后，断路器会处于**半开**（half-open）状态，探测事情是否已经恢复正常。如果电流（或数据）能够通过，断路器会将自身恢复至**关闭**状态。

Akka 在 akka.pattern.CircuitBreaker 类中提供了断路器模式的实现。这种断路器是为可能会发生超时的操作而设计的，比如调用远程的 Web 服务或者等待 Future 执行的完成。它的工作方式与上面描述的抽象断路器非常类似，关于其状态变更，遵循如下的规则：

- 在关闭状态，断路器会记录发生异常或调用时间超过所配置的 callTimeout 值的请求数量。如果失败的数量达到了一个配置的值（maxFailures），它就会跳闸。如果请求在限定的最长时间之内成功调用，那么将计数器重置为 0；

- 在开启状态，断路器会处于停顿，直至达到所配置的 resetTimeout 时间间隔，

然后，它会进入半开状态；

■ 在半开状态，如果第一次尝试调用失败，它将会继续等待，达到 resetTimeout 时间间隔后再次进行尝试。

我们现在已经看到了太多的理论，接下来该将它用到实际的练习中了。因为 Twitter 一般不会超时，所以构建一个模拟（dumb）的 Future，每当 Twitter 速度限制机制所允许的请求数量低于 170 时，我们就让它休眠一会儿。速度限制机制会从 180 个请求开始计数，而节流服务从 170 就开始，因此很快就能看到它发挥作用。

在 UserFollowersCounter 中，按照如程序清单 6.17 所示的方式声明断路器。

程序清单 6.17 声明记录状态变更的断路器

配置断路器在跳闸之前, 允许
连续失败或超时的最大数量

```
val breaker =
  new CircuitBreaker(context.system.scheduler,
    maxFailures = 5,
    callTimeout = 2.seconds,
    resetTimeout = 1.minute
  ).onOpen(
      log.info("Circuit breaker open")
    ).onHalfOpen(
      log.info("Circuit breaker half-open")
    ).onClose(
      log.info("Circuit breaker closed")
  )
```

设置在尝试重置操作之前所要经历的时间

配置某个调用在统计为失败之前，所要经历的超时时间

接下来，修改如上样例中的代码，如果可用请求的数量（也就是 X-Rate-Limit-Remaining 头信息所提供的值）低于 170，它就会等待 10 秒钟。在这里我们可以使用 Thread.sleep 语句，当然这种故意的阻塞在实际的应用中是应当竭力避免的。

最后，需要将全新的断路器添加到线路之中。我们可以将它放到 UserFollowersCounter 的 receive 方法中，如程序清单 6.18 所示。

程序清单 6.18 插入断路器

重用 Actor 的分发器，使其作为管道的 ExecutionContext

定义调用 Twitter 的 fetchFollowerCount 方法 ExecutionContext

```
class UserFollowersCounter extends Actor with ActorLogging {
  implicit val ec = context.dispatcher
  val breaker = ...
  private def fetchFollowerCount(tweetId: BigInt, userId: BigInt):
    Future[FollowerCount] = ...
  def receive = {
    case FetchFollowerCount(tweetId, user) =>
      breaker
        .withCircuitBreaker(fetchFollowerCount(tweetId, user))
        pipeTo sender()
  }
}
```

插入断路器，它包装了调用 Twitter 的 Future 结果

将结果添加到管道中，发送回 TweetReachComputer

如果在 Twitter 给我们分配了新的时间窗口配额后，发送的请求中包含了一条有 15 个转推的 tweet，将会发生如下事情：

① 前 10 个对 fetchFollowerCount 的调用会毫无问题地执行；

② 从第 11 个请求开始，线程会等待 10 秒钟，因为超时会导致故障；

③ 在产生 5 个这样的失败请求后，断路器会跳闸；

④ 在 1 分钟的等待之后，进程将会继续。这是因为我们每 5 秒钟会"恢复"一个请求（在 15 分钟的时间窗口中，我们允许 180 个请求），这样就有了足够的配额重新开始。

> **练习 6.3**
>
> 这里还有一些收尾工作，能够让这种机制的功能更加完整：
>
> - 当断路器跳闸时，TweetReachComputer 应该能够得到通知，并直接答复客户端，而不是让客户端一直等到超时；
> - 当断路器处于开启状态时，监管者应该得到通知，不再接收任何传入的请求；
> - 当断路器再次进入关闭状态时，监管者应该得到通知，重新开始接收传入的请求。

6.4 小结

在本章中，我们接受了 Actor 全解的速成课程，内容所涉及的范围包括它们的初始化和生命周期、监管以及与系统过载相关的特殊场景：

- 看到了 Actor 正常运行所需的主要组件(收件箱、Actor 引用以及 Actor 上下文)；
- 探讨了 Actor 的生命周期，以及它如何受到监管的影响；
- 使用了 Akka 的监管策略以及受 Erlang 灵感激发所产生的生命周期监控机制；
- 看到了如何借助流控制信息和断路器缓解系统的过载问题。

我个人觉得 Actor 和 Actor 系统是一个很有趣的话题。从本章的内容中，可以看出，系统有很多种构建方式，还有很多要考虑的场景。我们只是接触到了表面（当前，我希望勾起了读者的好奇心，让你们去更加深入地学习这个话题）。与 Future 组合起来，Actor 是一个构建反应式应用的强大工具，在本书剩余的内容中，我们将会使用该工具。

第 7 章 处理状态

从传统的应用服务器部署模式转换到像 Play 这样的可扩展模式时，最大的现实障碍之一就是如何在无状态架构中使用状态。Play 应用的服务器端部署意味着它是没有状态的——除了当前正在处理的请求，它不会在内存中保存任何的状态。这符合反应式 Web 应用的哲学：

■ 无状态服务器节点可以随意替换，不用担心保持客户端状态或其他存活状态，这样能够更容易地移除故障节点；
■ 无状态服务器节点的整体内存占用相比有状态的方案会更优。

但是，状态该存储在什么地方呢？在 Play 中，客户端状态会推送到客户端上（使用 cookie 或其他客户端本地存储方案，如 HTML5 storage）。服务端的状态一般会存储在某种类型的数据库中，服务端缓存会通过专有的、网络缓存技术来处理。

在数据库领域，对象-关系映射（object-relational mapping）工具已经流行了很长时间，在访问数据库时，它是广泛采用的一种工具。在与数据库交互时，ORM 提供了一种针对关系型数据库模型的面向对象的表述抽象，借此试图将 SQL 隐藏起来。但是，使用这种抽象会带来对象-关系的阻抗不匹配（object-relational impedance mismatch），这通常会引发严重的性能问题，这些问题只有特定 ORM 的技术专家才能解决，并且将会是一个非常耗时的优化过程。[1]

在本章中，我们将会看一下在反应式 Web 应用中该将状态存放在什么地方，以及由于这种类型的应用可能会随时扩展或收缩，还会看到处理关系型数据库的细节。我们将会进一步探索一种越来越流行的范式，它能够处理更大的负载，因为它将不可变性引入到了数据存储中：命令查询职责分离与事件溯源（Command and Query Responsibility Segregation and Event Sourcing，CQRS/ES）。

7.1　在无状态的 Play Web 应用中使用状态

在无状态的 Web 应用中，我们可以将它们的状态存放在多种地方，如图 7.1 所示。

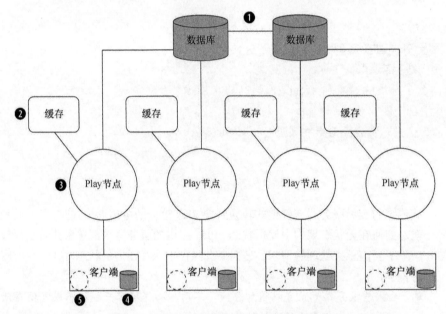

图 7.1　在无状态 Web 应用中存放状态的地点
❶数据库　❷缓存层　❸服务端状态　❹本地存储　❺session

传统上，大部分数据保存在（关系型）数据库中，数据库可以保留副本，也可以不保留副本。很多应用还会有基于内存的缓存层，使用的是 memcached 或 Redis 这样的技术。在无状态的应用中，传统的服务端状态应该避免（server-side state），这是因

---

[1]　关于对象-关系阻抗不匹配的讨论，参见 Ted Neward 的博客上 2006 年 6 月 26 日发表的名为《The Vietnam of Computer Science》的文章。

为节点可以随时启动或停止。如果在节点崩溃或者节点启动，能够恢复状态，那么在这方面也有一些例外的情况。

在现代 Web 应用中，客户端状态扮演了重要的角色。HTML5 引入了本地存储功能，在出现临时网络不可用时，它能让应用更加具有弹性，基于 cookie 的客户端 session 可以作为服务端 session 的替代品，而服务端的 session 通常会在 HttpSession 中看到。

我们通过一个非常简单却极其常见的样例来探索一下这些不同的机制，这个用例就是用户认证。

7.1.1 数据库

正如我在之前的章节所述，与数据库通信时，我们需要有一些预先要注意的地方。有些数据库提供了异步驱动，非常适用于异步应用模式，但是其他数据库可能并没有提供，这就需要我们进行恰当的配置。

1. 异步数据库访问简介

对于想要访问数据库的客户端应用来说，异步数据库访问技术有助于提升线程和内存的利用率。借助它，我们还能够使用第 5 章所介绍的异步数据操作技术。

可用的数据库异步驱动在很大程度上依赖于数据库本身。较为年轻的 DBMS，比如 MongoDB 和 CouchBase 提供了异步驱动，分别为 ReactiveMongo 和 ReactiveCouchbase。如果具有这样的驱动，它们的使用是非常简单的，正如我们在第 5 章和第 6 章所见到的那样。它们提供了依赖于 Future 的 API，实现异步查询和语句接口。

对一些更为传统的 RDBMS，比如 MySQL 和 PostgreSQL，mysql-async 和 posgresql-async 社区驱动提供了异步的可选方案，用来替代同步的 JDBC 方案。这两个方案都不会影响 DBMS 的运行方式（在服务器端，通信并不是真正异步的），它们使用了 Netty 来提供客户端和服务器之间的异步通信，其优势在于数据库执行查询或语句时并不会独占线程。其他数据库，比如微软的 SQL Server，支持原生的异步操作并提供了异步驱动。

最后，对于异步访问来说，另一个可选方案是由 Slick 3 所提供的，它构建在已有的（阻塞式）JDBC 驱动之上，使用反应式流 API（Reactive Streams API）从数据库中获取流式的数据。

当我编写本书时，大多数流行 RDBMS 的异步数据库驱动依然处于开发之中，特性尚未完备。它们可能并没有提供这类系统所必需的丰富功能。这些技术可能会经历快速的变更，与其花工夫研究这些技术，还不如关注更加通用的用例：借助可靠的工具集，实现关系型数据库的优化访问。

2．配置 Play 进行数据库的同步访问

从 2.4 版本开始，Play 以 HikariCP 作为连接池来管理数据库连接。连接池能够用来优化建立连接和维护连接相关的成本。大多数关系型数据库（或它们的驱动）在借助连接进行通信时都是同步的，也就是说，我们发送一个查询，然后要在相同的连接上获取结果。这意味着 JVM 中执行语句的线程是与数据库连接相对应的。我们无法让多个线程同时与一个连接进行对话，如果前一个查询尚没有答复，客户端就发送一个新的语句，那么数据库就无法确定客户端到底想要什么，我们也无从判断某个结果属于哪一个查询。

相对于数据库连接的存活时间，提交语句到数据库的线程存活时间要更短一些。因为这些连接的创建成本高昂，所以对它们进行跨线程复用（一个接一个地进行使用）就是很有价值的事情，这也正是像 HikariCP 这样的池所做的事情。

在估算要提供多少个线程用于数据库交互时，我们要考虑数据库连接池本身要设置成多大，毕竟这两个数字之间存在一定的关联。在 HikariCP 的文档上有一篇非常棒的文章，该文讨论了连接池的规模[1]。它与我们在第 1 章所讨论线程池大小有很多相似之处，文章得出了类似的结论：尽管看起来有悖常理，但小连接池的确能够比大连接池获得更好的性能，因为这些连接能够实现真正并行操作的数量依赖于实际的 CPU 核心数。

在多核架构成为主流之前，连接池的规模依然会比较小。PostgreSQL 项目讨论了这个话题，并给出了一个公式，在确定连接池大小时，我们可以以它作为起点[2]：

```
connections = ((core_count * 2) + effective_spindle_count)
```

其中，

- connections 代表连接池的规模；
- core_count 代表核心的实际数量，不考虑超线程的情况；
- effective_spindle_count 代表硬盘驱动器（主轴）的数量。

按照这个公式，假设我们的服务器是四核 CPU 并且具有一块硬盘驱动（或者搭建了一个 RAID 1 环境），在配置连接池方面，一个比较好的起点就是（4 × 2）+ 1 = 9 个连接。

引用了 PostgreSQL 的文档如下：

这里有一个公式，多年来，它达到了很多的基准要求，那就是为了实现最佳的吞吐量，要将活跃连接的数量设置为大约（（core_count * 2）+ effective_spindle_count）。即便我们可能会启用超线程的功能，但 core_count 不应该包含 HT（hyperthreaded，超线程）线程。如果活跃的数据集是完全缓存的，

---

[1]　Brett Wooldridge, "About Pool Sizing,"，参见 Github 官网。
[2]　PostgreSQL wiki 上的 "How to Find the Optimal Database Connection Pool Size"参见维基百科官网。

那么 effective_spindle_count 的值应该是零；如果缓存的命中率下降，就将其设置为实际主轴（spindle）的数量……目前，还没有分析在 SSD 环境下这个公式的运行状况如何。

这对于线程池配置或者 Play 应用所使用的 ExecutionContext 来说，所带来的影响就是我们要配置一个专门的线程池，它会对应最大的可用连接数。这么做的原因也是显而易见的：如果线程数量少于可用连接，那么这些连接只会用到其中的一部分；如果线程数量更多，那么多个线程可能会竞争同一个连接（这可能也会对性能带来负面影响）。

现实世界中的连接池大小设置 尽管这个公式能够让我们快速起步，但是它不能替代我们针对特定应用和部署环境的连接池大小调优。在这个过程中，FlexyPool 工具是非常有用的，因为它能够监控池并提供了动态调整大小的功能。

我们首先创建一个新的 Play 项目。在搭建完成之后，编辑 conf/application.conf 文件，将其修改为程序清单 7.1 所示的样式。

程序清单 7.1 数据库配置样例

```
db.default.driver="org.postgresql.Driver"
db.default.url="jdbc:postgresql://localhost/chapter7"    ◁——JDBC 连接字符串
db.default.user=user
db.default.password=secret
db.default.maximumPoolSize=9           ◁—— 连接池的最大值

contexts {
    database {
        fork-join-executor {
          parallelism-max=9            ◁—— 池中最大的活跃线程数量
        }
    }
}
```

为了使用所配置的上下文，我们创建一个 app/helpers/Contexts.scala 文件，如程序清单 7.2 所示。

程序清单 7.2 数据库 ExecutionContext 配置

```
package helpers

import play.api.libs.concurrent.Akka
import scala.concurrent.ExecutionContext

object Contexts {
  val database: ExecutionContext =
    Akka.system.dispatchers.lookup("contexts.database")
}
```

通过这个上下文，我们在运行数据库语句时，能够使用一个大小最优的池。

关于虚拟化环境 如果你在一个虚拟化环境中运行应用，很重要的一点就是要知道节点能够访问的实际 CPU 核心数量。如果有 4 个虚拟核心，但是只对应一个真正核心，那么将连接和线程池的值设置为 10 并不会带来太多的帮助。

关于多节点环境　如果你计划将应用部署到多个前端节点上，可能会采用弹性的方式，根据负载的变化会增加或移除节点。在这种环境下，需要记住的一点就是，要确保数据库服务器能够足以应对连接的总量。

3．数据库模式的创建与演化

现在，我们继续上一章所构建的应用，使用上面搭建的基础设施来跟踪服务中的用户。在这些样例中，我会使用 PostgreSQL 数据库，并让 Play 负责处理模式的演化。你也可以选择使用其他的数据库，不过要调整对应的连接字符串，同时还需要相应的连接驱动。我之所以选择 PostgreSQL，是因为它是最先进的开源数据库。

首先，我们需要确保在 build.sbt 文件中有正确的依赖关系：Play 对 jdbc 的支持以及 PostgreSQL 连接器（根据你所运行的数据库版本调整相应的连接器版本）：

```
libraryDependencies ++= Seq(
  jdbc,
  evolutions,
  "org.postgresql" % "postgresql" % "9.4-1201-jdbc41"
)
```

接下来，需要创建 chapter7 数据库。通过 PostgreSQL 命令行客户端，我们可以使用如下的命令来实现：

```
create database chapter7;
```

现在，我们需要创建数据库模式。Play 提供了管理模式演化的功能，在团队协同工作时，这是非常有用的（即便是单独一人工作，如果要在不同分支间前后切换，它也是很有用的）。创建 conf/evolutions/default/1.sql 文件，如程序清单 7.3 所示。

程序清单 7.3　创建初始化数据库模式的演化文件，包含了 user 表

```
# --- !Ups
CREATE TABLE "user" (                          要升级到该版本的模式时，需要运行的语句
    id bigserial PRIMARY KEY,
    email varchar NOT NULL,
    password varchar NOT NULL,
    firstname varchar NOT NULL,
    lastname varchar NOT NULL
);
                                               要从该版本降级需要运行的语句
# --- !Downs
DROP TABLE "user";
```

如果你运行应用并通过浏览器访问，Play 将会提示，是否想要应用这些模式演化。

所有后续的文件应该按照顺序进行命名（2.sql、3.sql、4.sql 等），Play 将会使用这

些文件名来执行未应用的演化，或者降级为某一个之前的模式版本。如果你想要使用测试数据，通过演化文件进行数据的插入或删除也是不错的主意，因为这些数据很可能会依赖于当前的模式。

4. 搭建 jOOQ 代码生成功能

为了对数据库执行语句，我们将会使用 jOOQ 库。目前，有很多可用的数据库访问库，但是在多层应用中，评判数据库访问性能的最重要标准依然是相同的：发送到服务器端的 SQL 查询的数量和质量。即便整个通信链都是异步的，聚合查询（aggregated query）的执行时间也是最重要的，而这直接依赖于要执行多少次查询以及查询执行的情况。

很多库在 SQL 方言（SQL dialect）之上进行了抽象，却忽略了数据库之间是有差异的，数据库会提供大量数据操作和检索的特性，这些特性通常要优于应用层面的数据转换。更糟糕的是，这些抽象机制自动生成的查询可能会非常糟糕，与非自动生成且精心编写的查询相比，它们的执行时间可能会有数量级级别的差距。

采用通用的查询，然后将结果数据在数据库之外进行转换，这通常并不是一个好主意，下面列出了其他 4 个原因：

- 将数据库中的数据传输到应用中会对延迟造成负面影响，这跟要处理的数据是成比例的；
- 盲目地检索数据（例如，执行"SELECT *"语句或者检索表中所有列，因为它们默认就是按照这种方式映射的）会阻碍数据库进行很多优化，例如基于成本的优化器（cost-based optimizer）所能实现查询优化[1]；
- 一些特定的操作为了提升速度，会在数据库内存之中执行，但是无法获取执行这些操作所需的元数据；
- 无法捕获数据操作相关的性能统计数据，如果能获取到这些数据，数据库就可以根据这些统计数据自动优化语句的执行。

我们非常关心系统在面对负载时的执行情况，所以将会特别关注应用的技术栈中这个经常被大家所忽略的领域。

jOOQ 提供了一种类型安全的编写 SQL 的方式，能够支持所有类型的数据库方言。它不是基于 SQL 进行抽象，而是提供了一个流畅的 API，尽可能地模仿 SQL，并且根据所使用数据库的不同提供了专门版本的 DSL，从而能够应对厂商特定的语句。要使用这个 API，我们首先需要搭建 jOOQ 的代码生成功能，它会生成必要的代码，这些代码以 DSL 的形式描述了表和字段。

首先，我们要将 jOOQ 添加到项目中，添加如下依赖到 build.sbt 文件：

```
libraryDependencies ++= Seq(
  // ...
```

---

[1] 参见 Oracle 9i 数据库性能调优指南和参考中的 "Introduction to the Optimizer" 部分.

```
    "org.jooq" % "jooq" % "3.7.0",
    "org.jooq" % "jooq-codegen-maven" % "3.7.0",
    "org.jooq" % "jooq-meta" % "3.7.0")
```

接下来，为代码生成器（code generator）搭建配置。创建 conf/chapter7.xml 文件，如程序清单 7.4 所示。

程序清单 7.4　代码生成器的配置

```xml
<?xml version="1.0" encoding="UTF-8" standalone="yes"?>
<configuration xmlns="http://www.jooq.org/xsd/jooq-codegen-3.7.0.xsd">
  <jdbc>
    <driver>org.postgresql.Driver</driver>
    <url>jdbc:postgresql://localhost/chapter7</url>
    <user>user</user>
    <password>secret</password>
  </jdbc>
  <generator>
    <name>org.jooq.util.ScalaGenerator</name>
    <database>
      <name>org.jooq.util.postgres.PostgresDatabase</name>
      <inputSchema>public</inputSchema>
      <includes>.*</includes>
      <excludes></excludes>
    </database>
    <target>
      <packageName>generated</packageName>
      <directory>app</directory>
    </target>
  </generator>
</configuration>
```

最后，为了生成代码，配置 build.sbt 文件，创建自己的生成任务，如程序清单 7.5 所示。

程序清单 7.5　配置用于代码生成的 sbt task

定义 task 的实现以及对上下文的依赖（基础目录、类路径等）

声明 generateJOOQ sbt task

```
    val generateJOOQ = taskKey[Seq[File]]("Generate JooQ classes")

    val generateJOOQTask = (baseDirectory, dependencyClasspath in Compile,
      runner in Compile, streams) map { (base, cp, r, s) =>
        toError(r.run(
          "org.jooq.util.GenerationTool",
          cp.files,
          Array("conf/chapter7.xml"),
          s.log))
        ((base / "app" / "generated") ** "*.scala").get
      }

    generateJOOQ <<= generateJOOQTask
```

返回生成的文件，这样我们就能使用这个 task 作为 sbt 源码生成器

运行 GenerationTool，并将配置文件作为参数提供进来

装配 task 的实现到 task key 中

现在，一切就绪，我们可以在命令行中运行新创建的 generateJOOQ，并将看到如下

的输出：

```
[CH07] $ generateJOOQ
[info] Updating {file:/Users/manu/Book/public-code/CH07/}ch07...
[info] Resolving jline#jline;2.11 ...
[info] Done updating.
[info] Running org.jooq.util.GenerationTool conf/chapter7.xml
[success] Total time: 2 s, completed May 4, 2015 10:30:54 AM
```

另外，我们还会在 app/generated 下面看到很多生成的源文件。

这还不够细致，如果想要看一下内部究竟发生了什么，我们可以将 jOOQ 日志记录器添加到日志配置中，修改 conf/logback.xml 文件如下所示：

```
<logger name="org.jooq" level="INFO" />
```

这样，我们就能更细致地了解代码生成过程中所发生的情况。

5. 使用 jOOQ 插入数据

我们现在有了数据库和 jOOQ DSL（它们已经准备就绪可以使用了，唯一缺少的原料就是数据！我们需要先解决这个问题，在启动时，如果没有数据，就向数据库中插入一条默认的用户记录。

创建 app/modules/Fixtures.scala 文件，如程序清单 7.6 所示。

程序清单 7.6　在启动时，通过 jOOQ 插入示例用户

```
package modules

import javax.inject.Inject
import com.google.inject.AbstractModule
import org.jooq.SQLDialect
import org.jooq.impl.DSL
import play.api.db.Database
import play.api.libs.Crypto
import generated.Tables._                                        ← 导入生成的 Table 类，以便于
                                                                    在 DSL 中使用
class Fixtures @Inject() (val crypto: Crypto, val db: Database)
  extends DatabaseFixtures{
  db.withTransaction { connection =>                             ← 从 Play 的 DB 辅助类中获取事务
    val sql = DSL.using(connection, SQLDialect.POSTGRES_9_4)     ← 使用 JDBC 连接创建 jOOQ DSLContext
    if (sql.fetchCount(USER) == 0) {                             ← 通过 jOOQ 检查已有用户的数量
      val hashedPassword = crypto.sign("secret")
      sql
        .insertInto(USER)
        .columns(                                               ← 使用 jOOQ 流畅的 API 构建 INSERT 语句
          USER.EMAIL, USER.FIRSTNAME, USER.LASTNAME, USER.PASSWORD
        ).values(
          "bob@marley.org", "Bob", "Marley", hashedPassword
        )
        .execute()                                              ← 执行语句
    }
  }
}
```

```
trait DatabaseFixtures

class FixturesModule extends AbstractModule {
  override def configure(): Unit = {
    bind(classOf[DatabaseFixtures])
      .to(classOf[Fixtures]).asEagerSingleton
  }
}
```

现在，将这个模块添加到 application.conf 中，添加如下这行代码：

```
play.modules.enabled += "modules.FixturesModule"
```

太棒了！在重启应用之后，我们就能在数据库中插入用户了。需要注意的是，我们用 Play 内置的 Crypto 库来对密码进行 hash 操作——application.conf 中定义的应用 secret 就是为了实现这个目的的，所以如果你想使用这个库，不要忘了这个配置。（你可能会希望使用一个更健壮的方式来存储密码，比如 blowfish cipher。）

6. 编写第一个 jOOQ 查询

搭建用户数据的目的在于能够进行用户认证。接下来，我们编写一个 Action，它能够基于凭证信息（credential）检查用户是否存在。添加如下的 login action 到 controllers/Application.scala 控制器中，如程序清单 7.7 所示。

程序清单 7.7　在 login 方法中查询用户

使用 Play 内置的 Database API 初始化数据库连接

将所有用户提取到 User Record 类型的类中，这个类是由 jOOQ 生成的

使用事务来创建 jOOQ DSLContext

以响应的方式展现结果

```
import play.api.db._
import play.api.i18n.{MessagesApi, I18nSupport}
import org.jooq.SQLDialect
import org.jooq.impl.DSL
import generated.Tables._
import generated.tables.records._

class Application(val db: Database, val messagesApi: MessagesApi)
  extends Controller with I18nSupport {
    def login = Action { request =>
      db.withConnection { connection =>
        val context: DSLContext =
          DSL.using(connection, SQLDialect.POSTGRES_9_4)
        val users = context.selectFrom[UserRecord](USER).fetch()
        Ok(users.toString)
      }
    }
}
```

我们所编写的第一个查询并不复杂，它只是列出 jOOQ 返回的所有用户。在 conf/routes 文件中添加对应的路由：

```
GET /login controllers.Application.login(email, password)
```

现在，在浏览器中访问该 Action，我们能够看到查询结果已经进行了很好的格式化：

```
+----+-------------+----------------------------+---------+--------+
| id|email        |password                    |firstname|lastname|
+----+-------------+----------------------------+---------+--------+
|   1|bob@marley.org|14E65567ABDB5D0CFD9A76...EE7|Bob      |Marley  |
+----+-------------+----------------------------+---------+--------+
```

7. 搭建登录表单并执行认证

我们现在已经入门了，接下来编写一个简单的登录表单。首先，创建 app/views/login.scala.html 文件，如程序清单 7.8 所示。

程序清单 7.8　登录表单页的实现

```
@(form: Form[(String, String)])(implicit messages: Messages) ◁────  将表单作为输入
                                                                     参数，Messages
                                                                     API 作为隐式参数
@form.globalError.map { error => ◁──── 展现全局的表单
    <p>@error.message</p>              错误
}

@helper.form(controllers.routes.Application.authenticate()) {  ◁────
    @helper.inputText(form("email"))                                 定义调用认证
    @helper.inputPassword(form("password"))                          Action 的表单
    <button type="submit">Login</button>
}
```

接下来，在 Application 控制器中定义 login Action，如程序清单 7.9 所示。

程序清单 7.9　定义 login Action 和表单

```
import play.api.data._
import play.api.data.Forms._

class Application(val db: Database, val messagesApi: MessagesApi)
  extends Controller with I18nSupport {
    // ...

    def login = Action { implicit request =>
      Ok(views.html.login(loginForm))
    }

    val loginForm = Form(  ◁────
      tuple(                      定义包含 E-mail 和密码域的登录表单
        "email" -> email,
        "password" -> text
      )
    )
}
```

接下来，添加 login Action 到路由文件中，并将 authenticate 方法从 GET 修改为 POST。现在，我们就能够展现和提交表单了，但是还缺少实际的功能。

剩下需要做的就是得到通过表单提交的数据，并借助用户提供的 E-mail 和密码对数

据库执行查询。调整 Application 控制器，让它检查表单提交的数据，如程序清单 7.10 所示。

程序清单 7.10　通过所提供的凭证信息，查询数据库进行认证

在登录表单上
展现校验错误

根据所提供的凭证信
息，执行查询获取符合
条件的第一个用户

基于请求体绑定
所提交的表单

如果没有用户符合所提供的凭证，
设置一个全局的错误信息

```
def authenticate = Action { implicit request =>
  loginForm.bindFromRequest.fold(
    formWithErrors =>
      BadRequest(views.html.login(formWithErrors)),
    login =>
      db.withConnection { connection =>
        val sql = DSL.using(connection, SQLDialect.POSTGRES_9_4)
        val user = Option(sql
          .selectFrom[UserRecord](USER)
          .where(USER.EMAIL.equal(login._1))
          .and(USER.PASSWORD.equal(crypto.sign(login._2)))
          .fetchOne())

        user.map { u =>
          Ok(s"Hello ${u.getFirstname}")
        } getOrElse {
          BadRequest(
            views.html.login(
              loginForm.withGlobalError("Wrong username or password")
            )
          )
        }
      }
  )
}
```

完工！我们只是简单地查询数据库，寻找匹配的记录，如果能找到一条记录，就展现出这个用户的名字。

我们可以看到，使用 jOOQ 编写 SQL 查询非常简单直接，API 本身就遵循 SQL 的格式。如果你需要数据库特定的功能，那么可以使用对应的 DSL（比如 org.jooq.util.postgres.PostgresDSL），我们也可以只使用简单常规的 SQL[1]。

8．使用正确的 ExecutionContext

细心的读者可能已经观察到了，在上面的程序中，我并没有使用程序清单 7.2 所构建的 ExecutionContext。这当然不是最优的做法，因为目前的数据库查询是运行在 Play 默认的上下文中的。这是我们应当尽量避免的，因为这种类型的调用是阻塞的。

为了使用我们精心设计的配置，需要将访问数据库的代码块修改成特定的 database 执行上下文。我们创建一个辅助类来实现该功能，因为要使用 jOOQ 的 DSLContext 来查询数据库，我们可以选择只将它暴露给客户端代码如程序清单 7.11 所示。

1　参见 jOOQ 用户指南中的"Plain SQL"页面：http://mng.bz/IP42

程序清单 7.11 定义辅助查询方法

```
package helpers

import java.sql.Connection
import play.api.Play.current
import scala.concurrent.Future

class Database @Inject() (db: play.api.db.Database) {
  def query[A](block: DSLContext => A): Future[A] = Future {
    db.withConnection { connection =>
      val sql = DSL.using(connection, SQLDialect.POSTGRES_9_4)
      block(sql)
    }
  }(Contexts.database)
}
```

定义高阶函数，这个函数使用 A 进行参数化，接收从 Connection 转化为 A 的函数作为参数，并返回 Future[A]

创建 jOOQ DSLContext

在数据库连接的上下文中调用函数

将自定义的 database ExecutionContext 显式地传递进来，这样 Future 会基于它来执行

这个辅助方法会让封装的代码基于 database 执行上下文，而不是 scope 中的其他 ExecutionContext。这样能带来两个方面的好处：数据库操作能够在一个具有合适大小的上下文中执行，并且会使用专门针对数据库操作的单独执行上下文，从而确保如果连接因为某种原因出现永久阻塞，不会影响到应用的其他操作。

在 Application 控制器的 authenticate 方法中，要使用这个辅助类替换对 DB.withConnection 的直接调用。确保移除 import play.api.db.Database 语句，注入新的 Database 作为替换，另外还要调整 authenticate Action 使用 Action.async，因为这个全新的 Database.query 辅助类返回的是 Future。

关于 JDBC 连接和异步操作的提示

正如我们在本章开始所讨论的那样，JDBC 连接并不是线程安全的，严格来说，当多个线程并发地与同一个连接对话时，数据库很可能并不知道该如何处理。如果组合使用数据库连接和 Future 时，那么需要保证在 Future 中访问连接，而不是采用其他方式，如下所示：

```
val futureResult = Future {
  db.withConnection { connection =>
    // do something with the connection
  }
}
```

不要这样做：

```
val futureResult = db.withConnection { connection =>
  Future { connection =>
    // do something with the connection
  }
}
```

7.1.2 使用 Play session 保持客户端状态

为了让用户在提交完表单之后就处于登录后的状态，我们需要将用户已登录的信息存储在某个地方。Play 有一种客户端 session 的机制，它会使用应用的 secret（定义在 conf/application.conf 文件中）进行签名，为了达成我们的目的，这里将会使用这项机制。

在第 4 章中，我们讨论过如何使用过滤器来自定义 Play 标准的请求处理管道。其实还有另外一种流行的方式，那就是创建自定义的请求和 Action，这也是我们下面将要介绍的内容。将程序清单 7.12 中的代码添加到 app/controllers/Application.scala 文件的结尾处。

程序清单 7.12　为认证功能创建自定义的请求和 Action

声明自定义的请求，对于不同类型的请求体，它必须参数化为账号信息

使用 Play 所定义的 ActionBuilder 声明新的 Action

```scala
case class AuthenticatedRequest[A](
  userId: Long, firstName: String, lastName: String
)
object Authenticated extends ActionBuilder[AuthenticatedRequest]
  with Results {
```

混入 Results 特质，这样在后面就能使用 Redirect 结果了

实现 invokeBlock，当 Action 收到请求时，它会被调用

```scala
  override def invokeBlock[A]
    (request: Request[A],
     block: (AuthenticatedRequest[A]) => Future[Result]
  ): Future[Result] = {
  val authenticated = for {
```

使用 jOOQ 生成的代码获取字段的名称

```scala
    id <- request.session.get(USER.ID.getName)
    firstName <- request.session.get(USER.FIRSTNAME.getName)
    lastName <- request.session.get(USER.LASTNAME.getName)
  } yield {
    AuthenticatedRequest[A](id.toLong, firstName, lastName)
  }
```

基于 session 中获取到的内容构建 Authenticated Request

通过传入的 Authenticated Request 来调用 Authenticated Action 体

```scala
  authenticated.map { authenticatedRequest =>
    block(authenticatedRequest)
  } getOrElse {
    Future.successful {
      Redirect(routes.Application.login()).withNewSession
    }
  }
  }
}
```

如果 session 中不包含所需的参数，将会重定向到登录页，并且会带有一个全新的 session，原先可能存在的错误 session 会全部失效

自定义的请求进行了参数化，这样就允许处理不同类型的请求体。我们在第 4 章曾经看到过 Play 会使用类型系统对请求进行编码。ActionBuilder 机制允许我们创建自定义的 Action，还可以使用自定义的请求，如果我们想要为每个请求存储稍后会用到的状态，这种方法是很有用的。

现在，有了一种方式能够显式要求用户需要进行认证，接下来我们用它来构建 index

Action。首先，在 app/views/index.scala.html 中定义一个简单的 index 视图模板：

```
@(firstName: String)

Hello @firstName !
```

　　然后，将 index Action 添加到 Application 控制器中：

```
def index = Authenticated { request =>
  Ok(views.html.index(request.firstName))
}
```

　　不要忘记在 conf/routes 文件中添加针对"/"的路由。

　　要让这种机制运行起来，最后一件需要做的事情就是在登录的时候初始化 session。在已有的 authenticate 方法中，将成功登录的结果替换为如下的结果：

```
Redirect(routes.Application.index()).withSession(
  USER.ID.getName -> u.getId.toString,
  USER.FIRST_NAME.getName -> u.getFirstname,
  USER.LAST_NAME.getName -> u.getLastname
)
```

　　withSession 方法会分配一个新的 session，其中包含了一组键-值对，这些值随后可以进行检索。

　　这样就完成了！如果现在访问应用程序的根目录，你应该会被重定向到登录页面。登录成功后，将会重定向到 index 页面，Play 的 session cookie 会被设置好。

正确使用 Session

　　Play 的 session 过期会由配置来进行控制。例如，如果你想要 session 在两个小时之后过期，那么在 application.conf 中添加 session.maxAge=2h。

　　Play 客户端 session 的大小受限于 cookie 的大小，也就是 4KB，因此 session 并不适合像其他服务端 session 那样作为缓存来使用。一般来说，我们的目标是让客户端 session 越单薄越好，稍后我们将会看到如何使用服务端缓存。

　　Session 安全　Play 使用 application.conf 中定义的应用 secret 对 session cookie 进行签名。通过这种机制，我们能够防止 cookie 的内容被篡改，或者更严重 cookie 伪造。需要确保永远不要将应用的 secret 泄露出去，比如不要将它放到公开的源码管理仓库中。

7.1.3　使用分布式缓存保持服务端状态

　　到目前为止，我们只是在客户端 session 中保存了关于用户的简单 key 信息。但是，如果我们想要访问更多的数据，而且用户模型随着时间的推移，越来越复杂，该怎么办呢？当然，我们可以查询数据库来获取数据，但是这样的话，应用的性能很可能会受到影响——对于每种用户相关的请求都要查询数据库，这种方案并不理想。

在 Play 应用中缓存数据，有很重要的一点需要记住，那就是反应式 Web 应用的非共享哲学。某个节点可能随时因各种原因（扩展、崩溃等）而消失，所以存储在服务端的所有类型的数据都要对所有节点可见，而不仅是当前节点。

Play 提供了一个缓存插件，它可以有多个不同的实现。默认实现是基于 EHcache 的，但是我们在这里会使用 memcached，这是一个高性能的基于内存的缓存。它听起来可能并不像更"年轻"的内存缓存或 key-value 存储新潮，但是它的优势在于非常稳定可靠并且易于安装。对我们来说，比较幸运的是，有一个名为 play2-memcached 的插件，可以很容易地集成 memcached。

首先在 build.sbt 中添加如下的依赖：

```
resolvers += "Spy Repository" at "http://files.couchbase.com/maven2"

libraryDependencies += Seq(
  // ...
  cache,
  "com.github.mumoshu" %% "play2-memcached-play24" % "0.7.0"
)
```

然后，调整 Play 的配置，禁用默认插件，最后建立到 memcached 的连接：

```
play.modules.enabled+=
  "com.github.mumoshu.play2.memcached.MemcachedModule"

# To avoid conflict with Play's built-in cache module
play.modules.disabled+="play.api.cache.EhCacheModule"

# Well-known configuration provided by Play
play.modules.cache.defaultCache=default
play.modules.cache.bindCaches=
  ["db-cache", "user-cache", "session-cache"]

# Tell play2-memcached where your memcached host is located at
memcached.host="127.0.0.1:11211"
```

配置已经完成，现在我们就可以使用缓存来存储整个用户了。

在程序清单 7.12 创建的 Authenticated 对象中，添加 fetchUser 方法，如程序清单 7.13 所示。

程序清单 7.13　从缓存获取用户的方法，如果缓存未命中，就从数据库中获取

```
import play.api.cache.Cache

def fetchUser(id: Long) =
  Cache.getAs[UserRecord](id.toString).map { user =>      ◁  使用标识符作为 key，从缓存中检索用户
    Some(user)
} getOrElse {
  DB.withConnection { connection =>
    val sql = DSL.using(connection, SQLDialect.POSTGRES_9_4)
    val user = Option(
      sql                                                      如果缓存未命中，从数据库中查询用户
        .selectFrom[UserRecord](USER)
        .where(USER.ID.equal(id))
```

```
      .fetchOne()
  )
  user.foreach { u =>
    Cache.set(u.getId.toString, u)  ←——  将检索到的用户放到缓存中
  }
  user
}
}
```

我们首先尝试从缓存中获取用户信息，如果缓存未命中，那么会在数据库中进行查询，并将它的值放到缓存中（从而减少下一次查询所消耗的时间）。

练习 7.1

调整 AuthenticatedRequest，使其包含 UserRecord，而不是仅包含姓名。在 Authenticated Action 中使用这个 fetchUser 方法来检索用户。

缓存的命名空间　在一个扁平化的 key-value 缓存中，比较好的做法是对 key 进行命名空间管理。例如，如果你想要缓存其他类型的元素，而不仅仅是用户信息，最好的方式是在用户实体上添加 "user." 前缀，比如 user.42。对于递增生成的标识符，这尤为重要，因为不同类型的记录有可能会发生标识符冲突。

7.2 命令查询职责分离与事件溯源

在本章的第二部分，我们将会探讨一种架构模式，这种模式在构建高吞吐的应用中正变得越来越流行。命令查询职责分离与事件溯源（Command and Query Responsibility Segregation and Event Sourcing，CQRS/ES）模式会将数据的写入与读取分隔到单独的进程和存储系统中，从而使系统更易于扩展[1]。这样做的效果就是减少数据存储系统的争用，从而实现更高的性能，但是会牺牲读取的一致性，写入的数据不会立即更新，这就是所谓的最终一致性状态。

因此，这种模式并不适合所有类型的应用，例如，如果没有信用限制机制，我们可能不希望在线银行系统采用最终一致性的模式，但是它确实适合很多的场景。我们将会看到，除了能够扩展支持大量的并发读取和写入操作，它还能够作为数据变化的审计线索，这要归功于不可变的、只能进行插入操作的事件存储（event store）。

7.2.1 Twitter SMS 服务

在第 5 章和第 6 章中，我们开始构建了一个 Twitter 分析服务，它能够进行简单的

---

[1] Martin Fowler 在名为 "CQRS" 的博客文章（发表于 2011 年 7 月 14 日）中，阐述了 CQRS 以及如何与 ES 协同使用。

统计计算,能够看到某个用户的关注者数量随时间的变化情况,还能计算某条 tweet 的影响力。为了让服务实现盈利,我们将它的功能进行扩展,使其面向那些严重依赖 Twitter 的人,即便是在撒哈拉沙漠中旅行,这些人也无法完全脱离 Twitter。在这些场景中,网络连接情况会非常差,唯一能够与外部连接的方式可能就是借助 SMS 的卫星电话了。将每条 tweet 信息都通过卫星电话发送过来可能也没有太大的用处,相反,服务需要能够对重要用户的时间线执行特定类型的聚合,让这些用户指定他们想要接收那些通知。

市场研究显示,可能有数百万用户正在等待使用我们的服务,所以,我们希望能够通过 CQRS/ES 架构进行扩展,如图 7.2 所示。

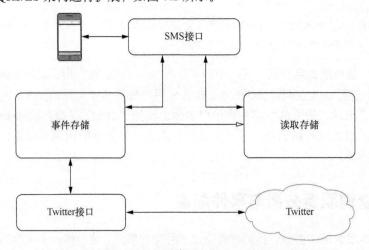

图 7.2　针对 Twitter 重度用户的 Twitter SMS 服务

为了实现该功能,我们需要:

- 使用 MongoDB 存储传入的事件(因为在前面的章节中我们已经用过它);
- 使用 PostgreSQL 作为读取存储;
- 使用 Akka persistence 实现事件溯源;
- 借助 Akka IO,利用 Telnet 模拟与 SMS 的交互(这并不是最理想的做法,但是它有着同样复古的风格,就暂且这样使用了)。

据此所生成的 Actor 层级结构如图 7.3 所示。

1. 应用搭建与监管

SMSService 是监管 Actor,它会作为系统中大部分组件的父 Actor。如果有必要,它会负责处理其他组件的故障。

2. 传入的客户端调用

SMS 通信是通过 socket 连接来模拟的,SMSServer 会监听传入的连接。对于每个新的客户端连接（我们将会使用 Telnet 建立连接），它都会创建新的 SMSHandler 子 Actor，这个子 Actor 会处理特定连接的通信（这也意味着系统中会有多个 SMSHandler 实例，在图 7.3 中没有进行体现，因为如果这样做，这个图就会太拥挤了）。这一部分将会通过 Akka IO 库来实现，它会负责处理低层级的连接细节。

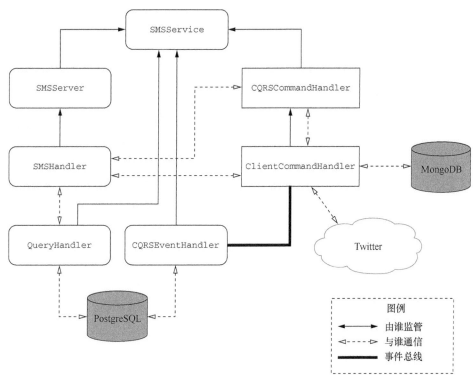

图 7.3 CQRS 系统的 Actor 层级结构

3. 命令的处理

Telnet 客户端可以发送命令给我们的服务，例如可以订阅一个主题，当自己在 Twitter 被提及时，会收到提醒。这样做完之后，当他们的名字在 Twitter 中被提及时，就到收到一条 SMS 消息。

特定客户端的 Twitter 状态（通过电话号码进行标识）要比该客户端的 Telnet 连接（它们可能会断开连接，随后再重建连接并希望能够继续使用我们的服务）存活时间更长，所以它应该保存到一个长期存活的 Actor 中。ClientCommandHandler 会保持状态并处理特定客户端的所有命令。

ClientCommandHandler 是由父 Actor CQRSCommandHandler 所创建的，这个父 Actor 会转发 SMSHandler 收到的所有命令。ClientCommandHandler 和 CQRSCommandHandler

都是持久化 Actor，这意味着当 JVM 重启时，它们会持有自己的状态。在我们的应用中，状态会持久化到 MongoDB 中。

4．处理查询

Telnet 还可以对服务发起查询，比如询问他们的 Twitter 用户名在一天之内被提及了多少次。这些查询会被 SMSHandler 转发到 QueryHandler 上，后者会从 PostgreSQL 中查询数据。

5．事件溯源

为了回答客户端的查询，我们需要为 PostgreSQL 提供数据。ClientCommandHandler 会为相关客户端的每条合法命令触发事件，比如客户端订阅自己的 Twitter 提及信息，或者当有新的 tweet 提到了该用户名。这些离散的事件会通过 Akka 事件总线广播。CQRSEventHandler 监听总线并决定如何处理这些事件，它们会进行转换并写入到 PostgreSQL 中，这样就能通过关系型数据库模型进行访问了，该模型适合进行高级的报表查询，如图 7.4 所示。

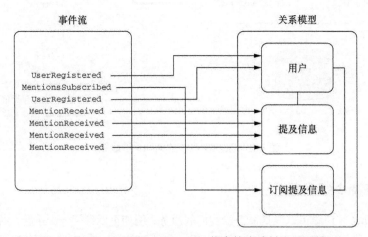

图 7.4　使用 CQRSEventHandler 将事件流映射为关系模型

在 CQRS/ES 架构中，CQRSEventHandler 起到了中心的作用：它将事件模型中离散的事件转换成数据，这些数据可能会对应于关系模型中的多张表。直接查询事件存储可能不太现实，因为它的数据模型可能不适合高级的报告查询。更为重要的是，在事件存储中引入读取/写入竞争会影响系统的性能。

我们首先构建"模拟"SMS 网关，然后创建用于处理传入事件的持久化 Actor，它的后端会使用 MongoDB。最后，我们会将这些事件写入 MongoDB 中。

7.2.2　搭建 SMS 网关

　　为了和用户使用 Telnet SMS 进行交互，我们需要监听传入的连接并处理它们。首先在 build.sbt 中为应用添加必要的库：

```
libraryDependencies ++= Seq(
  // ...
  "com.ning" % "async-http-client" % "1.9.29",
  "joda-time" % "joda-time" % "2.7",
  "com.typesafe.akka" %% "akka-persistence" % "2.4.0",
  "com.typesafe.akka" %% "akka-slf4j" % "2.4.0"
)
```

　　就像在第 6 章中所介绍的那样，我们需要日志功能正常运行。在 conf/application.conf 中调整日志配置，如程序清单 7.14 所示。

程序清单 7.14　配置日志绑定

```
akka {
  loggers = ["akka.event.slf4j.Slf4jLogger"]
  loglevel = "DEBUG"
  logging-filter = "akka.event.slf4j.Slf4jLoggingFilter"
}
```

　　接下来，我们在 conf/logback.xml 文件中添加所需的配置，为 actors 包启用 DEBUG 日志级别。添加如下的 logger 元素：

```
<logger name="actors" level="DEBUG" />
```

　　然后，我们需要有一个 Actor 监听传入的连接。创建具有如程序清单 7.15 所示的 app/actors/ SMSServer.scala 文件。

程序清单 7.15　实现服务端 Actor，监听传入的连接

```
package actors

import java.net.InetSocketAddress
import akka.actor.{Props, ActorLogging, Actor}
import akka.io.Tcp._
import akka.io.{Tcp, IO}                          导入 Akka IO 所需
                                                  的 ActorSystem
                                                                      让 Akka IO 绑定 localhost
                                                                      6666 端口的 socket
class SMSServer extends Actor with ActorLogging {
  import context.system

  IO(Tcp) ! Bind(self, new InetSocketAddress("localhost", 6666))

  def receive = {
    case Bound(localAddress) =>
      log.info("SMS server listening on {}", localAddress)
                                                                   处理 socket 成功
                                                                   绑定的场景
    case CommandFailed(_: Bind) =>
      context stop self
                                          处理 socket 无法绑定的场景，
                                          此时会进行放弃处理
    case Connected(remote, local) =>
```

```
    val connection = sender()
    val handler =
      context.actorOf(Props(classOf[SMSHandler], connection))
    connection ! Register(handler)  ◄─────
  }
}
```

通过 Akka IO
子系统注册
处理器

为客户端连接创建新的处理
器，创建子 SMSHandler 并将
客户端连接传递给它

Akka IO 对通道（channel）和选择器（selector）这些低层次的组件进行了抽象，提供了无锁的 IO 连接，在本例中是基于 TCP/IP 的。我们在上文中搭建了一个服务器，使其监听 localhost 的 6666 端口，后面就可以连接到这个地址了。

现在，已经可以接受连接了，我们需要 SMSHandler 来处理传入的客户端消息（这个处理器会处理某个连接的所有消息）。创建 app/actors/SMSHandler.scala 文件，如程序清单 7.16 所示。

程序清单 7.16　处理传入 SMS 消息的 Actor

```
package actors

import akka.actor.{ActorLogging, Actor}
import akka.io.Tcp._

class SMSHandler(connection: ActorRef)
  extends Actor with ActorLogging {

  def receive = {
    case Received(data) =>
      log.info("Received message: {}", data.utf8String)
      connection ! Write(data)
    case PeerClosed =>
      context stop self
  }
```

处理接收到
的数据

将收到的数据打印出来（编
码为 ByteString），假定它
是 UTF-8 类型的字符串

将传入的消息
返还到连接中

处理客户端的连
接断开事件

第一个版本的处理器中，只是先将传入的消息打印出来，然后将内容重新返还给发送者。数据编码为 ByteString，这是一个不可变的数据结构，目标在于减少对传入数据进行切片（slicing）和切块（dicing）操作时的数组复制。

现在进行测试，创建 SMSService，它会在 prestart 中初始化 SMSServer，对于它所接收到的消息，暂时不进行处理。

为了使用 SMSService，我们要使用 Play 的依赖注入功能将其注入进来。在 app/actors/SMSService.scala 文件中声明 SMSService 的同时，通过程序清单 7.17 创建一个模块。

程序清单 7.17　Play 通过依赖注入初始化 SMSService Actor

```
package actors

import javax.inject.Inject
```

```
import akka.actor.{ActorLogging, Actor, Props}
import com.google.inject.AbstractModule
import helpers.Database
import play.api.libs.concurrent.AkkaGuiceSupport

class SMSService @Inject() (database: Database)
  extends Actor with ActorLogging {
  // the implementation is left to the reader
}
class SMSServiceModule extends AbstractModule with AkkaGuiceSupport {
  def configure(): Unit =
    bindActor[SMSService]("sms")
}
```

借助依赖注入，在 Actor 的构造器中装配依赖

混入 AkkaGuiceSupport 特质，为 Actor 提供依赖注入工具

为 SMSService Actor 声明绑定，其名称为 "sms"。这个名称将用来对绑定进行命名，同时会作为 Actor 的名称

不要忘记在 application.conf 文件中声明这个模块，就像在第 6 章中那样，添加下面这行代码：

```
play.modules.enabled += "actors.SMSServiceModule"
```

在本例中所使用的 Actor 系统是独立的，所以我们不需要将 Actor 注入到任何地方，当应用启动时，它会立即被 Play 以单例的方式进行初始化。但是，如果想要得到 SMSService 的引用，我们可以通过@Named 注解实现这一点：

```
import javax.inject._

class SomeService @Inject() (@Named("sms") sms: ActorRef)
```

在应用运行之后（不要忘记将其在浏览器中打开，否则它不会启动！），然后我们就可以使用 Telnet 连接服务器并像下面这样发送消息：

```
» telnet localhost 6666
Trying 127.0.0.1...
Connected to localhost.
Escape character is '^]'.
Hello from the desert
Hello from the desert
```

好了！我们现在进入下一步并持久化一些数据！

7.2.3 通过持久化 Actor 编写事件流

CQRS 结合事件溯源（Event Sourcing）模型的底层理念就是在命令得到校验之后，就将其转换事件。只有在事件被写入之后，域状态的内存表述才能进行修改。通过这种方式，如果对所有事件按顺序回放，就能恢复到相同的状态。

Akka persistence 为 Actor 模型提供了扩展，实现了这一原则。持久化 Actor 的两种操作模型如图 7.5 所示。

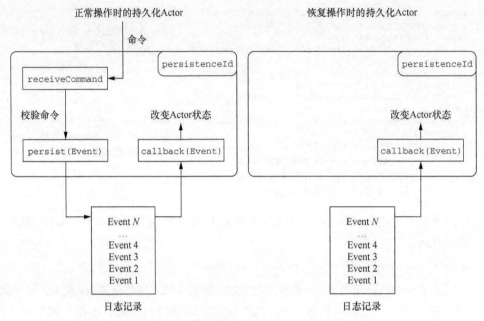

图 7.5 持久化 Actor 的两种操作模型

持久化 Actor 的功能与正常 Actor 类似，都会发送和接收信息，只不过有一些扩展来处理持久化相关的功能。它有一个 persistenceId，在整个应用中，persistenceId 必须是唯一的，用来存储和检索持久化的事件。

在正常操作时，持久化 Actor 通过它的 receiveCommand 方法接收命令、对它们进行校验，然后调用具有如下签名的 persist 方法：

```
final def persist[A](event : A) (handler : A => Unit): Unit
```

当事件成功持久化到事件日志记录（event journal）中之后，会针对该事件调用回调处理器，然后进行响应，比如改变持久化 Actor 的状态。通过这种方式，我们能够确保只有写入到日志记录中的事件才能影响 Actor 的状态。

这种机制能够允许我们在持久化 Actor 崩溃之后对它的状态进行恢复。在重启之后，持久化 Actor 就会进行恢复。在恢复时，日志记录中的所有事件都会按顺序重放，这样能够让 Actor 重建其内部状态。

就监管而言，这些持久化 Actor 需要由一个在它们出现故障或系统重启时能够对它们进行重建的 Actor 所监管。

状态快照 有些 Actor 可能已经收到过很多的事件，为了加速它们的恢复，我们可以采用持久化 Actor 的状态快照。在恢复时，首先重放最新的快照，然后重放在快照捕获之后所发生的事件。在本书中，我们不会使用快照，但是了解其存在还是有用的。

在样例中，CQRSCommandHandler 和 ClientCommandHandler 是两个持久化 Actor。我们首先定义命令和事件（它们代表了领域的模型），然后再转而实现持久化 Actor。

首先，在 app/actors/Messages.scala 文件中定义 Command 和 Event 特质，同时定义第一个命令-事件对，如程序清单 7.18 所示。

程序清单 7.18 命令和事件定义

```
package actors

import org.joda.time.DateTime

trait Command {
  val phoneNumber: String
}
trait Event {
  val timestamp: DateTime
}

case class RegisterUser(phoneNumber: String, userName: String)
  extends Command
case class UserRegistered(
  phoneNumber: String,
  userName: String,
  timestamp: DateTime = DateTime.now) extends Event

case class InvalidCommand(reason: String)
```

接下来，我们建立 CQRSCommandHandler 监管者，它是一个持久化 Actor。这个 Actor 负责将信息转给负责给定电话号码的 ClientCommandHandler，如果该号码还没有对应的处理器，就创建一个，如程序清单 7.19 所示。

程序清单 7.19 实现 CQRSCommandHandler

```
package actors

import akka.actor._
import akka.persistence._
import scala.concurrent.duration._

class CQRSCommandHandler extends PersistentActor with ActorLogging {

  override def persistenceId: String = "CQRSCommandHandler"

  override def receiveRecover: Receive = {
    case RecoveryFailure(cause) =>
      log.error(cause, "Failed to recover!")
    case RecoveryCompleted =>
      log.info("Recovery completed")
    case evt: Event =>
      handleEvent(evt)
  }

  override def receiveCommand: Receive = {
    case RegisterUser(phoneNumber, username) =>
      persist(completed(phoneNumber, username))(handleEvent)
```

处理恢复期间的故障，这里只是将其记录下来

在恢复过程中，处理回放的事件

处理恢复操作顺利完成的场景

以 UserRegistered 事件的形式持久化注册用户，并在回调中调用 handleEvent 函数

将消息转发至已有的
ClientCommandHandler

```
case command: Command =>
  context.child(command.phoneNumber).map { reference =>
    reference forward command
  } getOrElse {
    sender() ! "User unknown"
  }
}
```

如果电话号码未知，则返回一个错误，根据该标识符无法获取子 Actor 时，会出现这种情况

创建 ClientCommandHandler，使其作为子 Actor

```
def handleEvent(event: Event, recovery: Boolean): Unit =
  event match {
    case registered @ UserRegistered(phoneNumber, userName, _) =>
      context.actorOf(
        props = Props(
          classOf[ClientCommandHandler], phoneNumber, userName
        ),
        name = phoneNumber
      )
      if (recoveryFinished) {
        sender() ! registered
      }
}
```

将电话号码和用户名作为 ClientCommandHandler 的构造器参数

如果不是处于恢复过程中的话，通知客户端注册已完成

在恢复阶段（receiveRecover 方法中），我们会接收到多个不同类型的消息，比如恢复失败的通知、恢复完成的通知，当然还有最重要的，即当前正在回放的事件。我们很可能需要对这些事件做出反应，就像它们第一次创建时那样，这也是为什么我们定义了 handleEvent 方法，将事件的处理放到了一个单独的地方。

在 persist 的回调方法中，我们调用 handleEvent 创建子 Actor ClientCommandHandler，确保这个事件已经保存到了日志记录之中。如果出现崩溃的情况，这个事件会回放，从而让子 Actor 再次创建，这些子 Actor 又会运行它们的日志记录来恢复自己的状态。

　　保证消息的接收　Akka persistence 会确保调用 persist 时，不会有其他的外部消息抵达这个 Actor。这就意味着在 persist 函数的回调中，如果需要，我们可以放心地使用 sender()方法。

最后，不要忘记将 CQRSCommandHandler 实例化为 SMSService Actor 的子 Actor，并将其命名为 "commandHandler"。

7.2.4　配置 Akka 持久化，写入到 MongoDB 中

我们的事件需要写入到 Akka persistence 所管理的日志记录中，它提供了一个插件接口，用来支持不同类型的存储。在这里，我们使用 akka-persistence-mongo 插件，将事件写入 MongoDB 中。

我们首先要完成下面的事情：

■ 在 build.sbt 中添加该插件，这需要添加 "com.github.ironfish" %% "akka-persistence-mongo-casbah" % "0.7.6"依赖；

- 移除之前对 akka-persistence 的依赖（将会以传递性依赖的方式选择当前的版本）；
- 移除之前对 akka-slf4j 的依赖（akka-persistence-mongo-casbah 插件还没有使用 Akka 2.4.0，这也就意味着日志配置不需要这个库了）。

现在，所需的库都已经准备就绪（不要忘记重新加载项目），剩下的就是在 conf/application.conf 中进行配置：

```
akka.persistence.journal.plugin = "casbah-journal"
casbah-journal.mongo-journal-url =
  "mongodb://localhost:27017/sms-event-store.journal"
casbah-journal.mongo-journal-write-concern = "journaled"
```

这样就可以了！通过这个环境，事件将会写入 MongoDB 的 sms-event-store 数据库中，具体来说会写入"journal"集合中。配置中的 journaled write-concern 意味着如果能够成功插入到 MongoDB 的 journal 集合中，MongoDB 就将插入操作视为成功，这个过程中没有创建副本（根据所创建的系统不同，你可以提升副本的等级）。

7.2.5 处理传入的命令：订阅用户在 Twitter 被提及的通知

现在，我们进入了服务的核心。我们想要为用户提供的一个基础功能就是开启 SMS 通知，当该用户在时间线中被提及时，他就会收到通知。添加如下的命令到 app/actors/Messages.scala 文件中：

```
case class SubscribeMentions(phoneNumber: String) extends Command
```

接下来，升级 SMSHandler，使其更为有用，如程序清单 7.20 所示。

程序清单 7.20　增强 SMS 处理器，解析和转播消息

```
class SMSHandler(connection: ActorRef)
  extends Actor with ActorLogging {

  implicit val timeout = Timeout(2.seconds)
  implicit val ec = context.dispatcher

  lazy val commandHandler = context.actorSelection(
    "akka://application/user/sms/commandHandler"
  )

  val MessagePattern = """[\+]([0-9]*) (.*)""".r        ← 声明模式以匹配
  val RegistrationPattern = """register (.*)""".r          传入的消息
                                                       ← 声明模式以匹配
  def receive = {                                          合法的注册命令
    case Received(data) =>
      log.info("Received message: {}", data.utf8String)
      data.utf8String.trim match {                      发送 RegisterUser 命令
        case MessagePattern(number, message) =>          给对应的命令处理器
          message match {
            case RegistrationPattern(userName) =>
              commandHandler ! RegisterUser(number, userName)  ←
        case other =>
          log.warning("Invalid message {}", other)
```

```
          sender() ! Write(ByteString("Invalid message format\n"))
      }
  case registered: UserRegistered =>
    connection !
      Write(ByteString("Registration successful\n"))
  case InvalidCommand(reason) =>
    connection ! Write(ByteString(reason + "\n"))
  case PeerClosed =>
    context stop self
  }
}
```

如果注册成功，答复成功信息

如果命令不合法，将结果转播回去

现在，我们只能接收具有合法格式的消息，会拒绝其他的消息。合法的注册命令会发送给命令处理器，由处理器对其进行处理，也就是让客户端订阅来自 Twitter 上的提及信息。

练习 7.2

现在轮到你实现 ClientConnectionHandler 了，尤其是如何订阅在 Twitter 中被提及的请求。实现该功能的计划如下：

① 在 SMSHandler 中处理 SubscribeMentions 命令，与用户注册的命令类似。它将会被 ConnectionHandler 转发到对应的 ClientCommandHandler 上；

② 将 ClientCommandHandler 实现为持久化 Actor，将电话号码作为构造器参数传递进来，并用它来作为 persistentIdentifier；

③ 持久化 MentionsSubscribed 事件（需要事先校验该客户端尚未订阅，如果已经订阅的话，所接收到的 SubscribeMentions 命令就是不合法的），只有在事件持久化完成之后，才能进行下一步的处理；

④ 因为无法得到来自 Twitter 的推送通知，所以我们需要使用调度器按照一定的时间间隔去查询 Twitter，然后按照一定的时间间隔将消息发送给 ClientCommandHandler，例如将时间间隔设置为 10 秒钟（在第 6 章中我们已经看到过如何使用调度器）；

⑤ 使用 Twitter 的查询特性来获取提起指定用户的 Tweet（与前面的章节类似，不要忘记将 WS 库添加到项目的构建中，并使用 Twitter 的认证凭证）。我们只关心新的提及信息，所以需要跟踪第一次订阅的时间或者最新取到的提及信息，将其放到一个特定的字段中，然后将其与提及 Tweet 的创建时间进行对比。为了解析所返回 tweet 的 created_on 字段中的日志格式，我们可以使用 Joda-Time 的 DateTimeFormat，类似这样：DateTime- Format.forPattern("EEE MMM dd HH:mm:ss Z yyyy").withLocale(Locale.ENGLISH)；

⑥ 将每条新的提及信息以新事件的方式进行存储，在存储完成后，将这条新的提及信息通知给 SMSHandler，然后 SMSHandler 会将其转发给客户端连接；

⑦ 如果你想更进一步，可以模拟 SMS 投递的确认，这需要 SMSHandler 为每条新的提及信息响应一条 AcknowledgeMention 消息，并且持久化一个 MentionAcknowledged 事件代表该确认信息。引入 ConnectUser 命令，代表移动电话已经连接进入了网络中，然后基于该连接发送所有未确认的提及信息。为了能让它正常运行，我们需要保持一个未确认提及信息的列表。

稍待片刻，然后继续！这个练习要比之前的练习更长也更难，但是完成之后，你会对如何使用持久化 Actor 及其环境有更好的理解。如果你觉得比较困难，可以查阅在 GitHub 上查阅本章的源码。

在练习的最后，我们能够注册服务并接收到新提及消息的通知，如下所示：

```
» telnet localhost 6666
Trying 127.0.0.1...
Connected to localhost.
Escape character is '^]'.
+43676123456 register elmanu
Registration successful
mentioned by @elmanu: @elmanu Testing Twitter mentions
```

7.2.6　将事件流转换为关系模型

在 CQRS 中 Q 代表查询（query），接下来，我们看一下如何搭建环境来执行查询。在这个过程中，所查询的数据不会影响到写入端。将写入模型和查询模型拆分开会带来几个很有意思的好处。

首先，如果服务变得特别成功，对读取模型的查询不会影响到系统写入数据的能力，通过使用这种架构，读取-写入竞争能够大幅度缓解。

其次，如果需要，我们可以修改读取模型，而不会危及正在运行的系统。我们所需要做的就是回放感兴趣的事件日志，并将其写入新的读取模型中。完成之后，我们就可以切换过去，这样就为我们提供了一个优雅的升级路径。实际上，多个不同的写入模型可以并存，分别对应于领域的不同方面。

这种方式的代价就是读取侧的延迟。正如前文所述，对实时数据的查询需要直接针对持久化 Actor 进行查询，因为它们持有最新的状态。但是很多类型的查询，尤其是跟报表和分析相关的查询，即便数据不是 100%的实时，也是完全可以的。

在接下来的内容中，我们将会使用 Akka 内置的 EventStream 将事件转换进入到关系型数据库中。根据需求的不同，这种方式可以通过其他的消息队列来进行完善，比如使用 RabbitMQ。

我们要跟踪 3 种类型的事件：新用户的注册、订阅我们所提供的 Twitter 提及通知服务以及 Twitter 上的提及信息本身。对于后面的两种事件，在发布到总线之前，我们需要提供一些元数据，也就是电话号码和用户的信息，它们并不是原始事件的一部分。

首先，添加如下的新事件类型到 Messages.scala 中：

```scala
case class ClientEvent(
phoneNumber: String,
userName: String,
event: Event,
timestamp: DateTime = DateTime.now
) extends Event
```

接下来，我们想要把这些事件发布到全局的事件总线上。这非常容易，所以我只展现一个样例，即 RegisterUser 事件。在 CQRSCommandHandler 中，调整 handleEvent 方法，如程序清单 7.21 所示。

程序清单 7.21   发布事件到 Akka 内置的事件流上

```scala
def handleEvent(event: Event): Unit = event match {
  case registered @ UserRegistered(phoneNumber, userName, _) =>
    // ...
    if (recoveryFinished) {
      sender() ! registered
    context.system.eventStream.publish(registered)    ←─ 发布事件到事件流
  }
}
```

对 MentionsSubscribed 和 MentionReceived 事件采取相同的操作，不过需要将它们包装到一个 ClientEvent 封装器中（Registered 事件并不需要该封装器，因为消息中已经包含了电话号码和 Twitter 用户名）。

接下来，需要构建关系型模式，它代表了我们想要保存的数据。创建内容如程序清单 7.22 所示的 conf/evolutions/default/2.sql 文件，然后重启并访问应用使其生效。

程序清单 7.22   创建读取模型的演化脚本

```sql
# --- !Ups

CREATE TABLE "twitter_user" (
  id bigserial PRIMARY KEY,
  created_on timestamp with time zone NOT NULL,
  phone_number varchar NOT NULL,
  twitter_user_name varchar NOT NULL
);

CREATE TABLE "mentions" (
  id bigserial PRIMARY KEY,
  tweet_id varchar NOT NULL,
  user_id bigint NOT NULL,
  created_on timestamp with time zone NOT NULL,
  author_user_name varchar NOT NULL,
  text varchar NOT NULL
);

  CREATE TABLE "mention_subscriptions" (
  id bigserial PRIMARY KEY,
  created_on timestamp with time zone NOT NULL,
  user_id bigint NOT NULL
)

# --- !Downs

DROP TABLE "twitter_user";
DROP TABLE "mentions";
DROP TABLE "mention_subscriptions";
```

最后同样重要的是，我们需要将事件流上得到的值写入数据库中。首先，在 app/helpers/ Database.scala 中创建新的 withTransaction 辅助类，它的作用与程序清单 7.11 中的 Database.query 方法相同，只不过调用的是底层的 DB.withTransaction 方法，它的优势在于事务关闭之前会自动进行提交。

在辅助类准备就绪之后，我们需要构建 CQRSEventHandler，它会将相关的事件写入数据库中。创建 app/actors/CQRSEventHandler.scala 文件，如程序清单 7.23 所示。

程序清单 7.23 在 CQRSEventHandler 中，将事件写入关系模型中

```
package actors

import java.sql.Timestamp
import akka.actor.{Actor, ActorLogging}
import helpers.Database
import generated.Tables._
import org.jooq.impl.DSL._

class CQRSEventHandler(database: Database)          订阅所有匹配 Event 特质的
  extends Actor with ActorLogging {                消息，将其投递给该 Actor

  override def preStart(): Unit = {
    context.system.eventStream.subscribe(self, classOf[Event])
  }

  def receive = {
    case UserRegistered(phoneNumber, userName, timestamp) => // TODO
    case ClientEvent(phoneNumber, userName,
      MentionsSubscribed(timestamp), _) =>
        database.withTransaction { sql =>
          sql.insertInto(MENTION_SUBSCRIPTIONS)          创建 INSERT INTO ...
            .columns(                                   SELECT 语句
              MENTION_SUBSCRIPTIONS.USER_ID,
              MENTION_SUBSCRIPTIONS.CREATED_ON
            )
            .select(
              select(
                TWITTER_USER.ID,
                value(new Timestamp(timestamp.getMillis))   使用 value 方法插入
              )                                             事件戳作为常量值
              .from(TWITTER_USER)
              .where(
                TWITTER_USER.PHONE_NUMBER.equal(phoneNumber)
                .and(
                  TWITTER_USER.TWITTER_USER_NAME.equal(userName)
                )
              )
            )
        ).execute()
      }
    case ClientEvent(phoneNumber, userName,
      MentionReceived(id, created_on, from, text, timestamp), _) =>
        // TODO
  }
}
```

创建 SELECT 语句（select 方法是通过通配符导入的 DSL 类提供的）

这个代码会将接收到的事件直接写入对应的表中。在本例中，我们的域模型非常简单，但是也可以使用更复杂的涉及写入多张表的域。不管是什么情况，jOOQ 都能帮助我们编写合法的 SQL。

为了让 CQRSEventHandler 能够运行起来，我们需要传递一个 Database 辅助类的实例到 Actor 层级模型中，并将其注入 Actors 模块中。

> **jOOQ 数据转换**　jOOQ 允许我们为各种数据类型声明自定义的转换器，比如为时间戳定义转换器。

> **使用 SQL 的优势**　通过使用 INSERT...SELECT 语句，我们能够减少数据库和应用之间的一次往返（round trip）查询。数据复制的整个过程发生在数据库中，避免了应用和数据库之间的往返查询。这能够减少线程的使用和整体的负载。

练习 7.3

为 UserRegistered 和 MentionReceived 事件编写缺失的插入语句。

7.2.7　查询关系模型

通过使用全新的关系数据库模型，我们能够获得服务的更多信息：

- 统计一天或过去一周被提及的数量；
- 在服务的所有用户中，为提及次数最多的用户进行排名；
- 统计两个独立用户之间的关联性；
- 每天、每周或每月中，提及数量最多的时间段；
- 提及服务随时间推移用户订阅量的变化；
- 用户连接到服务的频率。

现在，我们更进一步，为用户提供最近被提及了多少次的信息。首先，添加如下的 Query 消息到 app/actors/Messages.scala 文件中：

```
trait Query
trait QueryResult
case class MentionsToday(phoneNumber: String) extends Query
case class DailyMentionsCount(count: Int) extends QueryResult
case object QueryFailed extends QueryResult
```

接下来，创建 app/actors/CQRSQueryHandler.scala Actor，如程序清单 7.24 所示。

程序清单 7.24　CQRSQueryHandler 与 Postgres 的交互

```
package actors

import akka.actor.Actor
import helpers.Database
import generated.Tables._
import org.jooq.impl.DSL._
```

```
import org.jooq.util.postgres.PostgresDataType
import akka.pattern.pipe
import scala.concurrent.Future
import scala.util.control.NonFatal

class CQRSQueryHandler(database: Database) extends Actor {

  implicit val ec = context.dispatcher

  override def receive = {
    case MentionsToday(phoneNumber) =>
      countMentions(phoneNumber).map { count =>
        DailyMentionsCount(count)
      } recover { case NonFatal(t) =>
        QueryFailed
      } pipeTo sender()
  }

  def countMentions(phoneNumber: String): Future[Int] =
    database.query { sql =>
      sql.selectCount().from(MENTIONS).where(
        MENTIONS.CREATED_ON.greaterOrEqual(currentDate()
          .cast(PostgresDataType.TIMESTAMP)
        )
        .and(MENTIONS.USER_ID.equal(
          sql.select(TWITTER_USER.ID)
            .from(TWITTER_USER)
            .where(TWITTER_USER.PHONE_NUMBER.equal(phoneNumber)))
        )
      ).fetchOne().value1()
    }
}
```

在发生查询故障时，通过发送 QueryFailed 消息进行恢复

将结果以流的方式发送到请求的 SMS 处理器上

获取今天的被提及数据

转换变量类型

根据给定的电话号码，使用子查询获取用户的数据库标识

最终所形成的查询具有与如下原生 PostgreSQL 查询相同的语义：

```
select count(*)
from mentions
where created_on >= now()::date
and user_id = (select id from twitter_user where phone_number = '1')
```

可以看到，对于 jOOQ 的 DSL 来说，创建子查询和使用原生的类型转换功能都不是什么问题。

练习 7.4

通过 SMSHandler 将 CQRSQueryHandler 插入通信链中：

① 在 SMSService 中初始化 Actor，并将其命名为 queryHandler；

② 在 SMSHandler 的 handleMessage 方法中处理接收到的 MentionsToday 查询，比如响应针对"今天被提及的消息"的查询；

③ 在 receive 方法中处理接收到的 DailyMentionsCount，将答案中继发送至 connection。

完工！完成之后，我们就可以发送 SMS 信息给服务，检索过去一天中所提的次数：

```
~ » telnet localhost 6666
Trying 127.0.0.1...
Connected to localhost.
```

```
Escape character is '^]'.
+43650123456 mentions today
2 mentions today
```

现在，我们得到的应用将写入端（命令）和读取端（查询）进行了分离，排除了高吞吐量应用最为重要的资源竞争点。正如我们之前所讨论的，这种方式的一个副作用就是最终一致性，但是在本例中，这两者之间存在细小的延迟并不是什么问题。

7.2.8   关于最终一致性

最近，最终一致性变得非常流行，被应用到了很多具有大量用户的社交网络应用中。对于这一领域来说，最终一致性的副作用是可以接受的，因为暂时缺少一点帖子或评论并不会带来严重的影响。而对于在核心中需要强一致性的领域（银行账号、下订单、执行系统等），最终一致性就是一个次优的方案了。但是，对于系统中的哪一部分需要强一致性要有良好的定义——在银行领域，ATM 组合一些可接受的策略（具有撤销限制）就是使用最终一致性的一个样例。

随着 RAM 的价格越来越便宜，将应用的大多数状态放到主内存中也是可行的，如果需要，就去查询实时的应用状态，这样解决了最终一致性的限制，允许我们查询最新的状态。一般而言，在高可用的系统上，最终一致性非常适合执行接近实时的数据分析。

7.3   小结

在本章中，我们看到了在无状态 Play 应用中如何使用状态信息。尤其是，我们讨论如下的内容：
- 配置 Play 进行关系型数据库访问；
- 使用 Play session 处理客户端的状态；
- 使用 memcached 实现服务器端的副本缓存；
- 借助 jOOQ 以类型安全 SQL 的方式与数据库交互。

另外，我们使用 CQRS/ES 架构构建了一个很小的应用：
- 使用 Akka IO 构建命令处理机制；
- 使用 Akka persistence 将事件持久化到 MongoDB 中；
- 利用 Akka 的事件总线，将这些事件以流的方式存入关系型数据库；
- 构建查询端并使用 jOOQ 实现简单的查询。

在下一章中，我们将会为应用添加用户界面，这样就能实时地可视化展现它的用途了。

第 8 章 反应式用户界面

为了监控第 7 章中的 Twitter SMS 服务，我们需要有一个管理仪表盘，这样就能对服务的一些关键性能指标进行可视化。

为了增加开发人员的幸福感，我们将会使用 Scala.js，因为它能够让我们采用一种类型安全的方式编写代码。借助 Scala.js，我们可以编写 Scala 代码，这些代码将会编译为 JavaScript，而且可以使用已有的 JavaScript 库。我们还会用到 AngularJS 框架，图 8.1 阐述了这些组成部分是如何协作的。

为什么要那么麻烦地使用 Scala.js 和 AngularJS，而不是直接使用 JavaScript，不用任何库来编写应用呢？确实，对于一个简单的仪表盘应用，采用这种方式确实有点小题大做，但是本章的目标在于为读者介绍如何组合使用 Scala.js 和已有的 JavaScript 框架，因为从长期来看，这样做能够大幅提高生产效率。Scala.js 能够让我们用一种语言（Scala）编写整个应用，并且它能让客户端代码更加健壮，因为 Scala 编译器会在编译期进行检查。类型安全能够帮助我们避免很多的问题（这些问题在使用动态 JavaScript 编写代码时可能是意识不到的），还可以使用像 IntelliJ IDEA 或 Eclipse 这样的 IDE 进行应用代码的重构。

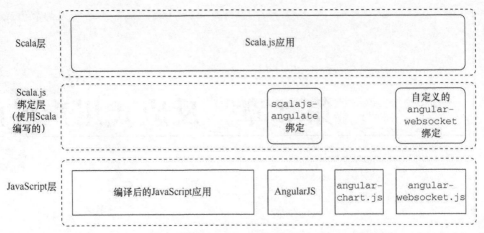

图 8.1 Scala.js 应用是采用 Scala 编写的，借助绑定的功能
使用已有的 JavaScript 库，并最终编译为 JavaScript

除此之外，AngularJS 这样的框架能够帮助我们构建单页 Web 应用和组织客户端代码，还能重用很多已有的框架组件。我们也可以使用其他的 JavaScript 框架来构建这个仪表盘（有很多可选的方案），但是 AngularJS 相对复杂一些的 MVC 架构能够构建更高级的用例。

学习 JavaScript 在本章中，我会引导读者学习如何使用 Scala.js 作为 JavaScript 的替代方案，如果你想自己这样做，我建议你首先学习一下原生的老式 JavaScript，这样能够更深刻理解它是如何运行的。对于 JavaScript 的学习，我推荐读者看一下 Douglas Crockford 的《JavaScript: The Good Parts》（O'Reilly，2008）。

8.1 集成 Scala.js 和 Play

要让我们的应用运行起来，首先需要集成 Scala.js 的源码生成功能到 Play 应用的流程之中。其次，我们还需要配置 Play，让它根据应用是开发模式还是部署模式正确地处理应用的资产，因为这两种模式下资产的处理方式是不同的（开发模式不会进行优化，生产模式会进行优化）。

8.1.1 应用结构

我们的应用将会分为两个逻辑部分：服务端的 Play 应用以及客户端的 Scala.js 应用。Scala.js 应用需要在它自己的 sbt 项目中，从而保证编译声明周期与功能的正确性，所以我们将会搭建该应用，使客户端模块成为主 Play 应用的子模块。

除此之外，因为 AngularJS 框架遵循 MVC 模式，所以客户端需要分为 3 部分，如图 8.2 所示。客户端应用将会通过主 Play 应用的一个模板来进行加载，其中包含了它需要的所有 JavaScript 依赖。

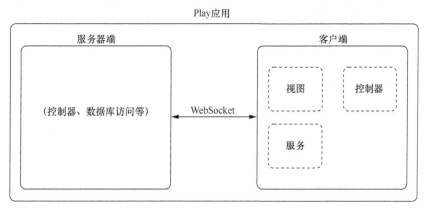

图 8.2　Play Scala.js 应用的结构

首先为这个结构搭建构建管道。

8.1.2　搭建构建流程

Scala.js 的主要任务是将 Scala 编译为 JavaScript 代码，并为已有的 JavaScript 库提供良好的互操作功能。除此之外，它还提供了多项非常有用的特性，包括生成源代码映射（generating source map）以便于浏览器中的调试，还支持在 sbt 构建中配置 JavaScript 库的依赖。通过 npm 或 Bower 发布的 JavaScript 库可以借助 James Ward 的 WebJars 以 JAR 文件的方式进行构建。

为了搭建 Play 项目，可以采用简单 Activator 模板来进行创建，就像在第 2 章中所介绍的做法一样。这样的话，首先创建要使用的视图模板脚手架，然后创建必要的目录，形成如下所示的目录结构：

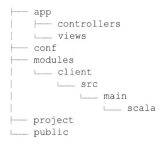

```
├── app
│   ├── controllers
│   └── views
├── conf
├── modules
│   └── client
│       └── src
│           └── main
│               └── scala
├── project
└── public
```

集成 Scala.js 和 Play，需要使用 sbt-play-scalajs 插件，它借助 sbt-web 提供了所有的

配置，能够非常整洁地集成这两项技术。首先，将这个插件添加到 project/plugins.sbt 文件中，如程序清单 8.1 所示。

程序清单 8.1　添加 sbt-play-scalajs 插件到项目中

```
resolvers += "Typesafe repository"
  at "https://repo.typesafe.com/typesafe/releases/"

addSbtPlugin("com.typesafe.play" % "sbt-plugin" % "2.4.3")          标准 Play sbt 插件

addSbtPlugin("com.vmunier" % "sbt-play-scalajs" % "0.2.6")
                                                                    联合 Play 和 Scala.js 技
addSbtPlugin("org.scala-js" % "sbt-scalajs" % "0.6.3")             术的 sbt-play-scalajs sbt
                                      Scala.js sbt 插件              插件
```

接下来，我们将继续搭建 build.sbt 文件，如程序清单 8.2 所示。

程序清单 8.2　为 Play-Scala.js 客户端-服务端应用定义构建过程

定义 sbt-web 管道的各阶段：在本例中，也就是为生产环境生成优化后的 Scala.js 制件

将 Twirl 模板中有助于引用 Scala.js 制件的库包含进来

定义客户端 Scala.js 项目

包含用于 DOM 操作的 scalajs-dom 库

```
lazy val scalaV = "2.11.6"                              定义根 Play 项目

lazy val 'ch08' = (project in file(".")).settings(
  scalaVersion := scalaV,
  scalajsProjects := Seq(client),                      指明哪个项目是 Scala.js 项目
  pipelineStages := Seq(scalaJSProd),
  libraryDependencies ++= Seq(
    "com.vmunier" %% "play-scalajs-scripts" % "0.2.2"
  ),
  WebKeys.importDirectly := true
).enablePlugins(PlayScala).dependsOn(client).aggregate(client)

lazy val client = (project in file("modules/client")).settings(
  scalaVersion := scalaV,
  persistLauncher := true,                             直接导入客户端模块的制
  persistLauncher in Test := false,                    件，而不是将其封装到一
  libraryDependencies ++= Seq(                          个中间性的 WebJar 中
    "org.scala-js" %%% "scalajs-dom" % "0.8.0"
  ),
  skip in packageJSDependencies := false

).enablePlugins(ScalaJSPlugin, ScalaJSPlay, SbtWeb)
                                                        加载 scalajs、scalajs-play
                                                        和 sbt-web 插件
```

Scala.js 将采用 Scala 语言编写的应用代码编译为 JavaScript 代码，同时还会生成一个优化版本的 JavaScript 代码，用于生产环境的部署。sbt-play-scalajs 插件负责这些特殊 Scala.js 资产的处理流程，这样，不管 Play 运行在开发模式还是生产模式，都能正确地访问到这些资产。

包含客户端模块中的制件 稍后，我们可能会希望从根模块访问客户端模块中的制件（比如用于 AngularJS 的 HTML 视图），所以要显式地让 sbt-web 直接导入整个客户端模块，这会用到 WebJars.importDirectly 模块。这个模块能够借助 dependsOn(client)指令所构建的类路径依赖，将客户端项目中的所有制件直接包含进来，而不局限于所生成的制件。

使用 Node. js

为了减少 JavaScript 的编译时间，推荐读者安装 Node.js，否则将会使用 Rhino JavaScript 解释器（interpreter），它的性能非常差。

在安装完 Node.js 之后，添加如下的设置到根项目的 build.sbt 定义文件中：

```
scalaJSStage in Global := FastOptStage,
```

这会导致 Scala.js 使用 Node.js 进行 JavaScript 编译，从而显著提升性能。

8.1.3　创建简单的 Scala.js 应用

现在，应用的结构已经准备就绪，我们用它来实现一些功能，比如展现文本。在默认项目脚手架工具所生成app/views/main.scala.html文件中，添加如下这行代码到</body>关闭标签前面：

```
@playscalajs.html.scripts("client")
```

这样会将 Scala.js 编译生成的正确的 JavaScript 制件包含进来,如果我们在生产模式运行应用，它会自动切换成优化版本的制件。更具体地来讲，在 modules/client/target/scala-2.11/目录下会生成 3 个用于开发模式的文件：

- client-fastopt.js: 优化版本的应用，会在开发期立即生成（还可以生成一个更小版本的文件，但是要耗费更长的时间）；
- client-jsdeps.js: JavaScript 依赖（库）；
- client-launcher.js: 一个 JavaScript 片段，它运行 JSApp 中的 main 方法（稍后将会介绍到）。

接下来，我们展现一些简单的 HTML 来测试 Scala.js。创建或修改 Application 控制器中的 index Action，使其展现 app/views/ index.scala.html 文件，内容如下：

```
@main("Twitter SMS service dashboard") {
  <div>Hello from Twirl!</div>
  <div id="scalajs"></div>
}
```

第二个 div 的内容是故意留空的，我们将会使用 Scala.js 进行填充。创建 modules/client/src/main/scala/dashboard/DashboardApp.scala 文件，如程序清单 8.3 所示。

程序清单 8.3   启动 Scala.js 应用

定义扩展了
JSApp 特质的
应用，使其作
为入口点

实现默认会被调
用的 main 方法

导入 Scala.js 封装器，它允许执
行 JavaScript DOM 操作

重新定义 scalajs
div 的内容

```
package dashboard

import scala.scalajs.js.JSApp
import org.scalajs.dom._

object DashboardApp extends JSApp {
  def main(): Unit = {
    document.getElementById("scalajs").innerHTML =
      "Hello form Scala.js!"
  }
}
```

如果重现加载应用，你会发现两个 div 都已经填充了内容，其中一个是通过 Twirl 模板实现的，另一个是通过 JavaScript 实现的。DashboardApp 是应用的入口，当页面加载时，其 main 方法会被调用。

Scala.js DOM 封装器（wrapper）是围绕原生 DOM 的一个类型安全的门面，它提供了一个静态的类型接口，便于通过 Scala 进行 DOM 操作[1]。你可以尽情地尝试一下它的用法，从而了解如何通过 Scala 开发 JavaScript，这是一种很新奇的体验。

提升用户体验   为了让应用看起来更漂亮一些，你可以使用 Bootstrap。starter 模板很简单但是非常强大，它能够为我们带来一个很漂亮的外观。

在浏览器中调试 Scala.js 应用   Scala.js 会创建源码 map，从而使得在浏览器的开发人员控制台中可以很容易地调试 Scala.js 应用。我们可以测试一下程序清单 8.3 中的样例，让它在 main 方法中抛出一个异常（只需编写 throw new Exception("boom")就可以）。如果你打开浏览器的开发人员控制台，将会出现对 DashboardApp 的引用，指向了异常抛出的代码行。有些 IDE，比如 IntelliJ IDEA，还提供了在 IDE 中通过插件调试客户端的功能，从而能够进一步简化按照这种方式进行客户端应用开发的流程。

8.2   集成 Scala.js 和 AngularJS

构建仪表盘应用的下一步就是集成 AngularJS 框架，这个过程会用到对应的 Scala.js 绑定功能。

8.2.1   搭建 AngularJS 绑定

scalajs-angulate 项目提供了绑定功能，它能够简化 AngularJS 与 Scala.js 组合时的开发过程。更具体地来说，它提供了门面特质（facade trait），允许我们以类型安全的方式访问

---

[1] 参见 Github 官网的 scala-js-dom 页面。

这个库（关于这个特质，我们稍后会深入介绍），除此之外，还提供了一些宏命令（macro），从而能够以 Scala 的方式声明 AngularJS 控制器、服务和其他组件。为了实现 AngularJS 和 Scala.js 的协作，这是我们所需要的胶水代码（glue code）。我们也可以选择不使用绑定功能，但是这将会使开发过程变得很糟糕。

为了集成 scalajs-angulate，我们需要 scalajs-angulate 以及原始的 AngularJS JavaScript 库。编辑 build.sbt 文件，添加如下的库依赖到 client 项目中：

```
libraryDependencies ++= Seq(
  // ...
  "biz.enef" %%% "scalajs-angulate" % "0.2"
)
```

然后，添加如下的 jsDependencies 设置到 client 项目中：

```
jsDependencies ++= Seq(
  "org.webjars.bower" % "angular" % "1.4.0" / "angular.min.js",
  "org.webjars.bower" % "angular-route" % "1.4.0" /
    "angular-route.min.js" dependsOn "angular.min.js"
)
```

jsDependencies 设置允许我们定义对 JavaScript 库的依赖。WebJars 能够自动访问通过 npm 和 Bower 发布的库。最后一个参数定义了要加载 WebJar 中的哪个文件，这个文件会在应用运行时加载到项目中（WebJars 站点列出了每个 WebJar 中都包含哪些文件，所以我们可以判断出要加载的 JavaScript 制件的名称）。dependsOn 标志能够帮助我们指明 JavaScript 库之间的依赖，从而能够按正确的顺序进行加载。

%%%符号 在 libraryDependency 中针对 scalajs-angulate 所使用的%%%符号允许我们将当前 Scala.js 版本编码到依赖中，从而能够跨多个 Scala.js 版本编译 Scala.js 库。它还能够将这些特殊的库（它们实际上包含了要编译为 JavaScript 的代码）与其他类型的 JVM 库区分开来。

8.2.2 创建 AngularJS 应用

接下来，我们创建一个简单的 AngularJS 应用，它目前只能展现一些来自控制器的文本。AngularJS 应用的结构如图 8.3 所示。

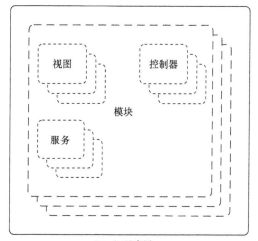

图 8.3 AngularJS 应用的结构

AngularJS 应用包含了如下几部分：

■ 一个或多个模块（module），它们会将控制器、视图、服务等连接起来；

- 控制器，封装视图操作底层的逻辑；
- 视图（view）或局部视图（partial view），展现数据并允许用户输入；
- 服务，负责执行特定的任务，封装高级业务逻辑。

scope 能够实现视图和控制器之间的双向绑定，从而确保这两个组件之间实现良好的关注点分离。

Angular Scope 与双向绑定　Scope 允许我们绑定视图和控制器，只需让视图-控制器共享相同的 scope 即可。就其本身而言，这种机制在 MVC 框架中非常流行。通常而言，这种绑定是单向绑定，也就是控制器设置 scope 的属性，视图负责从中进行读取。而在 Angular 中，视图也可以设置属性并影响它们的值，这就是为什么将其成为双向绑定。视图上的变化会传播到控制器中，控制器会响应这些变化并触发对应的逻辑，不需要我们进行额外的编程。Angular负责在两个方向传播 scope 的变化，保证控制器和视图中的数据是同步的。

这个简单 AngularJS 应用的数据流如图 8.4 所示。首先，在控制器中定义一个 hello 变量，将它绑定到了 scope 上（图 8.4 中❶处）；然后将其展现到视图中（图 8.4 中❷处）。在视图中，单击 "Hello Back" 按钮（图 8.4 中❸处）时，scope 中的 helloBack()方法会被调用，它会在控制器中执行（图 8.4 中❹处），从而在浏览器的 JavaScript 控制台中打印出信息 "Hi"。

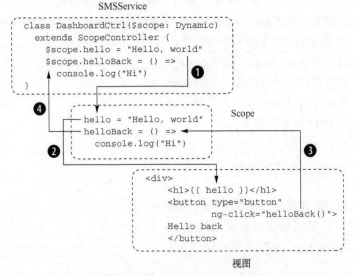

图 8.4　AngularJS scope 双向绑定中的数据流

接下来，我们开始定义应用模块，将 DashboardApp 的内容调整为程序清单 8.4 所示的样式。

程序清单 8.4　初始化 AngularJS 应用模块

```
package dashboard

import biz.enef.angulate.ext.{Route, RouteProvider}
import biz.enef.angulate._
import scala.scalajs.js.JSApp

object DashboardApp extends JSApp {
  def main(): Unit = {
    val module = angular.createModule("dashboard", Seq("ngRoute"))
    module.controllerOf[DashboardCtrl]
    module.config { ($routeProvider: RouteProvider) =>
      $routeProvider
        .when("/dashboard", Route(
          templateUrl = "/assets/partials/dashboard.html",
          controller = "dashboard.DashboardCtrl")
        ).otherwise(Route(redirectTo = "/dashboard"))
    }
  }
}
```

定义 dashboard AngularJS 模块，依赖于 ngRoute 服务

声明 DashboardCtrl 控制器

配置路由服务

这个样例阐述了 AngularJS 的几项核心机制，现在我们详细看一下。

8.2.3　初始化 AngularJS dashboard 模块及其依赖

AngularJS 应用的入口点是一个模块。在程序清单 8.4 中，我们首先声明了 dashboard 模块，它依赖于 dashboard 服务，我们需要通过它来配置路由。

AngularJS 路由会将一个客户端 URL 与一个视图和控制器绑定，所以访问 URL 时，控制器会被加载，视图会根据控制器所提供的数据进行渲染。这种机制非常类似于 Play 中所使用的路由（通过 conf/routes 文件定义），而两者的差别在于客户端路由会使用"hashbang"URL，比如借助 http://localhost:9000/#/dashboard 实现客户端的路由。对于依赖于单页服务端 HTML 部署的应用来说，这是很重要的一个组成部分（浏览器只会加载页面一次，其他的事情都是通过 JavaScript 完成的）。

8.2.4　初始化 Dashboard 控制器

在程序清单 8.4 的第二部分，我们使用 scalajs-angulate 所提供的 module.controllerOf 宏来初始化 DashboardController。这个宏命令会扩展为一个稍微更复杂的定义，并为我们处理好控制器命名的事情。

然后，我们使用 $routesProvider（通过对 ngRoute 服务的依赖注入进来的）来声明 dashboard.DashboardCtrl，后者将会负责 dashboard.html 片段视图（partial view）的渲染。

我们在 modules/client/src/main/scala/dashboard/DashboardCtrl.scala 文件中实现这个控制器，如程序清单 8.5 所示。

程序清单 8.5　DashboardCtrl 的实现

扩展 ScopeController
特质，该特质代表了
具有 scope 的控制器

在 scope 中定
义 hello 变量

```
package dashboard

import biz.enef.angulate._
import org.scalajs.dom._
import scalajs.js.Dynamic

class DashboardCtrl($scope: Dynamic)
  extends ScopeController {
    $scope.hello = "Hello, world"
    $scope.helloBack = () => console.log("Hi")
}
```

声明控制器，将$scope 作为
构造器参数

在 scope 中定义
helloBack 函数

　　在本例中，我们明确声明了 scope。正如之前所述的，AngularJS 依赖于可变的 scope
来提供视图和控制器之间的双向绑定。$scope 是由 AngularJS 注入进来的，我们将其表
述为一个 Dynamic 值。顾名思义，Dynamic 类型允许我们动态读取和写入值，非常类似
于编写 JavaScript。我们还可以显式定义 scope，稍后将会看到如何实现，但是我们现在
在这里使用动态类型。

8.2.5　创建视图片段

　　在这个样例中，我们接下来要实现的视图部分。创建 modules/client/src/main/public/
partials/dashboard.html 文件，如程序清单 8.6 所示。

程序清单 8.6　使用 AngularJS 创建视图片段

在视图中展现 scope 变
量 hello 的内容

```
<div>
    <h1>{{ hello }}</h1>
    <button type="button" ng-click="helloBack()">Hello back</button>
</div>
```

注册 ng-click 事件处理器，当按钮点击
时，将会执行 helloBack() scope 方法

　　双大括号语法能够访问 scope 中的任意值，并且能够执行简单的 JavaScript 表达式
（当然，为了更加易读，它们应该封装到 scope 中的方法里面）。控制器的 scope 中声明
的任意变量或方法都可以通过这种方式访问，当它们的值发生变化时，这些变更会自动
反映到视图上。

8.2.6　在 HTML 中加载 AngularJS 应用

　　要让我们的 AngularJS 应用正常运行起来，还有最后一件事需要做，那就是告诉它
要运行在 DOM 树的哪一部分上。调整 main.scala.html Twirl 模板中的<body>标签为如下

所示：

```
<body ng-app="dashboard">
```

这将会告诉 AngularJS 在加载页面时，要去查找哪个应用。

最后，编辑 app/views/index.scala.html 模板，将 ng-view 属性添加到一个容器上，这样的话，视图片段就能展现在页面的特定部分中，如程序清单 8.7 所示。

程序清单 8.7 声明视图片段要加载到 HTML 结构的哪一部分之中

```
@main("Twitter SMS service dashboard") {
  <div class="container" ng-view>
  </div>
}
```

如果现在运行应用，我们能够看到控制器中定义的 hello 变量会打印在屏幕上，单击 "Hello Back" 按钮会在浏览器控制台上打印一条信息出来。

> **为 Scala.js 集成自定义 scope 类型**
>
> 我们可以自定义 scope 类型，如果你想要实现 scope 更强大的类型化表述，这会是很有用的。你所需要做的就是扩展 Scope 特质并在控制器的构造方法中使用自定义的特质：
>
> ```
> trait DashboardScope extends Scope {
>   var hello : String = js.native
>   var helloBack: js.Function = js.native
> }
> class DashboardCtrl($scope: DashboardScope)
>   extends ScopeController {
>   ...
> }
> ```

8.3 使用 Scala.js 集成已有的 JavaScript 库

Scala.js 主要有两种方式实现与 JavaScript 的交互：一种方式是动态化（使用前面所看到的 Dynamic 类型）；另一种方式是借助静态类型的接口为动态的 JavaScript 函数进行包装，然后提供必要的门面特质。后面这种机制并不是 Scala.js 特有的，在 JavaScript 之上提供静态类型的其他技术都使用了这项机制，比如 TypeScript，它有一个专门为 JavaScript 库进行类型定义的仓库。

在本节中，我们会通过编写自己的门面将已有的 JavaScript 库集成到 Scala.js 中，然后使用它从后端获取数据。

8.3.1 将已有的 JavaScript 库包装为 AngularJS 服务

为了和客户端应用交换数据，我们将会使用 WebSocket。我们不会自己编写连接处理的功能，而是将这项任务委托给 angular-websocket 库，在重新连接时，它会使用指数回退（exponential back-off）算法。[1]

现在，我们来编写门面首先需要决定如何通过 JavaScript 使用这个库。使用这个库建立新的 WebSocket 连接、发送消息到服务器并处理服务器发送过来的数据。如果采用 JavaScript，看起来将会像如下所示：

```
var ws = $websocket('ws://localhost:9000');
ws.send('hello');
ws.onMessage(function(event) {
  console.log(event.data);
});
```

在第一个版本的门面中，我们需要包装 3 个方法：

- 构造器，它会给我们一个已建立好的 WebSocket 连接；
- send 方法，它会返回一个 AngularJS promise；
- onMessage 方法，它有一个可选的 JavaScript 对象来过滤消息。onMessage 方法中所指定的回调会有一个 MessageEvent 类型[2]的参数。

为了构建这个门面，我们还需要为相关的类型提供门面。不过对于我们来说，幸运之处在于我们可以重用已经创建好的门面。AngularJS promise 已经由 scalajs-angulate 包装为 HttpPromise，而 MessageEvent 已经包装为 Scala.js DOM 库的一部分。对于 onMessage 方法的可选对象，我们现在使用简单的动态对象，因为尚不确定是否会用到过滤器这个特性。

添加如下的 JavaScript 依赖到 client 项目的 jsDependencies 中：

```
jsDependencies ++= Seq(
  "org.webjars.bower" % "angular-websocket" % "1.0.13" /
    "dist/angular-websocket.min.js" dependsOn "angular.min.js"
)
```

因为我们想要使用这个库，所以需要将其告知 AngularJS。在 DashboardApp 文件中，创建模块时，添加对 ngWebSocket 的依赖，如下所示：

```
val module =
  angular.createModule("dashboard", Seq("ngRoute", "ngWebSocket"))
```

接下来，创建 modules/client/src/main/scala/dashboard/WebsocketService.scala 文件，如程序清单 8.8 所示。

程序清单 8.8 为 WebSocket 服务实现 Scala.js 门面

```
package dashboard

import biz.enef.angulate.core.{HttpPromise, ProvidedService}
```

---

[1] 参见 Douglas Thain 的博客文章（发表于 2009 年 2 月 21 日）"Exponential Backoff in Distributed Systems"。
[2] 参见 MDN 站点上的 MessageEvent 页面。

使用 apply 方法模拟 angular-websocket 的 JavaScript 构造器

扩展 scalajs-angulate 的 ProvidedService 辅助特质，这样的话，这个服务将会标记为 AngularJS 自动提供的服务

将 onMessage 方法的 callback 参数指定为函数类型，这个函数接受 MessageEvent，并且不返回任何内容

为服务构造器所返回的底层对象定义门面

为返回 HttpPromise 的 send 方法定义类型安全的包装器

将可选的 options 参数声明为动态值

```scala
import org.scalajs.dom._
import scala.scalajs.js
import scala.scalajs.js.UndefOr

trait WebsocketService extends ProvidedService {
  def apply(
    url: String,
    options: UndefOr[Dynamic] = js.undefined
  ): WebsocketDataStream = js.native
}

trait WebsocketDataStream extends js.Object {

  def send[T](data: js.Any): HttpPromise[T] = js.native
  def onMessage(
    callback: js.Function1[MessageEvent, Unit],
    options: UndefOr[js.Dynamic] = js.undefined): Unit = js.native
}
```

可以看到，定义门面本身并不十分复杂——最重要的工作就是识别方法要关联哪种类型。在这个门面中，唯一与 AngularJS 相关联的地方就是使用了 ProvidedService 特质，它会简化服务发现功能，如果想要包装任意的 JavaScript 库，扩展 js.Object 就足够了。

如果你只想要使用某个库的功能子集，没有必要包装所有的方法。为了更好地理解如何使用 Scala.js 表述 JavaScript 的类型，可以参考 Scala.js 关于该主题的文档。

8.3.2　创建为图表获取数据的服务

接下来，我们将会使用 Chart.js 库结合 AngularJS 的 angular-chart.js 包装器实现数据的展现功能。

我们还需要一些数据。为了实现该功能，我们创建 GraphDataService AngularJS 服务，它会用到我们新创建的 WebsocketService。

但是，在构建这个服务之前，我们还需要做一些准备工作。为了绘制线形图，angular-chart.js 预期要接受如下结构的 JSON 对象：

```json
{
  "graph_type": "MonthlySubscriptions",
  "labels": ["January", "February", "March", "April", "May", "June"],
  "series": ['Series A', 'Series B'],
  "data": [
    [65, 59, 80, 81, 56, 55],
    [28, 48, 40, 19, 86, 27]
  ]
}
```

线形图要有一组 X 轴的文本、一些序列（series，在本例中是两组）以及针对每个序列的数据。需要注意的是，graph_type 域并不是库所需要的，但是我们需要它来了解如何在客户端展现图表。

在 Application 控制器中创建 WebSocket 端点，使其监听传入的消息，当请求 MonthlySubscriptions 类型的字符串信息时，就返回这种类型的图。

练习 8.1

采用 jOOQ 技术，从第 7 章的 Twitter SMS 服务中获取订阅数据。你需要像第 7 章中那样，建立数据库连接，然后查询 SUBSCRIPTIONS 表，并返回过去一个月中每天的聚合数据。

WebSocket 端点就绪并能够提供正确格式的数据之后，我们就可以更进一步定义 GraphDataService，它会用到 WebsocketService，如程序清单 8.9 所示。

程序清单 8.9　检索图表所需数据的 AngularJS 服务实现

```scala
package dashboard

import biz.enef.angulate._
import org.scalajs.dom._
import scala.scalajs.js.{Dynamic, JSON}
import scala.collection._

class GraphDataService($websocket: WebsocketService) extends Service
  val dataStream = $websocket("ws://localhost:9000/graphs")

  private val callbacks =
    mutable.Map.empty[GraphType.Value, Dynamic => Unit]

  def fetchGraph(
    graphType: GraphType.Value,
    callback: Dynamic => Unit
  ) = {
    callbacks += graphType -> callback
    dataStream.send(graphType.toString)
  }

  dataStream.onMessage { (event: MessageEvent) =>
    val json: Dynamic = JSON.parse(event.data.toString)
    val graphType = GraphType.withName(json.graph_type.toString)
    callbacks.get(graphType).map { callback =>
      callback(json)
    } getOrElse {
      console.log(s"Unknown graph type $graphType")
    }
  }
}

object GraphType extends Enumeration {
  val MonthlySubscriptions = Value
}
```

在服务的构造器中声明对 Websocket Service 的依赖

使用服务获取 WebSocket 连接

创建空的 map 以存放回调

获取月度的订阅数据，记住回调并发送信息

从 JSON 中读取图类型

尝试查找针对某种信息的对应回调，基于获取到的数据调用它

将不同的图表类型编码为 Enumeration

GraphDataService 使用 AngularJS 的$websocket 标记声明了对 WebsocketService 的依赖（在 AngularJS 中，习惯于将工具类服务加一个美元符前缀，表明它们不是应用核心逻辑的一部分）。我们进行的是异步调用，因此使用回调机制将结果形成的图数据传递给调用者。另外，如果需要，这种机制能够持续地从服务端推送新的图数据到客户端，这对于生成接近实时的报告是很有用处的。

程序清单 8.9 还有很重要的一点需要注意。你可能已经发现了，这个服务的实现非常类似于编写简单的 Scala 类。在这里，只有几个类型能够表明代码会运行在客户端的浏览器中，比如我们使用了 js.Dynamic 类型。除此之外，我们其实无法将其与运行在 JVM 上的服务器端 Scala 服务区别开来。即使 WebsocketService 的 onMessage 方法预期接受一个 js.Function1[MessageEvent, Unit]（正如我们在程序清单 8.8 所定义的），但是在这里我们根本就没有直接看到它。借助 Scala 的隐式转换，我们使用 Scala 定义匿名函数的语法糖，为 onMessage 的预期参数编写函数。

我们甚至可以更进一步，使用 Scala.js Pickling 库来替换 js.Dynamic，并将图数据解析到一个 case 类中供客户端和服务端公用，这样从服务端到客户端就都能享受到编译期的类型安全性了。如果你想要这样做的话，尽可以去尝试一下！

要将数据发送到控制器，还需要几步才能完成。

首先，需要在 DashboardApp 中使用 AngularJS 注册 GraphDataService。要实现这一点，使用 module.serviceOf 方法，就像之前注册 DashboardCtrl 一样。

其次，在 DashboardCtrl 构造器中声明对 GraphDataService 的依赖，并调用 fetchGraph，此时将得到的结果数据打印到 JavaScript 控制台中。

完成了吗？非常好！我们继续介绍如何将图表在屏幕上展现出来。

8.3.3 使用 Chart.js 展现指标数据

为了使用 Chart.js 库展现图表，我们还要做几件事情：

■ 在 build.sbt 中声明必要的依赖；
■ 在 AngularJS 应用中声明对 angular-chart.js 服务的依赖；
■ 定义图表的 HTML 标签并加载数据；
■ 搭建 Play 的 WebJars 机制，便于我们加载库相关的 CSS 样式表。

在 build.sbt 中，首先添加如下两个 jsDependencies：

```
"org.webjars.bower" % "Chart.js" % "1.0.2" / "Chart.min.js"
"org.webjars.bower" % "angular-chart.js" % "0.7.1" /
    "dist/angular-chart.js" dependsOn "Chart.min.js"
```

在 DashboardApp 的模块声明处，添加对 angular-chart.js 的依赖：

```
val module = angular.createModule(
  "dashboard", Seq("ngRoute", "ngWebSocket", "chart.js")
)
```

　　模块的名称通常可以在它的文档中找到，很多服务的名称都是由 "ng" 开头（Angular 的简写形式），但是也有例外，比如我们看到的这个服务。

　　现在，创建一个线图来展现数据，将 dashboard.html 视图片段调整为如程序清单 8.10 所示。

程序清单 8.10　使用 Chart.js 定义线图的 HTML 标签

```
<div>
    <canvas id="line"
        class="chart chart-line"
        data="monthlySubscriptions.data"
        labels="monthlySubscriptions.labels"
        series="monthlySubscriptions.series"
        legend="true">
    </canvas>
</div>
```

　　在程序清单 8.10 中，我们从 monthlySubscriptions 变量中读取数据。需要确保控制器在调用 GraphDataService 获取数据之后，在 scope 中设置了这个变量。

　　此时，我们基本上就可以加载图表了。在此之前，还需要将它变得更美观一些：我们需要加载 angular-chart.js 库所提供的样式表。回到 build.sbt 文件，在 main 项目中，添加如下的依赖到 libraryDependencies：

```
libraryDependencies ++= Seq(
  // ...
  "org.webjars" %% "webjars-play" % "2.4.0",
  "org.webjars.bower" % "angular-chart.js" % "0.7.1"
)
```

　　这里再次依赖了 angular-chart.js 库，因为我们想要加载它所提供的样式表，所以在根项目的类路径下需要能够访问到它。要加载 WebJars 所提供的制件，需要在 conf/routes 上添加一个路由：

```
GET     /webjars/*file              controllers.WebJarAssets.at(file)
```

　　最后，我们可以在 app/views/main.scala.html 中加载样式表：

```
<link
  rel="stylesheet"
  href="@routes.WebJarAssets.at(
    WebJarAssets.locate("angular-chart.css")
  )"
>
```

　　WebJarAssets 辅助工具允许我们指定类路径中的一个文件名，这样它可以通过 WebJarAssets.at Action 加载。

　　完工！在加载应用之后，我们就能看到第 7 章 SMS 服务的一个漂亮图表了，如

图 8.5 所示。

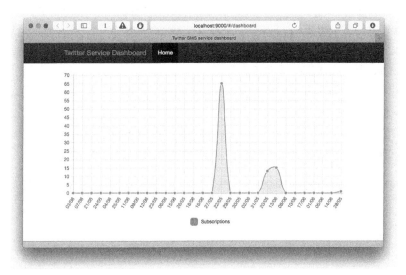

图 8.5　Twitter SMS 服务最近一个月订阅情况的图表

8.4　处理客户端故障

在实现反应式 Web 应用的过程中，除了所有技术挑战之外，最困难的任务之一就是保证用户满意。这不仅包括创建符合用户习惯的界面，还要保证用户能够实时掌握任务运行的情况，尤其是在出现运行问题的时候，更是如此。根据应用的行为不同，有些用户操作可能会消耗更长的时间来执行，我们不应该让用户一直等待执行结果，如果在这个过程中，用户能够继续做其他的事情（在工作流程允许的情况下），这样会更好一些，在他们所执行的操作完成后，系统再给他们通知。

理想情况下，为了保证用户满意，我们应该构建没有缺陷的客户端应用。Scala.js 能够帮助我们实现这一点，因为它结合了类型安全语言的优势，在客户端提供了一个强大的类型系统。

接下来，我们看一下探查问题的方式，以及如何在 Twitter SMS 服务的仪表盘上给用户发送通知。

8.4.1　借助测试防止出现缺陷

对于故障的第一道防线就是创建自动化测试，它能够在应用部署之前就探查到缺陷。Scala.js 的测试基础设施依然在开发之中，但还是有不少可用的测试框架。我们在客户端无法让 Scala.js 使用像 ScalaTest 或 Specs2 这样的服务端框架，因为它们严重依赖

JVM，所以我们会使用 μ Test 库。

首先，在 build.sbt 的 client 项目中添加"com.lihaoyi"%%%"utest"%"0.3.1"%"test"库依赖，并通过设置 testFrameworks += new TestFramework("utest.runner.Framework")，将这个框架配置为测试框架。如果你还没有这样做的话，那么可以切换为使用 Node.js，因为在 Rhino 上运行测试效果并不太好。

其次，要运行测试，还需要安装 PhantomJS，它能够以 headless 的模式运行 Web 测试（也就是在不打开浏览器窗口的情况下进行测试）。

最后，创建 modules/client/src/test/scala/services/GraphDataService Suite.scala 文件，如程序清单 8.11 所示。

程序清单 8.11　测试 GraphDataService

```
package services

import biz.enef.angulate.core.HttpPromise
import dashboard._
import org.scalajs.dom._
import utest._
import scala.scalajs.js
import scala.scalajs.js.UndefOr
import scala.scalajs.js.annotation.JSExportAll

object GraphDataServiceSuite extends TestSuite {
  val tests = TestSuite {
    "GraphDataService should initialize a WebSocket connection" - {
      val mockedWebsocketDataStream = new WebsocketDataStreamMock()
      val mockedWebsocketService: js.Function = {
        (url: String, options: js.UndefOr[js.Dynamic]) =>
          mockedWebsocketDataStream.asInstanceOf[WebsocketDataStream]
      }

      new GraphDataService(
        mockedWebsocketService.asInstanceOf[WebsocketService]
      )

      assert(mockedWebsocketDataStream.isInitialized)
    }
  }
}
@JSExportAll
class WebsocketDataStreamMock {
  val isInitialized = true
  def send[T](data: js.Any): HttpPromise[T] = ???
  def onMessage(
    callback: js.Function1[MessageEvent, Unit],
    options: UndefOr[js.Dynamic] = js.undefined
  ): Unit = {}
  def onClose(callback: js.Function1[CloseEvent, Unit]): Unit = {}
  def onOpen(callback: js.Function1[js.Dynamic, Unit]): Unit = {}
}
```

扩展 TestSuite 特质，使其能够被测试运行器发现

声明测试

使用原始的 JavaScript 函数 mock Websocket Service 构造器

使用 mock 初始化真正的 GraphDataService

将 mock 类的所有公开成员导出给 JavaScript

检查 WebsocketDataStream 是否已经初始化

因为还没有能够与 Scala.js 协作的 mock 库，我们需要在服务上手动 mock 依赖。

Mock 门面特质并不那么简单，我们需要预先做一些准备工作。鉴于 Scala.js 编译的设计，我们不能简单地扩展已有的门面特质并重写实现。相反，我们需要创建单独的 Scala 类作为 mock 类，使用 JSExportAll 注解将其导出到 JavaScript，然后对它们转型为门面特质。

WebsocketService 本身只定义了一个构造器（apply 方法），所以为了 mock 它，我们需要以 JavaScript 函数的形式实现一个构造器 mock，并让它返回模拟的 WebsocketDataStream，其中包含了所有关注的函数。

采用这种手动的方式来进行测试显然比不上原生的 JVM 工具，不过我们还是希望很快会有针对 Scala.js 项目的 mock 库。

如果你在 sbt 控制台运行测试，那么能够看到测试执行并成功的信息。

8.4.2 探测 WebSocket 连接故障

互联网是一个不稳定的地方，如果你构建的应用使用 WebSocket 实现持久化连接，那么连接很可能会时不时地断开。angular-websocket 库有一种自动重连的机制，如果连接意外关闭，会触发该机制。我们需要首先启用这个特性。

在 GraphDataService 中，初始化 WebSocket 连接的地方稍微有所不同：

```
val dataStream = $websocket(
  "ws://localhost:9000/graphs",
  Dynamic.literal("reconnectIfNotNormalClose" -> true)
)
```

在启用这个选项之后，我们可以观察一下它的行为：打开浏览器的开发人员控制台，然后关闭 Play 进程。在 sbt 控制台简单地按下 Ctrl-D 键是不行的，因为这样不仅会优雅地关闭 Play，同时还会关闭 WebSocket 连接，必须强制退出进程，比如在基于 Unix 的操作系统下执行 kill -9 <PID>。这样做完之后，我们就可以观察到这个库在尝试重新连接了，而且每次尝试重连的时间间隔不断增大。这种指数回退的机制对于网络型应用尤其有用，因为如果所有客户端都尝试重连，会对已经非常繁忙的服务器造成冲击。

> **WebSocket 连接断开**　WebSocket API 中所定义的 CloseEvent 提供了不同的编码，用来描述连接关闭的原因。我们可以使用这些编码（angular-websocket 也用到了它们）来确定是否需要自动重连服务器。

8.4.3 通知用户

如果测试无法保证应用不出现故障，那么接下来的最佳做法就是告诉用户什么地方出错了。为了通知用户出现了连接失败，我们会使用 angular-growl 库，它能够在屏幕显示区域的上方展现各种形式的提醒（信息、警告、错误和成功）。

练习 8.2

此时，你应该已经掌握了如何使用 Scala.js 和 AngularJS 集成已有的 JavaScript 库，所以接下来需要浏览这个库的网站并将其集成进来：

- 在 build.sbt 中添加这个库的 WebJar 依赖，同时在 main 项目中添加同样的依赖以便于获取样式表；
- 借助 WebJar 的资源加载机制，在 main.scala.html 中加载 angular-growl 的样式表；
- 为 Growl 库的 4 个主要方法（info、warning、success 和 error）编写包装器；
- 在 DashboardApp 的模块声明中添加 angular-growl 服务依赖。

在集成完这个库之后，为 WebsocketDataStream 门面特质添加 onClose 方法。这个方法会接受一个回调，回调的类型为从 org.scalajs.dom.CloseEvent 类型生成 Unit，它允许我们在服务器连接中断时运行自己的代码：

```
dataStream.onClose { (event: CloseEvent) =>
  growl.error(s"Server connection closed, attempting to reconnect")
}
```

如果用户因为 10 分钟的机场免费 Wifi 过期而掉线，他们将会看到图 8.6 这样的提醒，而不是突然发现应用的运行方式变得特别诡异。

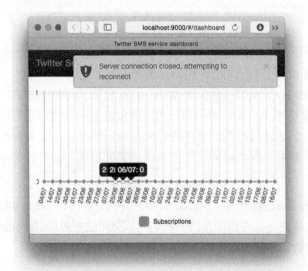

图 8.6　如果客户端应用无法与服务器交互，显示提醒以通知用户

提醒的一致性　不管你采用哪种提醒方式，在整个应用中要保证实现方式的一致性，并始终使用相同的通道（channel），或者说至少要使用较少数量的

通道。使用多种通知机制并非不可以（比如在尝试一分钟之后，选择使用模态对话框来提示用户无法建立连接），但是要保证类型越少越好。如果开发应用的是一个很大的团队，最好预先就通知通道达成一致，从而避免用户遇到多种类型的提醒机制，比如既包括带阴影的精巧模态对话框，也包括原始的JavaScript alert()提示框。

8.4.4　监控客户端错误

你可能主要从事应用后端的工作，较少涉及客户端的开发。如果是这样，对于客户端故障会对应用的整体使用效果产生什么样的影响，你可能也会比较关心。

客户端的故障处理通常是事后才考虑的事情，通常会采用并不完美的实现，或者是根本就缺少相关的功能。如果整个后端非常可扩展、有弹性且具有自愈功能，客户端出现故障也不要紧。但是，如果用户无从得知应用的行为出现了问题，那么会对整个应用的使用体验造成负面影响。

在客户端，不实现 JavaScript 调用的 onFailure 处理器是最简单的，或者是简单地打印一点 console.log 日志，但是这对用户毫无帮助，如果是在生产环境下，这样的日志对开发人员也没有任何的帮助，因为我们无法看到客户端的日志。像 JSNLog 这样的工具能够将客户端的错误传播到服务端，这样就能让我们知道客户端出现了错误，从而采取相应的措施。像 TrackJS 和 Sentry 这样的专门服务则更进一步，能将应用的客户端错误形成高级的报告。

8.5　小结

在本章中，我们看到了如何使用 Scala.js 构建客户端应用，尤其关注了以下方面：

■　使用 Scala.js 搭建 Play 项目；
■　使用 scalajs-angulate，集成已有的 JavaScript 库、AngularJS 和 Scala.js；
■　创建了自己的门面特质，使用 WebSocket 连接获取数据并绘制图表；
■　学习了减少客户端故障的方式以及提醒用户系统出现问题的方法。

现在，我们已经对反应式 Web 应用有了整体的了解（既包括服务端，也包括客户端）。接下来，我们讨论一下具有非阻塞回压功能的异步流这一话题。

第三部分

高级话题

这一部分将会介绍构建反应式 Web 应用的高级话题。我们会学习如何使用 Akka Stream，它是反应式流标准的一个实现，用来运行异步和能够容错的流操作。然后，我们会讨论基于 Play 构建的反应式 Web 应用在部署时都需要哪些操作。最后，我们讨论如何测试反应式 Web 应用，查看它在面临负载时的行为是否符合预期。

第 9 章 反应式流

本章内容
- 定义反应式流标准的原因
- 实现了反应式流的 Akka Streams 库的核心构件
- 组合使用 Akka Streams 和 iteratee，构建简单的流图
- 实际观察反应式回压

反应式流标准（Reactive Streams standard）定义了一些方法、接口和协议，如果想要构建交互式的库，需借助**非阻塞回压**（nonblocking back pressure）实现异步的流式处理，那么协议所规定的内容都是必需的。现在，协议已经有了几个实现，在本章中，我们会介绍 Akka Streams 库。我们首先会回答反应式流有什么用处；然后，介绍 Akka Streams 的几个核心构件；最后，我们将用 Akka Streams 扩展第 2 章中的样例应用。

9.1 为什么要有反应式流

开发反应式流规范有两个主要的驱动力，这两个原因都源于这样一个事实，那就是日益增长的跨异步边界的大量数据传输，这里的边界是指不同的应用、不同的 CPU 或不同的网络系统。这些数据的量会非常大，实际上，接收端的系统不一定能够全速地处理这些数据。

　　第一个驱动力是技术方面的：我们需要有一种手段转换和处理这些数据流，不能因为速度不匹配导致系统中所关联的参与方出现崩溃。

　　第二个驱动力跟人为因素有关，开发人员在操控这些流时所使用的工具应该是能够互相操作的。已有的很多库在一个较高的抽象层级解决了操控异步流的问题，这些库应该能够与其他的库协同工作，否则就无法跨系统流式传递数据了。

　　现在，我们仔细看一下这两个驱动力。

9.1.1　带有非阻塞回压功能的流

　　反应式流定义了构建库的标准，这些库会在一个较高的抽象层级操作异步数据流。借助回压（back pressure），即便流数据的**订阅者**（subscriber）处理传入数据的速度比**发布者**（publisher）产生数据的速度还要慢，发布者和订阅者也不会出现崩溃。这种糟糕的场景如图 9.1 所示。

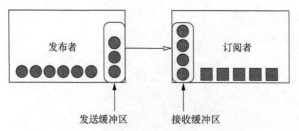

图 9.1　订阅者处理数据的速度比发布者更慢，
这会导致发送和接收缓冲区都被填满

　　在没有回压功能的系统中，如果订阅者比发布者更慢，流最终会停止。要么其中的一方耗尽内存，缓冲区出现溢出；要么系统的实现能够探测出这种情况，但是不知道如何在这种情况得到解决前（如果能够解决）停止发送或接收数据。尽管后者的情景要比前者更好一点，但是阻塞式的回压（系统能够探测到必须要减速，这会通过阻塞的方式来实现）会引发阻塞式应用所固有的缺点，它会占据资源，比如线程或内存的消耗。

　　反应式流定义了非阻塞回压的方法论：订阅者与发布者通信，防止整个系统出现崩溃，在这个过程中不会占用昂贵的资源。

　　我们快速看一下反应式流的核心——订阅者和发布者的 API，它是使用 Java 来定义的，这样所有 JVM 语言就可以进行互操作了。不必担心，我们不用实现这些 API 或者直接使用它们，创建库来实现反应式流标准的人才会用到这些 API。鉴于它非常简单，所以了解一下它的底层原理也没什么坏处：

```
public interface Publisher<T> {
    public void subscribe(Subscriber<? super T> s);
}
public interface Subscriber<T> {
    public void onSubscribe(Subscription s);
    public void onNext(T t);
    public void onError(Throwable t);
    public void onComplete();
}
public interface Subscription {
    public void request(long n);
    public void cancel();
}
```

首先，发布者和订阅者之间的通信是通过发布者的 subscribe 方法建立起来的。这个方法使得双方能够知晓彼此。在成功初始化连接之后，订阅者能够通过 onSubscribe 方法得到一个 Subscription（已建立连接的模型）。

反应式流的核心是 Subscription 的 request 方法。通过这个方法，订阅者能够告诉发布者要准备处理多少元素。发布者将元素通过 onNext 方法逐个传递给订阅者，如果发生致命的流故障，将会调用订阅者的 onError 方法。因为发布者能够在任意时间确切知道要发布的元素数量（在 Subscription 的 request 方法中已经得到了元素数量），所以它能够产生所需数量的元素，而不会产生数量太多的元素导致订阅者无法正常消费。另外，发布者每发布一个元素时，都会调用订阅者的 onNext，这意味着订阅者无需阻塞等待元素可用。

> **完全异步的 API** 我们可以看到，反应式流 API 的所有方法返回值都是 void，所以它不会返回任何有用的信息。这里使用回调（比如 onSubscribe 和 onNext），确保整个工作流是异步的。

9.1.2 操作异步流

在第 6 章中，我们曾经快速了解过如何在 Actor 中通过控制信息实现回压功能，这种控制信息会比正常信息的优先级更高。可以看到，即便是很初级的回压实现机制都需要做很多的工作来实现，因为这里会有很多特殊的场景需要注意和处理。

尽管 Actor 系统在建模和实现异步过程方面完成得很好，但如果使用它来实现具有回压功能的流处理，那么这就会变成一项很复杂的任务了，因为消息的丢失、Actor 收件箱的溢出以及其他的错误都需要进行处理。

此时，基于反应式流所构建的库就有了用武之地：它们会负责处理所有底层的关注项，并提供必要的工具来处理更高级的流处理场景，比如分组、连接、合并和流的广播。这样可能会比较理论化，接下来我们看一下，如何使用流处理来实现在本书前面已经完成的一个具体样例。

在第 2 章中，我们从 Twitter 上获取指定话题的 tweet，然后使用 iteratee、enumeratee 和

enumerator 解析 tweet，并将 tweet 流广播至 WebSocket 客户端，如图 9.2 所示。

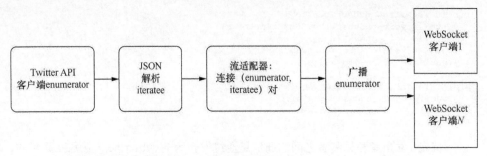

图 9.2　tweet 流处理：解析 JSON 流并广播至 WebSocket 客户端

在第 2 章中实现这个应用时，它看上去是非常复杂的，但数据流的流程其实并不复杂。实际上，这个样例的流程是非常线性的，整个过程都是通过转换完成的，没有出现复杂的**连接**（junction）。只有最后要将转换后的流发送到客户端的浏览器时，才使用广播操作来满足多个客户端的需求。在本章的样例中，我们将会看一下更高级的流操作类型并构建**流程图**（flow graph）。

首先，学习一下要使用的库，我们将会使用这个库操作 tweet 的异步流，它具有非阻塞回压的功能，这个库就是 Akka Streams。

9.2　Akka Streams 简介

Akka Streams 构建在**流**（flow）和**流图**（flow graph）的理念之上，该理念定义了处理流的方法。在本节中，我们首先看一下使用 Akka Streams 所要掌握的核心概念，然后用它来构建本章的样例。

9.2.1　核心原理

在 Akka 的术语中，有 4 个主要的**构造块**（building block）或者说**处理阶段**（processing stage），它们构成了流处理的**管道**（pipeline）：

- Source ——有且只有一个输出，它负责流数据的生成，等同于 enumerator；
- Sink ——有且只有一个输入，它负责消费流数据，等同于 iteratee；
- Flow ——有且只有一个输入和输出，它通常会按照某种方式进行流数据的转换，等同于 enumeratee。
- Junction ——能有多个输入和输出。如果有多个输入，我们将其称为 fan-in 操作；如果有多个输出，我们将其称为 fan-out 操作。在 iteratee 的实现方案中，并没有与 junction 对等的概念，但是库提供了辅助方法来实现一些 junction 类型。

图 9.3 描述了这些处理流程。

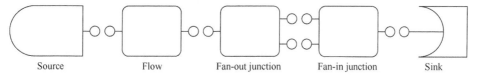

图 9.3　4 种类型的处理阶段：source、sink、flow 和 junction

一个流可以涉及多个处理阶段，只要它有一个输入和一个输出即可，简单处理阶段的连结就形成了一个 flow。如果一个 flow 不仅包含简单、线性的处理管道，还包含了 junction，那么我们将其称为流图。

当流连接好了 source 和 sink，我们就将其称为**可运行的流**（runnable flow）。这意味着它可以开始处理数据了。运行一个流的过程称之为**实体化**（materialization）：可运行的流或可运行的流图本身只是数据如何处理的定义（可以将其想象为一个蓝图），但是它们本身什么事情都不会做。当流实体化时，所有需要的资源（缓冲、线程池以及底层的 Actor）都会进行分配，以便于最终运行这个流结构。这同时也意味着流的定义可以重用，我们可以通过多个步骤甚至在多个地方构建可运行的流图，最终完成时，再将其发送到一起，在这种情况下，我们将其称为**流图片段**（partial flow graph）。

现在，我们已经有了足够的理论，能够开始构建自己的可运行流图了。接下来，我们创建一个新的项目，掌握 Akka Streams 的一些实际经验。

9.2.2　操作流式的 tweet 数据

在本节中，我们将会构造一个图，它会根据每条 tweet 的主题（topic）切分流，然后对每个主题特定数量的 tweet 流进行分组，模拟生成每个主题的"摘要（digest）"，如图 9.4 所示。

可以看到，我们首先像在第 2 章那样获取并处理流数据，但是在这里会使用反应式流来代替 Iteratee 进行流处理。然后，fan out 流，通过每条 tweet 的主题（换句话说，也就是 hash 标签）将其多路分解（demultiplex）为多个子流，针对每个子流使用各个主题的摘要率进行分组，模拟生成 tweet 的摘要，将它们再次合并为一个流，最后将每个主题投递到客户端。如果某个主题的摘要率为 1，那么每条 tweet 都会发送到客户端；如果摘要率为 10，那么这个主题只会将流中 1/10 的 tweet 发送到客户端。

现在，我们有如下的任务需要处理：

① 搭建项目；

② 使用 WS 库获取来自 Twitter 的流并进行转换，生成 enumerator；

③ 将 enumerator 转换为 Akka 流的 source；

④ 创建自定义的 fan-out 元素，它需要将流按照主题进行切分；

⑤ 搭建图；

⑥ 装配图中的不同元素；

⑦ 将流投递到客户端；

⑧ 运行流图并观察回压功能。

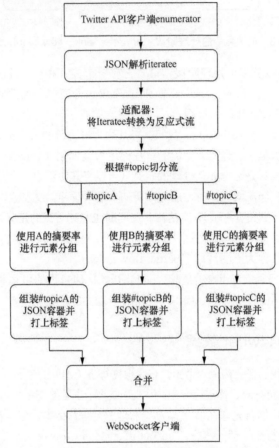

图 9.4　根据 tweet 的主题切分流并将每个流的摘要投递到 WebSocket 客户端

准备好了吗？我们开始！

1. 搭建项目

首先，我们需要使用 Activator 模板搭建一个新项目，将程序清单 9.1 所示的依赖添加到 build.sbt 中。

程序清单 9.1　在 Play 中使用 Akka 流所需的库依赖

```
libraryDependencies ++= Seq(
  ws,
```

```
  "com.typesafe.play.extras" %% "iteratees-extras" % "1.5.0",
  "com.typesafe.play" %% "play-streams-experimental" % "2.4.2",
  "com.typesafe.akka" % "akka-stream-experimental_2.11" % "1.0"
)
```

2. 从 Twitter 获取流

我们需要先从 Twitter 获取到流。创建 app/services/TwitterStreamService.scala 文件，如程序清单 9.2 所示。

程序清单 9.2　使用 WS 库获取 Twitter 流

```
package services

import javax.inject._
import akka.actor._
import play.api._
import play.api.libs.iteratee._
import play.api.libs.json._
import play.api.libs.oauth._
import play.api.libs.ws._
import play.extras.iteratees._
import scala.concurrent.ExecutionContext

class TwitterStreamService @Inject() (
  ws: WSAPI,
  system: ActorSystem,
  executionContext: ExecutionContext,
  configuration: Configuration
) {
  private def buildTwitterEnumerator(          ◁──── 定义构建 enumerator 的方法，该
    consumerKey: ConsumerKey,                         方法会形成已解析 tweet 的流
    requestToken: RequestToken,
    topics: Seq[String]                          创建 iteratee 和 enumerator 连接对，
  ): Enumerator[JsObject] = {                     将其作为管道中的一个适配器
    val (iteratee, enumerator) = Concurrent.joined[Array[Byte]]
    val url =
      "https://stream.twitter.com/1.1/statuses/filter.json"
    implicit val ec = executionContext

    val formattedTopics = topics         ◁── 格式化想要跟踪
      .map(t => "#" + t)                      的主题
      .mkString(",")

    ws
      .url(url)
      .sign(OAuthCalculator(consumerKey, requestToken))
      postAndRetrieveStream(                    ◁──── 发送 POST 请求并从
       Map("track" -> Seq(formattedTopics))           Twitter 获取流。这个
       { response =>                                  方法预期接收一个
       Logger.info("Status: " + response.status)      body 体和一个消费者
       iteratee
      .map { _ =>
       Logger.info("Twitter stream closed")
```

将 iteratee 传递进来作为消费者，数据流会流经这个 iteratee，然后到达所连接的 enumerator

```
val jsonStream: Enumerator[JsObject] = enumerator &>    ◁──┐  通过解码和解析
  Encoding.decode() &>                                      │  来对流进行转换
  Enumeratee.grouped(JsonIteratees.jsSimpleObject)

  jsonStream          ◁────┐  以 enumerator 的形式
}                          │  返回转换后的流
}
```

我们在第 2 章写过类似的代码。当时，我们还使用了一种广播机制，允许多个客户端连接到流上，但是在这里没有这样做，因为我们要将关注的焦点转移到使用 Akka 流进行流操作上面。

不要忘记在 build.sbt 中添加解决 OAuth 缺陷的变通方案：

```
libraryDependencies += "com.ning" % "async-http-client" % "1.9.29"
```

3．将 enumerator 转换为 source

为了要在 Akka 流中使用 enumerator，首先需要对其进行转换。在 TwitterStreamService 中创建一个如程序清单 9.3 所示的辅助方法。

程序清单 9.3　定义辅助类，将 enumerator 转换为 source

```
                    import play.api.libs.streams.Streams
                    import org.reactivestreams.Publisher

将发布者转换为        private def enumeratorToSource[Out](
Akka Stream 的         enum: Enumerator[Out]                          将 enumerator 转换为
source              ): Source[Out, Unit] = {                  ◁──    反应式流的发布者
                      val publisher: Publisher[Out] =
                        Streams.enumeratorToPublisher(enum)   ◁──
                  └─▷ Source(publisher)
                    }
```

Play 的 Stream 库提供了必要的工具来连接 iteratee、enumerator 和与之对等的反应式流的发布者和订阅者。我们可以用它来构建从一个领域到另一个领域的转换通道。

> **确保非阻塞回压功能**　Iteratee 提供了非阻塞回压的功能，Play 的 Stream 库能够确保在转换为发布者或者从发布者转换过来的时候不丢失这个特性。

4．使用 FlexiRoute 创建自定义的 fan-out junction

现在，我们需要将流切分为子流（每个主题会对应一个子流）。为了实现这个功能，我们会用到 FlexiRoute，以定义自己的路由 junction。因为切分器（splitter）依赖于想要跟踪的主题，所以我们想要在运行期对其进行定义，将它作为生成和运行图的函数的一部分。

构建 TwitterStreamService 的 stream 方法，如程序清单 9.4 所示。

程序清单 9.4　使用 FlexiRoute 创建 SplitByTopic junction

指定希望得到 enumerator 结果，并将其提供给 WebSocket 连接

定义流函数，我们会为其提供主题和相关的摘要率

```
def stream(topicsAndDigestRate: Map[String, Int]):
  Enumerator[JsValue] = {

  import FanOutShape._

  class SplitByTopicShape[A <: JsObject](
    _init: Init[A] = Name[A]("SplitByTopic")
  ) extends FanOutShape[A](_init) {
    protected override def construct(i: Init[A]) =
      new SplitByTopicShape(i)
    val topicOutlets = topicsAndDigestRate.keys.map { topic =>
      topic -> newOutlet[A]("out-" + topic)
    }.toMap
  }

  class SplitByTopic[A <: JsObject]
    extends FlexiRoute[A, SplitByTopicShape[A]](
    new SplitByTopicShape, Attributes.name("SplitByTopic")
  ) {
  import FlexiRoute._

  override def createRouteLogic(p: PortT) = new RouteLogic[A] {
    def extractFirstHashTag(tweet: JsObject) =
      (tweet \ "entities" \ "hashtags")
        .asOpt[JsArray]
        .flatMap { hashtags =>
          hashtags.value.headOption.map { hashtag =>
            (hashtag \ "text").as[String]
          }
        }
    override def initialState =
      State[Any](DemandFromAny(p.topicOutlets.values.toSeq :_*)) {
        (ctx, _, element) =>
          extractFirstHashTag(element).foreach { topic =>
            p.topicOutlets.get(topic).foreach { port =>
              ctx.emit(port)(element)
            }
          }
          SameState
      }
    override def initialCompletionHandling = eagerClose
  }
  }

  Enumerator.empty[JsValue] // we need to continue implementing here
}
```

通过扩展 FanOutShape 定义 junction 的 Shape。因为这是一个 fan-out junction，所以只需要描述输出端口（outlets），而只有一个输入端口

为每个主题创建一个输出端口，并将这些端口放到一个 map 中，这样就可以随后根据主题来进行检索

通过扩展 FlexiRoute 创建自定义的 junction

定义 junction 的路由逻辑，在这里会定义元素如何路由

从 tweet 中抽取第一个主题。在本例中，我们只使用第一个主题进行切分

指定想要使用的需求条件。在本例中，当任一个输出流准备就绪，能够接受更多元素时，我们就会触发路由

使用 tweet 的第一个 hash 标签，将其路由到对应的端口上，忽略不匹配的 tweet

上面的程序清单看上去有点令人望而生畏，这里面确实有一些与创建自定义 junction 相关的样板代码。但是，创建自定义 junction 的代码理解起来并不复杂。首先，我们定义了 junction 所具有的 shape。在本例中，它有一个输入端口（不需要指定，因为

这已经在 FlexiRoute 中进行了定义），还有一个特定数量的输出端口，这依赖于想要跟踪的主题数量。

在路由中，有一个很有意思的地方就是指定**需求条件**（demand condition）。因为 Akka 流具有非阻塞回压功能，我们的元素需要能够感知到上游流的需求并指定它想要如何应对这种需求。在本例中，我们想要在任意一个输出端口有需求时就开始处理，所以使用了 DemandFromAny 条件。还有两个其他的需求条件，分别是 DemandFromAll 和 DemandFrom，前者会一直等待，直到所有端口都有需求时才会触发路由，而后者会在特定的端口有需求时才会触发路由。

最后，你可能也注意到了，我们只根据第一个 hash 标签来路由 tweet。我们还舍弃（不进行发送）了第一个 hash 标签与预期主题不符的元素。这个地方可以进行改善，将元素发送至匹配主题的所有流上。

> **备选的切分策略**　在本例中，我们使用自定义的元素来切分流。Akka 还提供了 groupBy 操作，能够根据主题对流中的元素进行分组，高效地生成流的子流。相对于我们的方法，这种方式的优势在于不需要事先知道预期的主题是哪一个。但是这里有个问题：目前，我们将多个子流扁平化为一个流时，是将所有元素合并在一起。如果子流的数量无限，那么这种方式就不能很好地运行了（只有第一个流是可见的）。未来版本的 Akka 流库将会提供 FlattenStrategy.merge，它允许我们将多个子流的元素交叉合并在一起。

5. 构建流图

接下来，我们来构建图。第一步需要将所有元素添加到图中，如程序清单 9.5 所示。

程序清单 9.5　通过 FlowGraph 构建器将所需的元素添加到图中

定义数据流入的 sink。使用 sink 将会生成一个反应式流的发布者，我们随后可以将这个发布者转换成 enumerator

为封闭的 FlowGraph 创造构建器，将 sink 作为输出值传入进去，当流运行时，它会被实体化

```
def stream(topicsAndDigestRate: Map[String, Int]):
  Enumerator[JsValue] = {
                          定义 Flow Materializer，我们需
    // ...               要它来运行流图

    implicit val fm = ActorMaterializer()(system)

    val enumerator = buildTwitterEnumerator(
      consumerKey, requestToken, topicsAndDigestRate.keys.toSeq
    )
    val sink = Sink.publisher[JsValue]
    val graph = FlowGraph.closed(sink) { implicit builder => out =>
      val in = builder.add(enumeratorToSource(enumerator))
```

构建 enumerator source。OAuth consumerKey 和 requestToken 的构建作为练习留给读者完成

添加自定义的 splitter 到图中

将 source 添加到图中

添加 groupers 到图中，每个主题对应一个 grouper。它们会根据每个主题的摘要率对特定数量的元素进行分组

```scala
val splitter = builder.add(new SplitByTopic[JsObject])
val groupers = topicsAndDigestRate.map { case (topic, rate) =>
  topic -> builder.add(Flow[JsObject].grouped(rate))
}
val taggers = topicsAndDigestRate.map { case (topic, _) =>
  topic -> {
    val t = Flow[Seq[JsObject]].map { tweets =>
      Json.obj("topic" -> topic, "tweets" -> tweets)
    }
    builder.add(t)
  }
}
val merger = builder.add(Merge[JsValue](topicsAndDigestRate.size))

  // TODO: here we will need to wire the graph
}
val publisher = graph.run()
Streams.publisherToEnumerator(publisher)
```

将 taggers 添加到图中，每个主题都会对应一个 tagger。它们会基于分组后的 tweet 构建一个 JSON 对象，并使用对应的主题为其添加标签

将 merger 添加到图中，合并所有流

运行图，实体化的结果会形成一个发布者，我们可以将其转换回 enumerator

我们基于之前所构建的 enumerator 构建了一个 Source，并定义了所有数据流入的 Sink。Play 流库提供了一种方法将反应式流的 Publisher 转换成 Enumerator，于是我们创建一个发布者 Sink，并将其以参数的形式传递到 FlowGraph 构建器中。这样形成的结果就是，一旦图开始运行，Publisher 会被实体化，我们能够将其转换回 enumerator 并为 WebSocket 提供数据。

在 FlowGraph.closed(sink) 代码块中，我们将如下的流程元素添加到了图中。

- in: 转换 enumerator 所得到的一个 Source。
- splitter: SplitByTopic junction。
- groupers: Flow[JSObject].grouped() 流的一个 map，它会元素进行分组，产生 Seq[JSObject] 类型的输出。
- taggers: Flow[Seq[JSObject]].map() 流的一个 map，它会构建 JSON 对象的一个封装器，其中包含了主题和分组后的 tweet。
- merger: 一个 Merge junction，它会将 splitter 中 fan out 的流合并起来。

下一步，我们会装配流图，否则它将无法运行。

6. 装配流图

现在装配流图的所有事情都已准备就绪，完成 FlowGraph 代码块，如程序清单 9.6 所示。

程序清单 9.6 使用 FlowGraph 构建器装配图

将 source 连接到 splitter 的 inlet 上

```scala
builder.addEdge(in, splitter.in)
```

将 splitter 的
outlet（子
流）连接到
当前主题的
grouper 上

对于每个 splitter 的
outlet 进行重复装配

```
splitter
  .topicOutlets
  .zipWithIndex
  .foreach { case ((topic, port), index) =>
    val grouper = groupers(topic)
    val tagger = taggers(topic)
    builder.addEdge(port, grouper.inlet)
    builder.addEdge(grouper.outlet, tagger.inlet)
    builder.addEdge(tagger.outlet, merger.in(index))
  }
builder.addEdge(merger.out, out.inlet)
```

将 grouper 的 outlet 连
接都 tagger 的 inlet 上

将 tagger 的
outlet 连接
到 merger 的
某个端口上

将 merger 的 outlet 连接到最
终输出的发布者的 inlet 上

　　这样就准备好了！我们将所有需要的内容都装配到了图中。如果装配有问题，在运行期我们会发现。

　　确实，FlowGraph 无法在编译期判断图是否正确无误。在样例中，这很容易理解，例如，如果我们不提供任何主题，所形成的图将无法完成或连接，但是这种信息只有在运行期才能获取到。

　　装配图的 DSL　Akka 流提供了使用 "~>" 和 "<~" 操作符绘制图的 DSL。在本例中，我们无法使用 DSL，或者说使用 DSL 不会非常优雅，因为主题并不是一个固定的集合。不过，如果使用 DSL，代码看起来会如下所示：

```
val f = FlowGraph.closed(publisher) { implicit builder => out =>
  import FlowGraph.Implicits._
  val in = ...
  val splitter = ...
  val grouper1, grouper2, grouper3 = ...
  val tagger1, tagger2, tagger3 = ...
  val merger = ...

  in ~> splitter ~> grouper1 ~> tagger1 ~> merger ~> out
        splitter ~> grouper2 ~> tagger2 ~> merger
        splitter ~> grouper3 ~> tagger3 ~> merger
}
```

　　可以看出，这种语法本身是更为优雅的，如果在构建图时，我们有定义良好的元素集合，那么推荐优先使用 DSL 来构建图。

7.　将流投递到客户端

　　最困难的部分已经完成了，现在我们需要将流通过 WebSocket 发送给客户端。作为最基本的用户接口，我们允许用户使用查询字符串来指定想要的主题和摘要率，就像下面这样：

```
http://localhost:9000/
  ?topic=akka:5
  &topic=playframework:1
```

每个 topic 查询参数中包含了特定的主题以及所需的摘要率，中间通过冒号分割。这个简单的用户接口运行起来如图 9.5 所示。

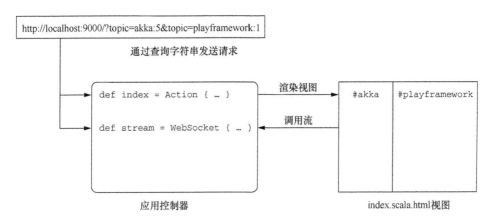

图 9.5　触发流的简单用户接口

它的运行机制如下所示：

- Application 控制器的 index Action 会将查询字符串解析为 Map[String, Int]，然后调用 index 视图，将解析形成的主题和摘要率的 map 以及原始的查询字符串传递过来（我们需要在视图中使用这些信息来初始化 WebSocket 连接）；
- Application 控制器的 stream Action 也会将查询字符串解析为 Map[String, Int]，然后使用我们刚刚构建的服务来建立流，并将流提供给 WebSocket；
- 视图中每个主题都会有一列，而新的摘要对象会拼接到对应的列中。在开启到服务器的 WebSocket 连接之后，就会获取数据并进行拼接了。

创建（或替换）app/views/index.scala.html 文件，使其如程序清单 9.7 所示。

程序清单 9.7　构建视图，将主题按列进行分割

```
@(topicsAndRate: Map[String, Int], queryString: String)
 (implicit request: RequestHeader)
 <!DOCTYPE html>
<html>
  <head>
    <title>Reactive Tweets</title>
    <script src="//code.jquery.com/jquery-1.11.3.min.js"></script>
    <link
      rel="stylesheet"
      href="http://maxcdn.bootstrapcdn.com/bootstrap/3.3.5/css/
                bootstrap.min.css">
</head>
<body>
@if(topicsAndRate.nonEmpty) {
  <div class="row">
```

```
@topicsAndRate.keys.map { topic =>
  <div
    id="@topic"
    class="col-md-@{ 12 / (topicsAndRate.size) }">
  </div>
}
```

使用 Twitter Bootstrap 定
义列，最大宽度是 12

```
  </div>
  <script type="text/javascript">
    function appendTweet(topic, text) {
      var tweet = document.createElement("p");
      var message = document.createTextNode(text);
      tweet.appendChild(message);
      document.getElementById(topic).appendChild(tweet);
    }
    function connect(url) {
      var tweetSocket = new WebSocket(url);
      tweetSocket.onmessage = function (event) {
        var data = JSON.parse(event.data);
        data.tweets.forEach(function(tweet) {
          appendTweet(data.topic, tweet.text);
        });
      };
    }
    connect(
      '@routes.Application.stream().webSocketURL()?@queryString'
    );
  </script>
} else { No topics selected. }
  </body>
</html>
```

将 tweet 拼接到特定主题所对应列的函数

将 tweet 拼接到对应的列上

为了基于 enumerator 来建立 WebSocket 连接，我们采用一种稍微不同的方式，不再像前面那样使用 Actor。其实，还可以使用一对 enumerator-iteratee 直接创建 WebSocket 连接，它们分别代表了双向 WebSocket 连接的下行流和上行流组件。在这个场景中，它不仅更加便利，还为服务端自动提供回压功能（在本例中，我们用不到这项功能，因为客户端只是消费数据并不会产生数据，但是在其他场景中，这可能就会有用了）。

创建如程序清单 9.8 所示的 Application 控制器。

程序清单 9.8　创建 WebSocket，使用 enumerator 作为源

```
package controllers

import javax.inject.Inject

import play.api.libs.iteratee._
import play.api.libs.json._
import play.api.mvc._
import services.TwitterStreamService

class Application @Inject() (twitterStream: TwitterStreamService)
  extends Controller {
  def index = Action { implicit request =>
    val parsedTopics = parseTopicsAndDigestRate(request.queryStri
    Ok(views.html.index(parsedTopics, request.rawQueryString))
  }
  def stream = WebSocket.using[JsValue] { request =>
    val parsedTopics = parseTopicsAndDigestRate(request.queryString)
    val out = twitterStream.stream(parsedTopics)
```

创建 WebSocket，通道会使用 JsValue 格式

借助所构建的流服务，创建输出 enumerator

```
                        val in: Iteratee[JsValue, Unit] = Iteratee.ignore[JsValue]
                        (in, out)
                      }
                      private def parseTopicsAndDigestRate(
                          queryString: Map[String, Seq[String]]
                      ): Map[String, Int] = ??? // TODO
                    }
```

返回构建 Web Socket 所需要的输入和输出通道

忽略来自客户端的信息

通过这种方式，WebSocket 会建模为双向的通信通道，每个方向都用一个流来表示：在客户端接收数据的消费者是 iteratee，负责发送流到客户端的生产端则是一个 enumerator。

练习 9.1

实现 parseTopicsAndDigestRate 方法，每个主题需要使用冒号作为分割符进行拆分得到，第二部分要解析为 Integer 类型的摘要率。

最后，不要忘记在 conf/routes 中定义必要的路由：

```
GET         /                       controllers.Application.index
GET         /stream                 controllers.Application.stream
```

8. 运行图并观察回压功能

在实现完用户界面之后，我们就可以运行流管道了。为了让它真正运行起来，读者可以参考 Twitter 官网，以便掌握流行的话题是什么，这样就能得到一个比较活跃的流。需要注意的是，不要频繁地调用流，否则会被 Twitter 限制访问（如果得到 402 状态码，就意味着发生了这种情况，这个状态码代表着"Enhance your calm"）。

如果对不同的主题采用不同的摘要率（比如多个主题分别对应 1、5 和 20），那么能够看到列上的数据会以不同的速度进行填充。

现在，我们来看一下流是否真的能够支持回压功能，为了进行验证，我们引入一个元素，以降低流的处理速度。在流的最后，在将流传递给 sink 之前，引入一个短暂休眠的阶段，如程序清单 9.9 所示。

程序清单 9.9 降低流的速度

```
val sleeper = builder.add(Flow[JsValue].map { element =>
  Thread.sleep(5000)
  element
})
builder.addEdge(merger.out, sleeper.inlet)
builder.addEdge(sleeper.outlet, out.inlet)
```

重新启动流，然后观察一会儿。如果至少有一个主题的摘要率是 1，将会有助于观察，这样我们能够看到它确实耗费了 5 秒钟等待元素的抵达。

过一会儿，我们就会被 Twitter 断开连接：

```
[info] - application - Twitter stream closed
```

这是一种新的现象,之前我们可以让流长时间运行,不会出现连接断开。按照 Twitter Streaming API 文档的说法,慢速的客户端会在一段时间后断开连接,因为 Twitter 不希望为其保持缓冲数据。我们由此得出结论,我们的流确实能够支持回压,最后达到了 Twitter 的硬性限制。

9.3 小结

在本章中,我们介绍了使用 Akka Stream 库来操作异步流的方法:

- 讨论了定义反应式流规范的益处,描述了实现具有回压功能的异步流的低层次接口;
- 介绍了 Akka 流以及实现流图的组件;
- 使用流式 Twitter API 构建了自己的流图,借助自定义的路由 junction 实现了对 source 流的按主题切分;
- 反应式流是一个非常有前景的标准,尽管它的实现尚显"稚嫩",但是我们已经可以看到,借助恰当的工具,流操作可以非常简单。

随着本书接近结尾,我们看一下在反应式 Web 应用生命周期中非常重要的一个方面,那就是本书尚未阐释的"应用的部署"这一话题。

第 10 章　部署反应式 Play 应用

本章内容
- 为 Play 应用的生产环境部署做好准备
- 搭建持续集成服务器并使用 Selenium 运行集成测试
- 将 Play 应用部署到 Clever Cloud PaaS 和自己的服务器上

构建反应式 Web 应用的一个重要方面就是正确地进行部署。如果将应用部署到传统的应用容器中，那么它可能就无法具备自动扩展和伸缩的功能了，因此就丧失了反应式应用弹性的重要特点。应用在部署后很重要的一点就是要能够感知到发生了什么事情，按照这种方式进行部署，是满足反应式应用必要需求的重要环节。

在本章中，我们将以一个简单的 Play 应用为例，使其为生产环境的部署做好准备，然后介绍如何使用 Jenkins CI（持续集成，Continuous Integration）服务器进行构建和测试，并最后完成部署。我们将会采用两种部署方法：Clever Cloud PaaS 平台和自己的服务器，如图 10.1 所示。

为何要采用 Clever Cloud？　在本章中，我们采用 Clever Cloud 作为 PaaS 平台，因为它提供了自动扩展的能力，这是反应式 Web 应用的核心理念。其他的 PaaS 平台，比如 Heroku，在编写本书时候还没有提供这项功能，而基础设施即服务（Infrastructure-as-a-Service）厂商，比如 Amazon Web Services，则没有提供完整可管理的应用部署流程（我们需要自己搭建所有的东西）。

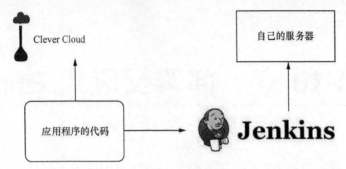

图 10.1 本章探讨的两种部署模式：由 Clever Cloud 进行完全的管理、
通过 Jenkins 和本地的服务器自己管理应用的部署

在本章中，我们将会探讨两种部署模式：一种是自行管理，它具有一个持续集成的步骤；另一种是完全托管的，没有包含持续集成。如果你想要使用完全托管流程且包含持续集成功能，可以使用如 Travis CI 或 CloudBees 这样的服务，它们提供了完整的持续集成托管方案。

本章的内容是关于部署的，为何要包含持续集成的内容？ 你可能想问，本章是讨论部署的，为何将持续集成作为其中的一部分呢？毕竟，持续集成通常被视为测试的组成部分。但现在的趋势是（我们稍后将会看到），持续集成在软件项目中的作用越来越重要，而不仅仅是运行测试。实际上，它是很多部署策略的核心，在有些场景中，借助这些工具，部署完整、复杂的应用已经实现了完全自动化（这个过程相应地被称为**持续部署**）。在反应式应用的场景下，我们想要确保所部署的内容都能够正常运行，所以搭建持续集成服务器，执行所有测试并部署测试环境是很好的做法，然后我们可以使用相同的构建过程部署生产环境。

10.1 为 Play 应用的生产环境部署做好准备

将应用部署到生产环境的第一步就是细粒度地调整一些配置，因为它们能够提升生产环境的性能，另外，按照这种方式部署，也能更容易地进行监控和错误诊断。现在，我们首先创建一个样例，使其为生产环境部署做好准备。

10.1.1 创建用于部署的简单应用

在前面的章节中，我们构建了一些很细致的示例应用，主要是为了阐述相关章节所对应的理念。对于应用的部署来说，我们会使用一个简单的样例。对于阐述部署来说，没有必要使用复杂的应用，因为 Play 应用的部署原则是类似的。

像前面的章节那样，我们用 Activator 来创建一个空应用。在这个简单的应用中，单击按钮时，将会使用一些文本来填充一个 div，这些都会通过 JavaScript 来实现。

首先，在 build.sbt 中添加对 jQuery WebJar 的依赖，当然还要添加对 webjars-play 库本身的依赖：

```
libraryDependencies ++= Seq(
  "org.webjars" %% "webjars-play" % "2.4.0-1",
  "org.webjars" % "jquery" % "2.1.4"
)
```

另外，还要添加如下的路由到 conf/routes 文件中，让应用能够发现 WebJars 中的内容：

```
GET        /webjars/*file         controllers.WebJarAssets.at(file)
```

WebJarAssets 控制器是由 webjars-play 依赖所提供的。它能够解析 app/views/main.scala 中 jQuery 的依赖路径，声明方式如下：

```
<script
  type='text/javascript'
  src='@routes.WebJarAssets.at(WebJarAssets.locate("jquery.min.js"))'>
</script>
```

在设置完 WebJars 之后，创建 app/assets/javascripts/application.js 文件，其内容如程序清单 10.1 所示。

程序清单 10.1　简单的 JavaScript 文件，单击按钮时，填充 div 的内容

```
$(document).ready(function () {
    $('#button').on('click', function () {
        $('#text').text('Hello');
    });
});
```

现在，修改 app/views/index.scala.html 使其包含让样例正常运行的必要内容，如程序清单 10.2 所示。

程序清单 10.2　为应用创建 HTML 布局

```
@(message: String)
@main(message) {
    <button id="button">Click me</button>
    <div id="text"></div>
}
```

最后，在 main.scala.html 中加载 application.js 文件：

```
<script
  type='text/javascript'
  src='@routes.Assets.versioned("javascripts/application.js")'>
</script>
```

这个简单的样例应用就准备好了！

编译 JavaScript 代码　放到 app/assets 目录下的资产会被一些 sbt-web 插件进行自动化管理，其中有个插件就是 sbt-jshint，它包含在默认的 activator 模板中并且会运行 JSHint 来检查代码。

要看它是如何运行的，我们可以移除程序清单 10.1 第 4 行中的分号，然后重新加载应用。这时，我们能够看到编译错误，并定位到 application.js 中缺少了一个分号。

练习 10.1

为了让这个应用更有意思并看一下配置信息功能，我们可以通过 AJAX 请求的方式获取服务器端 application.conf 中的某个值并将其传递过去。

需要采取的步骤如下所示：

■ 在 Application 控制器中创建 text Action，它会从 application.conf 中读取 "text" 配置参数。为了实现该目的，使用依赖注入的@Inject 注解，注入一个 play.api.Configuration 实例；

■ 创建反向 JavaScript 路由来访问来自 JavaScript 文件的路由。我们可以在 main.scala.html 中通过辅助语法@helper.javascriptRouter("jsRoutes")(routes.javascript. Application .text)嵌入反向路由；

■ 发送 AJAX 请求获取文本参数。所生成的路由器已经包含了这种机制，为了实现该功能，我们可以调用 jsRoutes .controllers.Application.text().ajax({ success: ...,error: ... }) 方法。

如果在这个过程中遇到困难，请参阅本章的源码。

10.1.2　使用 Selenium 编写和运行测试

为了查看应用的行为是否正确，我们可以编写集成测试模拟用户的行为并使用浏览器测试整个应用。如果你致力于为应用打造持续交付的生命周期，那么可以将这些测试作为部署过程的一部分（编写的这些测试也要成为应用的组成部分）。我们会在第 11 章继续讨论这个话题，到时会关注如何测试反应式应用的各种属性。在本节中，我们将会看到如何配置部署过程来运行 Selenium 浏览器测试，这是一个强大的工具，但是实际搭建却并不那么容易。

借助 ScalaTest 和 ScalaTest + Play 库的帮助，集成 Selenium WebDriver 自动化库变

得非常容易。Selenium 能够让我们"驱动（drive）"浏览器并模拟用户的行为——读取文本、单击按钮等，这样就能检查应用的行为是否符合用户角度的预期。这种类型的测试非常强大，因为它测试的是整个（集成）应用，而不是单个组件，所以能够探测到各个组件间在彼此交互时所发生的错误。

　　首先，我们需要在 build.sbt 中添加如下的依赖，还要移除自动生成的对 specs2 的依赖：

```
libraryDependencies ++= Seq(
  // ...
  "org.seleniumhq.selenium" % "selenium-firefox-driver" % "2.53.0",
  "org.scalatest" %% "scalatest" % "2.2.1" % "test",
  "org.scalatestplus" %% "play" % "1.4.0-M4" % "test"
)
```

　　Firefox 的驱动版本　Selenium Firefox 驱动的版本需要与目前所使用的 Firefox 版本兼容。如果你在运行测试时遇到了问题，那需要确保使用的是最新版本的驱动。

　　其次，创建 test/ApplicationSpec.scala 文件，内容如程序清单 10.3 所示（如果你使用 activator 模板，可能已经创建了一些测试，如果是那样，那么要将它们移除）。

程序清单 10.3　使用 Selenium 进行应用的集成测试

　　为了让这个测试顺利运行，我们需要预先在计算机上安装 Firefox，然后就可以使用 test 命令在 sbt 控制台上运行测试了。这时会打开一个 Firefox 浏览器窗口，我们能够看到按钮被单击，并且显示测试文本。

　　　　基于多个浏览器来运行测试　Play 对其他浏览器的运行也提供了内置的
支持，比如 Chrome、Safari 和 Internet Explorer（以及 HTMLUnit，但是 HTMLUnit
并不能真正支持 JavaScript）。通过使用 AllBrowsersPerSuite 特质，我们能让测
试运行在多个浏览器上，而不是只在一个浏览器上运行，它能够允许我们指定
想要使用哪些浏览器。

　　我们现在已经有了一个应用并且能够通过集成测试检验它的功能，接下来，我们要
让它为生产环境部署做好准备。

10.1.3　为应用的生产部署做好准备

　　在将应用部署到生产环境之前，我们还要执行几个步骤。

1. 设置应用的 secret

　　应用的 secret 存储在 conf/application.conf 中，新的 secret 可以通过在 sbt 控制台中运行
playGenerateSecret 命令来生成。需要注意的是，这个命令并不会取代 conf/application.conf
中的值，只会将生成的值打印出来。如果你还想要将其保存起来，那么需要使用
playUpdateSecret 命令。

　　就生产环境的部署而言，密码或 key 这样的值一般会通过环境变量进行设置。我们
有两种方式将环境变量传递给 Play secret 的配置值：

- 如果你自行运行脚本，启动 Play 脚本并使用-Dplay.crypto.secret 标记传递属性；
- 告知 application.conf 读取环境变量中我们所选择的值。

　　因为要将应用部署到 PaaS 上，所以第二种方式最适合。编辑 appliction.conf 并扩展
play.crypto.secret 的定义：

```
play.crypto.secret="changeme"
play.crypto.secret=${?APPLICATION_SECRET}
```

　　如果设置了环境变量 APPLICATION_SECRET，那么 play.crypto.secret 会取它的值，
否则会使用 play.crypto.secret 原有的值。

　　在前面的例子中，我们创建了一个配置项，单击按钮时，会显示该配置的文本。我
们可以为该配置项同样设置可选的重写值，就像 play.crypto.secret 一样，这样就允许通
过环境变量提供配置参数的值。

2. 自定义日志

　　默认情况下，Play 提供了一个优化版本的配置，比如它会负责自动化的日志轮流存

储。如果你需要进一步自定义，那么可以查阅 Logback 的文档。

如果你想要为生产环境指定自己的 Logback 配置，那么在启用应用时，可以使用 -Dlogger.resource 或-Dlogger.file 标签。

3．优化 Web 资产

较大型的 Web 应用可能会有大量的 JavaScript 和 CSS 资产。它们的快速加载至关重要，因为这会对应用的速度产生很大的影响，尤其是在移动设备上。我们已经添加 sbt-web，它能够实现自定义的资产处理管道，接下来就会使用它。

首先就是 RequireJS 的优化。RequireJS 提供了对 JavaScript 应用进行依赖管理的功能，同时还提供了一个管道来组合和最小化所有 JavaScript 资产。project/plugins.sbt 中已经加载了 sbt-rjs 插件，因为它是 activator 模板的一部分，我们需要做的就是激活它。在本节中，我们会介绍这个小型应用的 RequireJS 基本环境搭建。如果你对更高级的样例感兴趣，那么可以参考 Marius Soutier 的 Play-Angular-Require seed 项目，它提供了一个使用 Play、RequireJS、WebJars 和 AngularJS 构建项目的模板。

接下来，我们编辑 build.sbt 和 application.js 文件，修改后的构建文件如程序清单 10.4 所示。

程序清单 10.4　为 RequireJS 优化配置构建管道

```
name := """ch10"""

version := "1.0-SNAPSHOT"

lazy val root = (project in file(".")).enablePlugins(
  PlayScala                                              ◁────  启用 PlayScala 插件，它具有对 SbtWeb
)                                                               的依赖，所以就不需要显式声明了

scalaVersion := "2.11.7"
libraryDependencies ++= Seq(
  "org.webjars" %% "webjars-play" % "2.4.0-1",
  "org.webjars" % "jquery" % "2.1.4",
  "org.scalatest" %% "scalatest" % "2.2.1" % "test",
  "org.scalatestplus" %% "play" % "1.4.0-M4" % "test"
)

routesGenerator := InjectedRoutesGenerator                     添加 rjs 作为资产处
                                                               理管道的第一步
pipelineStages := Seq(rjs)                              ◁────

RjsKeys.mainModule := "application"                                    指定 RequireJS 的主模块名为
                                                               ◁────   "application"（这将会解析
RjsKeys.mainConfig := "application"        ◁────                       application.js 文件）
                          指定 RequireJS 的配置
                          位于 application 模块中
```

　　默认情况下，RequireJS 预期的入口称为 main.js，因为我们使用了一个不同的名字，所以需要进行声明。原则上，我们其实可以使用 main.js 这个名字，但是最好要知道这个约定，避免遇到陷阱。

　　然后，我们需要在 main.scala.html 中加载 RequireJS。在<head>区域中添加如下这行代码，将它放到其他脚本的前面：

```
<script
  data-main="@routes.Assets.versioned("javascripts/application.js")"
  src="@routes.WebJarAssets.at(WebJarAssets.locate("require.min.js"))">
</script>
```

　　因为 play-webjars 库具有对 RequireJS WebJar 的依赖，所以我们可以使用 WebJars 机制来加载 RequireJS。

　　在 main.scala.html 中我们还需要一项变更：移除加载 jQuery 的<script>标签。因为现在有了 RequireJS，它将会负责库的加载。

　　最后，我们需要配置和使用 RequireJS。编辑 application.js 文件，使其内容如程序清单 10.5 所示。

程序清单 10.5　使用 RequireJS 将 JavaScript 依赖连接在一起

```
                    (function (requirejs) {
                      'use strict';
配置 RequireJS ┌─▶  requirejs.config({          将整个配置包装到一个函数中，
                        shim: {                  避免污染全局的 JavaScript 命名
                          'jsRoutes': {          空间
                            deps: [],
                            exports: 'jsRoutes'   告诉RequireJS关于jsRoutes的信息，
                          }                       后者是在main.scala.html中运行时生
                        },                        成的，告诉它定义jsRoutes所使用的
                        paths: {                  变量名
                          'jquery': ['../lib/jquery/jquery']
                        }                         配置 jQuery 的依赖路
                      });                         径，这是 WebJar 依赖所
配置错误处 ┌─▶     requirejs.onError = function (err) {  形成的结果路径
理器，为了能         console.log(err);
够发现可能         };
出现的问题         require(['jquery'], function ($) {  使用 RequireJS 来依赖 jQuery 并
                        $(document).ready(function () {  执行初始化代码
                          // ...
                        });
                      });
                    })(requirejs);
```

　　RequireJS 的初始化配置有些烦琐，但是搭建好之后，我们就能享受它所带来的好处了。从上面的代码可以看出，我们需要应用相关的内容，比如使用自动生成的 jsRoutes 变量以及 jQuery 库的位置。

　　在 sbt 控制台中，运行 stage，这是将应用准备为生产环境部署一种方式。我们可以看到 RequireJS 优化了所有输出，并且会使用 UglifyJS 为所有 JavaScript 文件(包

括 jQuery 本身）执行一个优化的过程，它能够最小化和压缩 JavaScript 代码（同时还会让代码变得对人类不可读，在将 JavaScript 代码发布到服务器上时，我们可能希望这样做）。

> **更多的优化**　使用 RequireJS 只是优化资产管理管道的方式之一。例如，使用 sbt-gzip 插件为所有资产执行 gzip 压缩。sbt-digest 插件能够计算资产的校验和并将其附加到资产文件的名字上（这对于资产签名和 ETag 值是很有用的）。读者可以查阅 sbt-web 文档了解所有可用的插件。

4．使用 CDN 提供通用的 Web 资产

内容分发网络（Content Delivery Network，CDN）通常用于 Web 应用中，用来减轻加载常见库时的负载，比如 jQuery。CDN 在全球都有服务器，这些服务器会根据客户端的地理位置以最优化的方式提供这些资产。好消息是 WebJars 的资产能够通过 jsDelivr CDN 来获取，同时 sbt-rjs 插件会负责将 WebJar 库映射到 CDN URL 上，实现部署的优化。因此，为了让应用中的库在生产环境中使用 CDN URL，我们只需要将这个任务交给工具即可。

10.2　搭建持续集成环境

如果你想构建满足现实生活需要的应用，那么持续集成服务器是必备的。它消除了手工操作的所有麻烦，最重要的是它能够在一个干净的环境中自动运行所有测试，这个环境就是为了该目的而创建的，在运行测试时，不会阻塞计算机运行（随着应用和测试规模的扩大，它所耗费的时间可能会越来越长）。

10.2.1　在 Docker 中运行 Jenkins

如果你熟悉 Jenkins CI，并且已经有了运行它的服务器或虚拟机，那么你可以跳过本节。如果不熟悉，我们会使用 Docker 和 Docker Jenkins 镜像来快速起步。

> **为何使用 Docker？**　Docker 提供了一种机制，能够供应和运行带有给定一个应用或一组应用的**容器**（container）。我们不需要启动虚拟机模拟器、创建新的虚拟机、安装操作系统，最后安装自己的应用这些烦琐的流程，像 Docker 这样的容器平台能够通过容器**镜像**（image）完成所有操作。这些镜像易于下载，并且能够以最小化的配置运行。目前，有很多预先配置好的镜像可供使用，比如我们在本例中所要使用的 Jenkins。

我们需要首先安装 Docker 本身（查阅 Docker 的 Web 站点获取安装指南）。如果你使用 OS X 开发，还需要 boot2docker。详细的安装指南和安装程序可以在 Docker 的 Web 站点上找到。

然后，我们需要获取并克隆一个修改版本的 Jenkins Docker 镜像，这个镜像还包含了运行集成测试所需的组件。打开命令行窗口并切换至你所选择的目录，然后运行如下的命令：

```
git clone https://github.com/manuelbernhardt/docker.git
docker build -t docker-jenkins docker
```

这会将修改后的 Docker Jenkins 版本下载下来并使用"docker-jenkins"标签进行构建。接下来，我们运行 Docker 容器，该容器需要能够访问到应用程序的源码。为了实现这一点，在计算机中创建一个目录，例如在~/jenkins 文件夹下，然后通过程序清单 10.6 所示的命令启动镜像。

程序清单 10.6 运行 Jenkins Docker 镜像

映射主机的 8080 端口与容器的 8080 端口，也就是 Jenkins 运行所使用的端口

设定容器的名称，它会进行持久化，这些配置在下一次启动时不会丢失

将本章的源码目录映射到 Jenkins 的 home 目录下，这样就能在容器中访问它了

```
docker run
 --name chapter10-jenkins
 -p 8080:8080
 -v ~/reactive-web-applications/CH10:/var/jenkins_home/ch10
 docker-jenkins
```

表明我们想要运行刚刚构建的镜像

保持耐心，第一次启动可能会消耗一定的时间！

确定 Docker 容器的 IP 地址 正常情况下，Docker 的端口转发能够发挥作用，这样，Jenkins 就能通过 localhost（127.0.0.1）的 8080 端口访问。但是，这种方式并不一定始终有效，例如它在 OS X 上就无法稳定运行。我们可以使用 docker ps 命令来探查哪些端口和 IP 地址应该处于使用状态，在 OS X 上组合 boot2docker，我们可以使用 boot2docker ip 命令确定该使用哪个 IP 地址来访问 docker 容器。

此时，Jenkins 应该已经启动了起来，我们能够通过 http://localhost:8080（根据你的配置，IP 地址可能会有所差异），如图 10.2 所示。

图 10.2　访问新创建的 Jenkins 部署环境

10.2.2　通过配置 Jenkins 来构建应用

我们需要继续执行几个步骤才能让 Jenkins 对应用进行构建。

1.　安装必要的插件

在左边的菜单上，单击"系统管理"，然后单击"管理插件"，选择"可选插件" Tab 标签，我们需要两个插件：

■　用于运行构建的 sbt 插件；

■　Xvfb 插件，这是用来在 frame buffer 中运行 Firefox 的插件，用于集成测试功能。因为服务器运行在"headless"模式下（没有关联的界面），我们需要有一种方式来模拟浏览器所运行的界面。

选择这些插件，单击"下载待重启后安装"。在显示安装进度的页面上，选中"安装完成后重启 Jenkins(空闲时)"复选框，让 Jenkins 重启并激活新的插件。如果它没有自动执行，那么需要稍等片刻刷新页面。

完成以上操作后，重新回到"系统管理"，单击"脚本命令行"，在里面运行如下的命令：

```
hudson.model.DownloadService.Downloadable.all().each {
  it.updateNow()
}
```

这种方式能够自动安装 sbt。

再次回到"系统管理"菜单，选择条目"Global Tool Configuration"。在这个页面上，导航至 SBT 区域并添加一个新的 sbt 安装环境。为其命名，比如说"default"，然后选择"自动安装 0.13.8"版本。对 Xvfb 插件，我们需要采取相同的步骤，只需为安装命名即可。

2. 创建和运行 Jenkins Job

在主页上，单击"创建新任务"，创建一个新的自由风格的项目，并为其命名，比如"simple-play-application"。正常情况下，我们要配置这个项目从像 Git 这样版本控制系统中获取代码，但因为这个样例中我们是在本地运行，所以会手动复制源码。

首先，选中"Start Xvfb Before the Build, and Shut It Down After"，这样 frame buffer 就能在构建过程中运行。

在"构建"Tab 中，创建一个新的构建步骤"Execute shell"，执行如下内容：

```
rm -rf ${WORKSPACE}/*
cp -R ${JENKINS_HOME}/ch10/* ${WORKSPACE}
```

然后，添加一个"Build using sbt"构建步骤，action 为 compile test dist。

最后，在"构建后操作"Tab 中，添加"Publish JUnit test result report"步骤，并将目标路径设置为"target/test-reports/*.xml"，从而让 Jenkins 知道去哪里查找测试报告。

保存配置并通过左侧的菜单条目运行构建，这里需要有点耐心——第一次构建需要下载很多库，包括 sbt 本身。在构建执行的过程中，你可以查看日志，构建完成之后，可以查看测试结果，如图 10.3 所示。

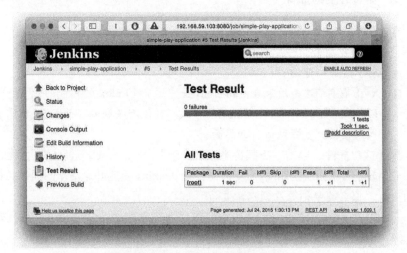

图 10.3　在 Jenkins 中查看测试结果

10.3 部署应用

接下来，我们会探讨部署应用的两种主要可选方式：Clever Cloud PaaS 和自己的服务器。

10.3.1 部署到 Clever Cloud

Clever Cloud 能够负责应用所需的服务器基础设施的管理和扩展。打开浏览器访问 http://clever-cloud.com 并创建一个账户（Clever Cloud 会要求 SSH key，这样就能够以安全的方式通过 Git 进行部署）。我们可以获取 20 欧元的免费信用额度，这对于运行简单的示例应用来说已经足够了。

在登录之后，进入个人空间，然后单击"Add an Application"并选择"Scala + Play! 2"。为其进行命名，比如"simple-play-application"，然后创建应用。此时，我们不需要指定要部署的数据库，因为我们的简单应用并没有用到数据库。

1．配置环境变量

Clever Cloud 允许配置在应用中可见的环境变量，定义如下 3 个条目：

① JAVA_VERSION：8。

② APPLICATION_SECRET：在 sbt shell 中使用 playGenerateSecret 命令产生一个随机数。

③ TEXT："Hello from Clever Cloud"。

2．推送代码

应用搭建完成之后，现在我们就要推送代码了。下面列出了实现该目的所要使用的命令，这些命令需要在本章源码所在的目录下运行：

```
git init
git add .
git commit -m "Initial application sources"
git remote add clever
 https://console.clever-cloud.com/
 users/me/applications/<application-name>/information
git push -u clever master
```

好了，在 Clever Cloud 的控制台上，我们应该能够看到部署所产生的日志，如图 10.4 所示，这个过程中，你需要有点耐心，因为一开始出现的消息只是会告诉我们应用正在部署。

在第一次部署时，获取所有依赖可能会耗费一些时间，但是在完成后，我们会收到一封 E-mail，提示应用部署成功，可以进行访问了。

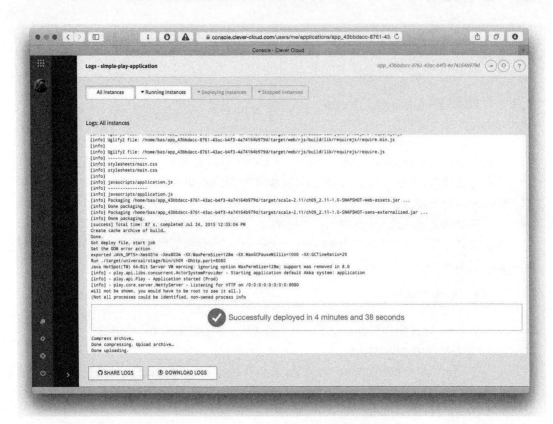

图 10.4 在 Clever Cloud 上观察应用的部署

3．启用自动扩展

Clever Cloud 能够根据应用的需要，自动进行水平扩展。正如我们在第 1 章中所讨论的那样，这是反应式 Web 应用的核心特性之一，同时也是这种类型的应用在运维时所面临的最重要的挑战之一。

在 Clever Cloud 控制台本应用相关的设置中，导航至 Scalability 菜单并滑动至 Autoscalability。在这里，我们能够启用自动扩展功能，并配置水平和垂直的扩展策略。水平扩展指定应用要运行的节点范围，而垂直扩展指定应用要运行的实例类型的范围，如图 10.5 所示。根据应用的负载，Clever Cloud 会自动判断出最高效的水平和垂直扩展组合方式，完成该应用的运维。

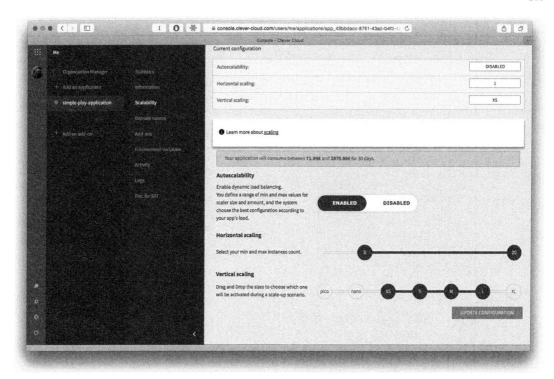

图 10.5　使用 Clever Cloud 配置自动扩展功能

10.3.2　部署到自己的服务器上

Play 应用的打包和部署有非常多的可选方案，有时候我们很难确定该采用哪种方式。实际上，最佳的方式是与应用所部署的环境以及运维团队的偏好和技能息息相关的。接下来介绍 3 种部署场景：使用所生成的脚本进行简单直接地部署（Play 的默认行为）、使用所生成的 Debian 分发包进行部署和以 Docker 容器的方式进行部署。

1．准备服务器

在这个步骤中，如果已经有自己的服务器或虚拟机，那么唯一需要注意的是我们会在一个部署样例中使用 Debian。如果你还没有服务器或虚拟机，也不需要担心，我们已经解决了搭建 Docker 环境可能会遇到的问题，所以以可以采用 Docker 镜像来运行样例。

我们使用 docker pull java 命令来获取具有 Java 环境的最新版本的 Docker 镜像。然后，运行 Docker 容器，这样，我们可以在主机和容器之间建立共享的目录，在这里使用的是主机上的 play-docker-home 目录（我们需要预先创建该目录）：

```
docker run
  9000:9000
```

```
-v ~/play-docker-home:/home/play
-i -t java:8 /bin/bash
```

这样就会启动容器，并连接到它的 shell 上。在这个窗口上，我们具有 root 访问权限。如果你使用自己的服务器，必须要按照最合适的方式传输文件（SCP 或其他工具）。

在开始之前，我们为 Play 应用创建一个用户：

```
root@41111c604022:~# adduser --gecos "" play
Adding user 'play' ...
Adding new group 'play' (1000) ...
Adding new user 'play' (1000) with group 'play' ...
The home directory '/home/play' already exists.
 Not copying from '/etc/skel'.
adduser: Warning: The home directory '/home/play' does not belong
 to the user you are currently creating.
Enter new UNIX password:
Retype new UNIX password:
passwd: password updated successfully
```

安装 zip，我们稍后会用到它：

```
apt-get install zip
```

最后，切换到该用户来运行样例：

```
su - play
```

2. 使用标准的分发包进行部署

如果你想完全控制应用的生命周期，那么可能会偏爱这种方法——所生成的脚本只包含应用运行所需要的内容，并且提供必要的上下文来获取环境变量。

在主机计算机中，开启一个单独的窗口，运行 sbt 控制台和 dist 命令。dist 命令会生成一个 zip 归档包，包含了可部署的应用。在输出的最后，你应该能够看到类似这样的一行输出：

```
[info] Your package is ready in
 /Users/<user>/work/ch10/target/universal/ch10-1.0-SNAPSHOT.zip
```

复制这个文件到 "~/ubuntu-home" 目录，使其对 Docker 容器可见，我们将使用它来模拟容器。

切换回 Docker 容器并使用 unzip ch10_1-1.0-SNAPSHOT.zip 提取归档包的内容。现在，可以按照如下的方式运行应用：

```
cd ch10-1.0-SNAPSHOT/bin
./ch10 -DTEXT=Hi
```

现在，我们就可以通过 Docker 容器的 IP 地址，在 9000 端口上访问应用了。

3. 创建和部署 Debian 包

Play 使用 sbt-native-packager 构建分发包（它也能构建出我们在前面运行 dist 命令所生产

的制件)。这个插件能够提供多种格式并且易于配置。接下来，基于应用创建一个原生的 Debian 包 (本质上来说，它是一个 ".deb" 文件)。

编辑 build.sbt 文件并进行如下变更：

■ 在 root 项目启用的插件列表中添加 DebianPlugin 和 JavaServerAppPackaging 插件。Debian 会负责原生 Debian 打包，而 JavaServerAppPackaging 会负责加载原型 (archetype)，这个原型除了其他的一些作用外，主要用于生成启动脚本；

■ 配置最小化的 Debian 打包信息，如程序清单 10.7 所示。

程序清单 10.7　Debian 打包的配置

```
maintainer := "John Doe <john@doe.com>"       ← 设置包的维护者
packageSummary in Linux := "Chapter 10 of Reactive Web Applications"
packageDescription :=
"This package installs the Play Application used as an example
  in Chapter 10 of the book Reactive Web Applications"

serverLoading in Debian := ServerLoader.Systemd       ←
```

包的简短说明 → maintainer / packageSummary

包的详细说明 → packageDescription

将服务加载系统设置为 SystemD，在 Debian Jessie 中这是默认的方式

现在，我们可以使用 debian:packageBin 构建包，然后将其复制到 Docker 容器的共享目录中或者复制到服务器中，最后使用 dpkg -i ch10_1.0-SNAPSHOT_all.deb 进行安装。

> **安装所需的构建包**　要完成这项构建，我们需要预先安装 fakeroot 和 dpkg 包。如果你使用 OS X，可以通过 Homebrew 安装它们。

4. 创建并运行 Docker 镜像

基于应用来创建镜像是非常简单的。首先根据已有的配置，只需添加下面这行代码到 build.sbt 中：

```
dockerExposedPorts in Docker := Seq(9000, 9443)
```

这将会为 HTTP 和 HTTPS 开放 9000 和 9443 端口。

然后，在 sbt 控制台上，运行 docker:publishLocal。这将会构建镜像并将其发布到本地 Docker 上。

最后，通过下面的命令运行镜像：

```
docker run -p 9000:9000 ch10:1.0-SNAPSHOT
```

这样，应用就通过 Docker 运行了。至此，我们可以在自己的容器部署平台上使用该镜像，也可以在像 AWS Elastic Beanstalk 这样的云服务上使用它。

以 WAR 包的形式部署应用 尽管在传统的 Java EE 环境中非常常见，但是将 Play 应用作为 Web 应用归档包进行部署却并不推荐，因为采用这种方式会丧失反应式应用的一些特点（根据应用服务器所支持的 Servlet 标准版本的不同，这意味 WebSocket 支持会受到限制，异步请求处理也有可能不可靠）。而在有些情况下，尤其是在企业级环境中，会有严格的部署策略，我们不可能采取其他的做法，这样，可以使用 WAR 插件。

10.3.3 该选择哪种部署模式

我们可以看到，在 Play 应用的部署方面，有很多种不同的方式——有完全托管的环境，比如 Clever Cloud，它会负责处理构建在内的所有事情，也有使用打包 ZIP 制件的裸机服务器。在自定义服务器方面，我们还没有讨论对应用进行扩展。这个话题本身涉及的内容很宽泛和复杂，它可能需要一整本书才能阐述清楚。如果你想要实现两个节点的简单环境，请查看 Play 的官方文档，这个文档提供了一些样例配置，比如为 Nginx 搭建负载均衡器。

决定采用哪种部署模型在很大程度上是业务决策，而不是技术决策，这已经超出了本书的范围。但是，在做出决策之前，我们需要明白除了部署应用之外，还有很多其他的考虑因素：我们需要能够监控应用并探查日志以分析错误场景。对于这些关注点，同样也有托管和自己搭建的解决方案，你（或者组织中的其他人）需要决定采取哪种方式。

决策很大程度上取决于环境和你所在的组织——我曾经使用过完全托管和完全自己搭建的运维环境，它们都有其优点和缺点。建议基于尽可能多的知识（informed）来做出决策，将运维基础设施的所有影响都考虑在内。在工作中，我们容易忽略的一个因素就是要根据发展趋势来做出决策，尤其是我们现在正处于一个技术不断演化的环境中。

10.4 小结

在本章中，我们看到了部署反应式 Play 应用的一些考虑因素。我们着重讨论了：

- 在部署之前，如何准备应用并在一些方面进行优化，比如 Web 资产；
- 搭建 Jenkins CI 服务器以便于使用 Selenium 浏览器测试应用；
- 如何使用 Clever Cloud 部署应用并配置可扩展性，如何将应用打包和部署到本地服务器上。

关于运维的话题非常广泛和复杂。本章所传递的最重要的信息可能就是 Play 紧跟部署技术发展的趋势并且能够与各种打包和部署技术协作。接下来，我们讨论构建反应式 Web 应用的最后一个主题：对它们进行测试。

第 11 章 测试反应式 Web 应用

测试 Web 应用很难，而测试反应式 Web 应用则是难上加难。除了所有客户端都会关注的内容，比如浏览器兼容性以及在不同连接速度和连接质量下大量移动设备的执行情况，我们还必须要关注反应式 Web 应用所承诺交付的功能：能够通过扩展（伸缩）响应负载的变化、在出现故障时提供降级执行，而不是完全无法使用，同时还要尽快为用户提供响应，实现最小的延迟。

在前面的章节中，我们已经看到了针对反应式应用的不同组成部分和行为的测试技术。而本章中，在开始实际测试工作之前，我们先总体看一下都有哪些方面需要进行测试。因为测试是一个很广泛的话题，所以在本章中，我们不会涵盖这个话题的所有方面，但是会让读者对反应式应用的测试有个直观的印象，能够意识到它与测试"非反应式"属性的区别。基于前面的章节的编写风格，在本章中，我们还会实际看到让应用应对负载的实际经验。

11.1 测试反应式特质

关于测试，我们通常会将其视为确认一段代码或一个组件的行为是否符合预期，也就是是否能够得到正确的结果。在反应式 Web 应用的测试中，不仅要测试正确性，还要确定应用或组件在反应式特质方面，是否遵循了正确的做法。

- **响应性**（responsiveness）：是否能够及时生成结果？
- **弹性**（resilience）：当出现故障时，是否能够优雅处理？是否能够按照我们的预期进行降级？
- **适应性**（elasticity）：是否能够根据负载进行扩展？

接下来，我们详细看一下如何测试这些方面。

11.1.1　测试响应性

在测试响应性时，我们其实想要知道应用特定部分的延迟是多少。第 5 章讨论过关于延迟的话题：延迟指的是给客户端提供结果所要持续的时间，它的计算方式是整个过程中所需序列化步骤的总和。通常来讲，它会以毫秒的形式来表达。如果组件的延迟超出了预定的范围，我们就有麻烦了。

我们可以在不同的范围测试响应性：在单个组件的范围内、在 API 的范围内或者在整个应用的范围内（在客户端的视角执行请求）。与测试正确性类似，在不同的范围内进行测试有助于识别计算链中的哪一部分无法符合应用在响应性方面的要求。

但与正确性检查不同的地方在于，检查响应性要执行的次数更多，并且要在不同的并发级别（比如，分别对 10 个和 10000 个并发用户进行测试）执行。只有这样，我们才能得到应用响应性方面的真实状况（以直方图的形式），从而判断它是否能够满足我们在延迟方面的要求。

11.1.2　测试弹性

在测试弹性时，我们想要测试为各个组件所定义的不同策略在系统出现问题时，是否能够真的生效。

在这里，很重要的一点就是区分故障和错误（如**反应式宣言**所定义的）。应用应该会有很多的错误处理过程，它们会作为正常应用逻辑的一部分（例如，用户输入了不合法的 E-mail 地址要能测试出来，并将错误条件展现给用户）。与之不同的是，故障是无法预期的条件，除非有恰当的故障恢复机制，否则它会导致应用处于不可用的状态，因此这就需要应用具有弹性的行为。

测试应用的弹性并不是测试应用是否能够正确地处理错误的输入或错误的数据，对于"非反应式"应用，这种错误输入也是要进行测试的。我们想要测试的是断路器、流控制消息以及其他的故障处理机制是否按照想要的方式运行。根据应用想要处理的故障类型的不同，这种测试或多或少有一定的难度。

11.1.3　测试适应性

适应性定义了一个部署好的应用在面对负载增加时，能够水平和/或垂直扩展（根据预先定义的扩展机制）的能力。要测试这种属性，我们首先需要能够生成足够大的负载，从而触发扩展过程，然后检查是否真的有更多的节点在运行应用。

如果你对适应性测试比较重视，那么这实际上就是对应用发起一个小型的拒绝服务攻击（Distributed Denial of Service，DDoS），然后观察是否真的进行了扩展并对延迟的影响降低到了最小。在测试适应性时，我们确实比较关注这方面的特性，所以稍后将会详细介绍到如何执行这种测试。

11.1.4　在哪里进行测试

尽管在开发的过程中，我们会经常在笔记本电脑上运行单元测试，但是在这样的机器上测试响应性或适应性却并不是什么好主意，因为这并不是我们生产环境的机器（希望你不会把应用部署到这样的机器上）。基于持续集成服务器运行这些测试也不是一个好办法，因为它的基础设施和真正的生产环境可能也有差异。

基于生产环境测试可能会有一定的问题，在将这种方式介绍给公司或组织中的管理人员时，我们可能会遇到麻烦。所以，我不建议你基于生产环境运行各种负载和恢复测试，而是基于和生产环境一样的基础设施来运行测试。只有通过这种方式，我们才能知道应用所运行的平台是否会按照预期的方式执行对应的行为。

　　测试的成本　我们在这部分关于基础设施的讨论中，可能会引发关于测试成本的质疑。基础设施越大，成本就会越高。在回答这个问题或作出决策时，可以问自己这样的问题：如果不进行适当的测试，那付出的代价又有多高？

　　如果你打算在测试方面节省时间（或金钱），那么值得考虑的做法是在更粗的粒度上编写测试，而不仅仅是单元测试。尽管支持测试驱动开发（Test-Driven Development，TDD）的人可能会不同意这种观点，但是如果资源有限的话，那么单元测试本身并不会给应用带来更高的价值，它们所能做的就是帮助我们识别更快速的开发中所引入的回归测试问题（当然，这要求单元测试要涵盖被影响的代码）。

本章已经介绍了太多理论，接下来我们继续进行实际执行测试，首先测试一下反应式组件。

11.2　测试单个反应式组件

在本节中，我们将会看到如何测试单个组件的响应性和弹性。在实现异步编程时，有两个最常用的工具，即 Future 和 Actor，下面介绍如何对它们进行测试。

11.2.1　测试单个组件的响应性

在测试反应性时，我们需要提供一个支持超时的测试框架，它代表了我们预期异步执行会耗费多长的时间。无限时地等待异步操作执行完成并不是明智的做法，因为我们完全有可能会忘记完成某个 Future 或者忘记答复消息! 在下面的内容中，我们将会看到，测试框架确实提供了必要的工具，用来细粒度地控制预期的延迟。

1. 测试 Future 的反应性

我们使用简单的 RandomNumberService 样例来阐述 Future 的测试。我们在第 5 章已经使用过 specs2 进行测试，所以这次会使用 ScalaTest。

首先，创建一个新的 Play 应用（在本章讲解的过程中，会不断构建它的内容），并在 build.sbt 中将 ScalaTest 依赖包含进来：

```
libraryDependencies ++= Seq(
  "org.scalatest" %% "scalatest" % "2.2.1" % Test,
  "org.scalatestplus" %% "play" % "1.4.0-M3" % Test
)
```

然后，在 app/services/RandomNumberService.scala 定义简单服务及其实现，如程序清单 11.1 所示。

程序清单 11.1　定义提供随机数的服务

```
package services

import scala.concurrent.Future

trait RandomNumberService {            ◀── 将组件定义为特质
  def generateRandomNumber: Future[Int]      以便于测试
}

class DiceDrivenRandomNumberService(dice: DiceService)  ◀── 定义组件的实现，它依
  extends RandomNumberService {                            赖于 DiceService
  override def generateRandomNumber: Future[Int] = dice.throwDice
}

trait DiceService {                    ◀── 将 DiceService 也定
  def throwDice: Future[Int]              义为特质
}
class RollingDiceService extends DiceService {   ◀──
  override def throwDice: Future[Int] =              定义 DiceService 实现，一
    Future.successful {                              个简单却强大的实现
      4 // chosen by fair dice roll.
      // guaranteed to be random.
    }
}
```

现在，你应该能够识别出定义服务及其实现的常用模式了。我们将服务要实现的契约性的任务放到特质中，并在它的实现中使用构造器注入作为依赖的提供机制，从而确保隔离测试该组件的时候，也不会有什么问题。

现在，我们进入有意思的部分：测试。创建 test/services/DiceDrivenRandomNumber ServiceSpec.scala 文件，其内容如程序清单 11.2 所示。

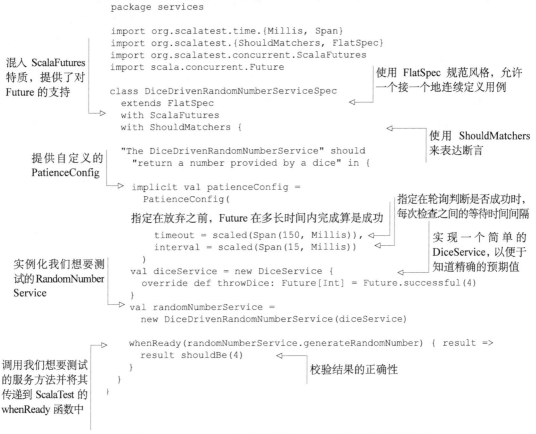

程序清单 11.2　使用 ScalaTest 测试 dice（投掷骰子）服务的响应性

```
package services

import org.scalatest.time.{Millis, Span}
import org.scalatest.{ShouldMatchers, FlatSpec}
import org.scalatest.concurrent.ScalaFutures
import scala.concurrent.Future

class DiceDrivenRandomNumberServiceSpec
  extends FlatSpec
  with ScalaFutures
  with ShouldMatchers {

  "The DiceDrivenRandomNumberService" should
    "return a number provided by a dice" in {

    implicit val patienceConfig =
        PatienceConfig(
          timeout = scaled(Span(150, Millis)),
          interval = scaled(Span(15, Millis))
        )
    val diceService = new DiceService {
      override def throwDice: Future[Int] = Future.successful(4)
    }
    val randomNumberService =
        new DiceDrivenRandomNumberService(diceService)

    whenReady(randomNumberService.generateRandomNumber) { result =>
      result shouldBe(4)
    }
  }
}
```

混入 ScalaFutures 特质，提供了对 Future 的支持

使用 FlatSpec 规范风格，允许一个接一个地连续定义用例

使用 ShouldMatchers 来表达断言

提供自定义的 PatienceConfig

指定在轮询判断是否成功时，每次检查之间的等待时间间隔

指定在放弃之前，Future 在多长时间内完成算是成功

实现一个简单的 DiceService，以便于知道精确的预期值

实例化我们想要测试的 RandomNumber Service

调用我们想要测试的服务方法并将其传递到 ScalaTest 的 whenReady 函数中

校验结果的正确性

ScalaTest 提供了 ScalaFutures 特质来测试 Future。这个特质提供了 whenReady 方法，它允许包装一个 Future 并在方法体中检查预期结果，这个方法还会接收一个 PatienceConfig，它允许我们配置 Future 可以运行的最长时间以及查询 Future 完成状况的时间间隔。whenReady 的方法体会用来检查结果的正确性，而 timeout 和 interval 的值则会用来检查预期的响应性。在本例中，我们预期 Future 会在 150 毫秒内成功，并且每 15 毫秒检查一次它的完成状况。需要注意的是，我们可以将 timeout 和 interval 的值直接传递到 whenReady 方法的调用中，只不过隐式的 patienceConfig 能够让我们不必每

次都重复自己的工作（如果有一些调用都要使用类似的时间限制，那么这种方式就会更有价值了）。

时间限制与硬件差异

在程序清单 11.2 中，我们使用了 PatienceConfig 的默认值。你可能也已经注意到它们封装到了一个 scaled 函数中，从而将所有的时间限制乘以一个扩展因子（scaling factor，默认是 1.0）。当在不同的环境中运行测试时，这种机制就很有意思了，这也是我们很可能会遇到的情况，开发环境、持续集成服务器甚至生产环境中的副本节点都是不同计算机配置。

正在运行的测试很可能会受到底层硬件和网络连接状况的影响，毕竟我们想要测试的是更复杂的过程，而不是这里这么简单的模拟掷骰子的过程，更为复杂的掷骰子过程可能会涉及到 Raspberry PI、照相机、图像识别过程、机械手臂和一个真实的骰子，在这种情况下，就会关联到网络了。即便是不这么新奇的测试用例，例如只需要磁盘访问的情况，在执行时间上也会有很明显的差异。在编写本书的时候，由于 SSD 硬盘在笔记本电脑上虽然已经随处可见，但在服务器上还不常见，因此磁盘访问相关的测试执行时间在不同测试环境下可能就会有很大的差异。

我们可以在 build.sbt 中配置扩展因子，它会读取一个环境变量，如下所示：

```
testOptions in Test += Tests.Argument(
  "-F",
  sys.props.getOrElse("SCALING_FACTOR", default = "1.0")
)
```

---

2. 测试 Actor 的反应性

Akka 提供了 TestKit 用于测试 Actor 系统。TestKit 提供了必要的工具在两个方向来测试 Actor：隔离状态（这种情况下，要深入到 Actor 内部，检查它对不同事件进行响应时的状态）或者与其他多个 Actor 协作时的状态（在这里就会涉及多线程调度）。接下来，我们看一下如何使用 TestKit 来测试单个 Actor 的时间限制。

通过在 build.sbt 中添加如下的依赖，将 TestKit 包含到我们的项目中：

```
libraryDependencies += Seq(
  // ...
  "com.typesafe.akka" %% "akka-testkit" % "2.3.11" % Test
)
```

接下来，我们创建一个生成随机数的待测试 Actor，如程序清单 11.3 所示：

程序清单 11.3　实现计算随机数的 Actor

```
package actors

import actors.RandomNumberComputer._
import akka.actor.{Props, Actor}
import scala.util.Random
```

```scala
class RandomNumberComputer extends Actor {
  def receive = {
    case ComputeRandomNumber(max) =>
      sender() ! RandomNumber(Random.nextInt(max))
  }
}

object RandomNumberComputer {
  def props = Props[RandomNumberComputer]
  case class ComputeRandomNumber(max: Int)
  case class RandomNumber(n: Int)
}
```

当调用时，返回一个 0 和 max 之间的随机数

定义创建 props 的辅助方法

相对于前面章节所构建的 Actor，它本身并不复杂。但是，更加有趣的是测试，如程序清单 11.4 所示：

程序清单 11.4　使用 Akka TestKit 测试 Actor

```scala
package actors

import akka.actor.ActorSystem
import akka.testkit._
import scala.concurrent.duration._
import org.scalatest._
 import actors.RandomNumberComputer._

class RandomNumberComputerSpec(_system: ActorSystem)
  extends TestKit(_system)
   with ImplicitSender
  with FlatSpecLike
  with ShouldMatchers
  with BeforeAndAfterAll {

    def this() = this(ActorSystem("RandomNumberComputerSpec"))

  override def afterAll {
    TestKit.shutdownActorSystem(system)
  }

  "A RandomNumberComputerSpec" should "send back a random number" in {
    val randomNumberComputer =
      system.actorOf(RandomNumberComputer.props)
    within(100.millis.dilated) {
      randomNumberComputer ! ComputeRandomNumber(100)
      expectMsgType[RandomNumber]
    }
  }
}
```

使用 FlatSpecLike 特质混入 FlatSpec 行为

扩展 TestKit 类，它提供了测试的功能

混入隐式的发送者行为，它将 TestKit 的测试 Actor 设置为消息发送的目标

告知 ScalaTest，我们想要在全部用例完成前后执行自定义的代码

定义默认的构造器，它提供了一个 ActorSystem

在所有的用例运行完成后关闭 ActorSystem

初始化我们想要测试的 Actor

使用 TestKit 的 within 方法检查是否在 100 毫秒内得到结果，这里会将时间扩展因子考虑在内

预期返回 RandomNumber 类型的消息（我们不知道具体的数字是哪一个）

在测试用例中，TestKit 直接创建了一个 testActor Actor，它能够接收要发送给待测试 Actor 的消息，之所以像 expectMsgType 这样的方法能够运行，是因为它们只需等待 testActor 接收到特定类型的消息。

可以看到，在使用 Akka TestKit 时，需要搭建一些测试的基础设施。我们需要对其

进行扩展，并使用 ImplicitSender 特质（它只不过是声明一个隐式的 Actor 引用，指向
TestKit 所创建的测试 Actor）使其运行起来。

within 函数允许我们定义一个时间范围，代码会在它的函数内部运行，并检查执行的
时间。如果我们想要检查的事项是不想让 Actor 太快答复，还可以设置一个最小值。

时间限制与硬件差异

　　与 Future 类似，根据底层硬件的不同，Actor 可能也会有不同的响应性。我们用到了
akka.testkit 包的 dilated 方法，该方法提供了隐式转换的功能，允许我们进行自定义扩展。

　　为了自定义扩展因子，我们需要为 akka.test.timefactor 配置项提供一个值。比如，我们可
以在测试类初始化 ActorSystem 时，重用环境变量中所定义的相同的时间扩展因子，如下所示：

```
def this() = this(
  ActorSystem(
    "RandomNumberComputerSpec",
    ConfigFactory.parseString(
      s"akka.test.timefactor=" +
        sys.props.getOrElse("SCALING_FACTOR", default = "1.0")
    )
  )
)
```

11.2.2　测试单个组件的弹性

除了响应性，我们还要检查自己所构建的组件是否能够对故障保持弹性，至少在实
现该特性时，能够保持对故障的弹性。比较幸运的是，我们用来测试响应性的工具在这
方面也能提供帮助。

1. 测试 Future 的弹性

在第 5 章中，我们看到过如何通过 recover 和 recoverWith 方法从失败的 Future 中进
行恢复。现在，我们调整一下 DiceDrivenRandomNumberService，使其具有弹性，从而
能够应对 dice 实现中的问题。

新增一个针对 DiceDrivenNumberServiceSpec 的测试样例，假设现在使用的骰子每
两次就会有一次掉到桌子下面，从而导致失败，如程序清单 11.5 所示：

程序清单 11.5　为服务实现测试用例，通过一种简单依赖的方式进行调用

```
class DiceDrivenRandomNumberServiceSpec
  extends FlatSpec
  with ScalaFutures
  with ShouldMatchers {                    实现 DiceService 服务，每两次就会
                                           有一次是失败的，包括第一次
  // ...

  it should "be able to cope with problematic dice throws" in {
    val overzealousDiceThrowingService = new DiceService {
```

```
    val counter = new AtomicInteger()
    override def throwDice: Future[Int] = {
      val count = counter.incrementAndGet()
      if(count % 2 == 0) {
        Future.successful(4)
      } else {
        Future.failed(new RuntimeException(
          "Dice fell of the table and the cat won't give it back"
        ))
      }
    }
  }

  val randomNumberService =
    new DiceDrivenRandomNumberService(
      overzealousDiceThrowingService
    )

  whenReady(randomNumberService.generateRandomNumber) { result =>
    result shouldBe(4)
  }
 }
}
```

现在，我们为 DiceDrivenRandomNumberService 所提供的 DiceService 每两次就会失败一次，包括第一次运行的时候。如果此时运行测试，那么测试将会失败。现在，我们对服务进行调整，使它具有弹性，如程序清单 11.6 所示。

程序清单 11.6　让 DiceDrivenRandomNumberService 组件具有弹性

```
import scala.util.control.NonFatal
import scala.concurrent.ExecutionContext.Implicits._

class DiceDrivenRandomNumberService(dice: DiceService)          ┌─ 使用 recoverWith 处
  extends RandomNumberService {                                 │  理器进行故障恢复
  override def generateRandomNumber: Future[Int] =         ◄────┘
    dice.throwDice.recoverWith {                           ◄────┐
        case NonFatal(t) => generateRandomNumber                │  只需简单地再次调用方
    }                                                      ┌────┘  法，直到可以运行为止
}
```

这里的故障恢复机制比较原始，它只是不断地尝试轮询 DiceService，但是这就已经足够了。

在程序清单 11.5 中，我们可以看到调用服务的方式与前面的样例相比并没有太大的差异，只不过我们为其提供的是一个特殊的 DiceService。它与弹性组件是内联在一起的，这样故障在组件外部是不可见的，我们在内部对其进行处理。

先编写规约，然后调整行为　按照测试驱动开发的最佳实践，我们应该先创建一个规约（spec），用于表明组件是不具备弹性特征的；然后对其进行调整，使它具有弹性，而不是采用相反的过程。我们可以使用这种技术应对很多边界场景，比如如果某个骰子失败的次数太多，我们可以采用其他的策略，例如使用其他的骰子。

2．测试 Actor 的弹性

我们在第 6 章已经介绍过，Actor 系统中的弹性主要依靠监管功能来实现。我们可能并不需要测试 Akka 所提供的监管机制本身的行为是否符合预期(Akka 的测试套件很可能已经全面地测试过了)，也不需要测试 SupervisorStrategy 定义的正确性（毕竟它是一个非常简单的局部功能），我们真正想要测试的是子 Actor 是否因为相应的异常而产生了故障。

要测试 Actor 行为的正确性，这里有一个问题在于 Akka 并不允许我们深入到监管过程本身。直接通过 ActorSystem 创建的 Actor 会被 user guardian 所监管，在子 Actor 发生故障的时候，没有办法知道发生了什么，因此这使得测试子 Actor 的行为变得非常困难，而这就是 StepParent 模式能够大显身手的地方了。该模式的工作方式非常简单：在用例中，并不是直接创建要测试的 Actor，而是使用一个中间的 "step parent" Actor，它会为我们实例化 Actor 并返回对 Actor 的引用，这样它就成了被测 Actor 的父 Actor。我们可以定义这个父 Actor 的监管策略，从而检查子 Actor 是否按照预期出现相应的故障。

现在，为 RandomNumberComputerSpec 创建一个新的测试用例，如程序清单 11.7 所示。

程序清单 11.7　采用 StepParent 模式测试 Actor 的故障

定义 StepParent 辅助 Actor，以参数的形式将另一个 Actor 传递进来，它会与该 Actor 进行通信

声明自定义的监管策略，用来拦截子 Actor 的故障

```
it should "fail when the maximum is a negative number" in {

  class StepParent(target: ActorRef) extends Actor {
    override def supervisorStrategy: SupervisorStrategy =
      OneForOneStrategy() {
        case t: Throwable =>
          target ! t
          Restart
      }
    def receive = {
      case props: Props =>
        sender ! context.actorOf(props)
    }
  }
  val parent = system.actorOf(
    Props(new StepParent(testActor)), name = "stepParent"
  )
  parent ! RandomNumberComputer.props
  val actorUnderTest = expectMsgType[ActorRef]
  actorUnderTest ! ComputeRandomNumber(-1)
  expectMsgType[IllegalArgumentException]
```

将故障信息发送给目标 Actor

当接收到 Props 时，创建子 Actor 并将引用发送回去

创建 StepParent Actor，将 testActor 作为要通信的目标 Actor 传递进来

将想要测试的 Actor (也就是 RandomNumberComputer) 的 Props 发送给 StepParent

测试 Random Number Computer，为其提供一条可以引发故障的消息

根据预期得到的 IllegalArgumentException，判断 Actor 是否真的发生了故障

通过接收 ActorRef 类型的消息，得到想要测试的 Actor 的引用

在本例中，我们首先创建了一个 StepParent 并将 TestKit 所提供的 testActor 传递进去——它用来作为所有通信的目的地，允许我们使用各种辅助方法。然后，我们要求 StepParent 实例化 RandomNumberComputer，这需要将 props 发送过去，最后通过发送回来的 ActorRef 类型的消息，得到 Actor 的引用。

现在，进入最有意思的部分：引发被测试 Actor 的故障。因为 Random.nextInt()方法预期得到的是一个正数，如果传递一个负数进去，就会产生故障。在测试中，我们可以传递一个负数，然后预期 StepParent 会为我们提供一个 IllegalArgumentException 类型的 Throwable。

可以看出，这种模式是很强大的。StepParent 的更高级实现能够对不同类型故障采取不同的反应，比如尝试恢复子 Actor 而不是重启它并检查它的行为是否符合预期。

我们已经看过了测试较小异步组件的不同方式，接下来测试整个应用。

11.3　测试整个反应式应用

在本节中，我们要测试整个应用的弹性，看一下它在面对负载增加时，是否会扩展。为了实现这一点，我们首先需要创建一个供测试的简单 Web 应用。你可能也能够猜到，这就是一个生成随机数的应用。

11.3.1　创建生成随机数的简单应用

我们将会创建一个简单的应用，在单击按钮时，将会生成一个随机数。为了让应用更加有意思，我们会从 RANDOM.ORG 获取随机数，这样就会有一定的网络传输。为了实现该功能，需要请求一个 https://api.random.org.的 API key。

首先，创建一个新的 Actor，用于负责与 RANDOM.ORG 的通信，如程序清单 11.8 所示。

程序清单 11.8　创建一个 Actor，从 RANDOM.ORG 上获取一个随机的整数

```
package actors

import actors.RandomNumberFetcher._
import akka.actor.{Props, Actor}
import play.api.libs.json.{JsArray, Json}
import play.api.libs.ws.WSClient
import scala.concurrent.Future
import akka.pattern.pipe

class RandomNumberFetcher(ws: WSClient) extends Actor {
  implicit val ec = context.dispatcher

  def receive = {
    case FetchRandomNumber(max) =>
```

```
        fetchRandomNumber(max).map(RandomNumber) pipeTo sender()
    }

    def fetchRandomNumber(max: Int): Future[Int] =
      ws
        .url("https://api.random.org/json-rpc/1/invoke")
        .post(Json.obj(
          "jsonrpc" -> "2.0",
          "method" -> "generateIntegers",
          "params" -> Json.obj(
            "apiKey" -> "00000000-0000-0000-0000-000000000000",
            "n" -> 1,
            "min" -> 0,
            "max" -> max,
            "replacement" -> true,
            "base" -> 10
          ),
          "id" -> 42
        )).map { response =>
          (response.json \ "result" \ "random" \ "data")
            .as[JsArray]
            .value
            .head
            .as[Int]
        }
}

object RandomNumberFetcher {
  def props(ws: WSClient) = Props(classOf[RandomNumberFetcher], ws)
  case class FetchRandomNumber(max: Int)
  case class RandomNumber(n: Int)
}
```

将对 RANDOM.ORG 调用的 Future 结果以流的形式发送给消息的发送者，它所请求的是一个随机数

调用 RANDOM.ORG API 获取一个随机的整数

传入 API key，不要忘记将它替换为你自己的 key

以非安全的方式抽取结果，如果有地方出错的话，会触发 Future 的故障

读到这里，对于 Actor，你可能已经非常熟悉了。我们所做的只是发起对 RANDOM.ORG 的远程调用，并抽取结果。在将结果封装到一个 RandomNumber 中之后，带有该结果的 Future 会以管道的方式发送给请求该随机数的 Actor。需要注意，目前我们还没有处理故障。

接下来，我们在 app/controllers/Application.scala 中创建后面要用到的控制器，如程序清单 11.9 所示。

程序清单 11.9　展现随机数计算结果的控制器

```
package controllers

import javax.inject.Inject
import scala.concurrent.duration._
import scala.concurrent.ExecutionContext
import play.api.mvc._
import akka.actor._
import akka.util.Timeout
import akka.pattern.ask
import actors._
import actors.RandomNumberFetcher._
import play.api.libs.ws.WSClient

class Application @Inject() (ws: WSClient,
                            ec: ExecutionContext,
                            system: ActorSystem) extends Controller {
```

使用依赖注入装配依赖

```
implicit val executionContext = ec
implicit val timeout = Timeout(2000.millis)      ←——— 将超时时间设置为
                                                       2 秒
val fetcher = system.actorOf(RandomNumberFetcher.props(ws))  ←———
                                                 创建一个 Random
def index = Action { implicit request =>         NumberFetcher Actor
  Ok(views.html.index())
}

def compute = Action.async { implicit request =>   获取一个最大值为
  (fetcher ? FetchRandomNumber(10)).map {      ←——— 10 的随机数
    case RandomNumber(r) =>
      Redirect(routes.Application.index())
        .flashing("result" -> s"The result is $r")  ←——
    case other =>                                    将结果放到 flash 作用域
      InternalServerError          ←——             中，使其对响应是可见的
  }                                如果没有得到返回的
}                                  RandomNumber，将会
}                                  失败
```

在 compute Action 中，调用 Actor 并使用 ask 模式请求一个随机数。如果随机数能够及时返回，那么它将会通过 flash 作用域传递到响应中，否则将会发生失败。

最后，为测试应用创建一个带有按钮的简单视图，如程序清单 11.10 所示。

程序清单 11.10　简单的视图，带有一个按钮用来生成随机数

```
                                将 flash 作用域声明
                                为隐式参数
@()(implicit flash: Flash)  ←——
@main("Welcome") {
    @flash.get("result").map { result =>   如果存在结果的
        <p>@result</p>           ←——       话，进行展示
    }
    @helper.form(routes.Application.compute()) {
        <button type="submit">Get random number</button>  ←——
    }                                         为用户提供一个按钮，
}                                             用来获取随机数
```

完成后，别忘记在 conf/routes 中添加对应的路由（针对本例，定义个 GET 请求，这样能够简化随后的负载测试）。

应用现在准备就绪，将其部署到 Clever Cloud 上（第 10 章中已经做过示范）并在浏览器中对其进行测试。现在不要启用任何的扩展策略，这个样例使用的是 XS 实例（1024 MB RAM，1 CPU）。我们应该能够访问应用了，单击"Get Random Number"按钮会得到一个随机数。

至此，我们已经准备好了应用，接下来对它进行测试！

11.3.2　使用 Gatling 测试弹性

Gatling 是一个负载测试框架，它能够模拟大量的真实用户，用来测试高级交互的流

程。Gatling 是基于 Scala、Akka 和 Netty 构建的，并提供了有用的场景录制器，使得它很容易创建各种用户交互场景。

我们想要对应用进行负载测试，以便快速和自动化地找出应用在面对高负载时所出现的问题。为了真实掌握大量用户同时访问站点时会发生什么状况，仅仅生成数量众多的请求是不够的，我们还需要考虑到各种请求场景。Gatling 能够模拟大量用户按照不同方式访问站点的行为。

1．录制场景

首先，我们要从主页下载 Gatling 包，并提取文件内容，然后借助<gatlin-directory>/bin/recorder.sh（如果使用 Windows 的话，就是 recorder.bat）命令运行录制程序。这样，我们会看到一个 GUI 界面，可以通过该界面配置录制程序，如图 11.1 所示。

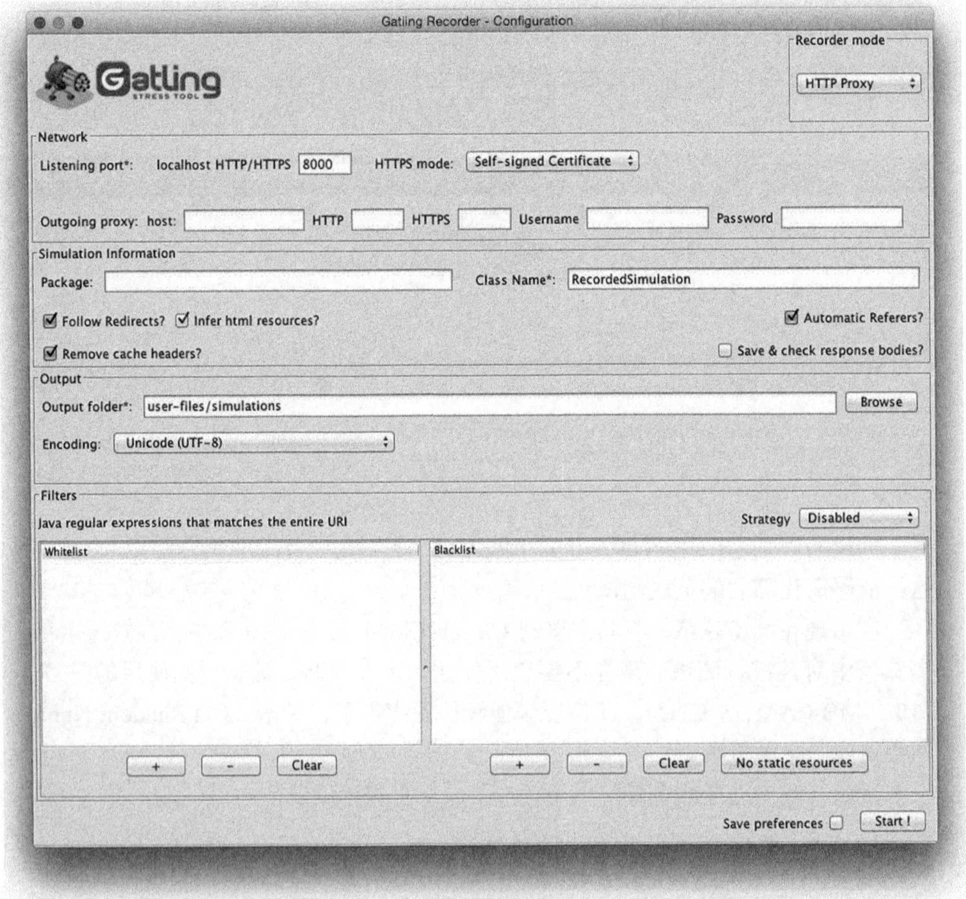

图 11.1　Gatling 录制程序的 GUI

　　Gatling 录制程序的工作原理就是会作为浏览器的一个代理，因此能够捕获真实用户与远程系统之间的所有交互。它还能记住这些操作执行所耗费的时间，所以能够按照最优的方式模拟真实用户访问 Web 站点的行为。

　　配置浏览器使用 Gatling 录制程序作为代理（默认情况下，地址是 localhost，端口是 8000），然后单击录制程序上的"Start"按钮。将浏览器导航至我们刚刚部署到 Clever Cloud 上的应用，单击按钮几次，然后停止模拟过程。

　　如果使用默认参数，那么模拟结果将会录到<gatlin-directory>/user-files/simulations/RecordedSimulation.scala 中，我们可以通过<gatlin-directory>/bin/gatling.sh 文件运行这个模拟过程。按照屏幕上的指令运行模拟过程，在运行的最后会生成一个 HTML 报告，其中描述了模拟过程的详细信息和性能。

2. 模拟并发用户并观察应用的故障

　　如果编辑 RecordedSimulation.scala 文件，你会在它的结尾处看到这样一行代码：

```
setUp(scn.inject(atOnceUsers(1))).protocols(httpProtocol)
```

　　这是配置模拟过程的地方，可以看出，默认的模拟过程对应用来说太友好了。我们稍微调整一下：将 setup 那行代码替换为程序清单 11.11 所示的模拟过程。

程序清单 11.11　配置模拟过程，对服务器增加负载

```
setUp(
  scn.inject(
    nothingFor(4 seconds),
    rampUsers(50) over(10 seconds),
    atOnceUsers(10),
    constantUsersPerSec(2) during(15 seconds) randomized,
    splitUsers(50) into (
      rampUsers(10) over(10 seconds)
    ) separatedBy(5 seconds)
  ).protocols(httpProtocol)
)
```

在 10 秒钟的时间内增加 50 个用户

一次性注入 10 个用户

4 秒钟的时间内什么都不做

每秒钟注入两个用户，持续 15 秒钟，间隔时间是任意的

重复在 10 秒内新增 10 个用户，直到达到 50 个额外的用户为止，每次执行间隔 5 秒

　　这些**注入步骤**（injection step）是按顺序执行的（更详细的描述，请查阅 Gatling 文档）。可以看到，这些配置选项非常灵活，所以能够配置出各种负载场景，以便于观察应用的反应。基于这些参数重新运行模拟过程，当然需要确保有较好的互联网连接。

　　这个模拟过程会消耗一定的时间才会开始。在幕后，Gatling 会准备一批 Actor 以应对应用。可以预见，模拟过程或者说应用，将会产生严重的失败并且会出现大量的 500 Internal Server Errors（在我运行的例子中，出现了 71%的失败）。

　　现在，我们该沏好一杯咖啡，坐下来，然后详细看一下报告，确定哪里出现了问题。在用例中，有幅图能够描述每秒钟的响应，如图 11.2 所示。

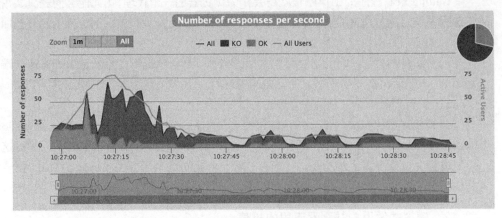

图 11.2 展现每秒响应数量的图

可以看出，当增加用户的数量时，失败请求的数量就会随之急剧增加。在图 11.2 所示中，我们可以观察到很有意思的一点在于，即便用户的数量下降，失败请求的数量依然高于成功请求的数量，甚至高于模拟过程刚刚开始时候的状态。

在应用的第一轮迭代中，我们所做出的一些决策事后来看可能并不明智。

■ 在 Application 控制器中，我们直接将 ask Future 的超时忽略掉了。

■ 更糟糕的是，当 RANDOM.ORG 没有返回预期的结果时，我们直接让 RandomNumber Fetcher 崩溃。如果我们此时去查看 Clever Cloud 的应用日志，那么会发现里面全是出现问题的内容（"The operation requires 1 requests, but the API key only has 0 left"）。

现在，亲爱的读者，这次该轮到你了，改造应用，使其能够对负载的增加保持弹性。

■ 如果 Application 中的 ask 调用超时，为用户展现一个页面，提示他们应用目前处于过载的状态。在实际的应用中，我们可以充分发挥自己的创造力。

■ 在应用中，保护 RANDOM.ORG 站点，避免大量调用，这需要将 RandomNumber Fetcher 中对 fetchRandomNumber 的调用包装到断路器中。

■ 在 RandomNumberFetcher 类中，需要从 JSON 解析故障（play.api.libs.json.Js ResultException）和断路器跳闸（akka.pattern.CircuitBreakerOpenException）行为中恢复，也就是转而调用 scala.util.Random.nextInt()。

在完成这些变更之后，重新部署应用并运行模拟过程。这一次，测试结果要好得多，如图 11.3 所示。

可以看到，这里没有故障了，所有请求都得到了满足。在这个模拟过程中，第 95 个百分位的全局响应时间是 474 毫秒，第 99 个百分位的响应时间是 819 毫秒。在考虑性能问题时，查看响应时间的分布是很重要的，用户越多，更高百分位的值就越重要，因为受糟糕性能影响的用户数量会越多。

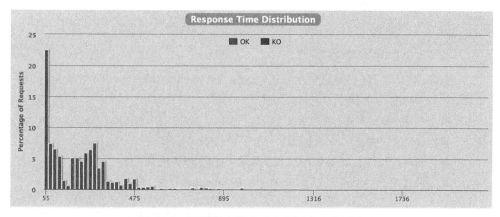

图 11.3 展现所有请求响应时间分布的图表

使用 Jenkins 来运行负载测试 有一个针对 Jenkins 的 Gatling 插件，借助它，我们能够在持续集成服务器上，和其他测试套件一起来运行负载测试的场景。这样我们就能确认应用的某些变更是否会导致比以前更糟糕的性能。

到目前为止，我们通过采用合适的手段保证了应用的弹性，模拟的请求能够100%成功。但用户的数量还不算多。Gatling 报告的最大并发用户数量是 78 个，这对于我们来说没什么可值得骄傲的。要更深入地理解应用如何应对高负载以及它的扩展性如何，Gatling 并不够用，因为它是在单机上运行的，接下来我们看一下更强大的武器！

11.3.3 使用 Bees with Machine Guns 测试扩展性

Bees with Machine Guns 是一个"能够装备（创建）大量 bees（微 EC2 实例）来攻击（负载测试）目标（Web 应用）的工具"。如果自己运行下面的负载测试，那么需要有一个 Amazon AWS （Amazon Web Services）账号，还需要准备点钱（运行 EC2 实例需要花费一定的成本）。

尽管 Gatling 能够很好地定义各种负载场景并对应用施加大规模的并发压力，但它依然是在单机上进行操作的。与之不同的是，Bees with Machine Guns 能够通过众多互相连接的机器来攻击我们的应用，然后观察它的行为。

1. 安装 Beeswithmachineguns

Beeswithmachineguns 是一个 Python 应用，所以在运行它之前，首先要安装 Python。
Python 安装完成之后，我们就可以通过 pip 来安装包：

```
pip install beeswithmachineguns
```

接下来，我们需要搭建凭证信息，这样 beeswithmachineguns 才能按需对节点发起
攻击。这涉及如下的过程：

- 创建 AWS 用户；
- 创建并下载 EC2 key pair；
- 创建安全组，使其能够通过 22 端口打开 SSH 连接；
- 使用用户的 key 来配置 beeswithmachineguns。

默认的 zone 和可用的 region   Bees with Machine Guns 默认使用的 region
是 us-east-1。如果想要避免配置 EC2 的一些麻烦问题，我强烈建议你在这个
region 中创建 EC2 key pair 和安全组。

首先，创建一个新的 AWS 用户，获取 access key ID 和 secret access key。我们可以
在 AWS Console 的 AWS Identity and Access Management（IAM）中完成该步骤。

现在，我们需要一个 key pair 来访问 EC2。创建一个 key pair 并为其命名，比如将其称
之为 beeswithmachineguns。将下载后的 key 文件放到~/.ssh/beeswithmachineguns.pem 中。

接下来，我们需要通过 EC2 的仪表盘页面创建一个新的 EC2 安全组。将其称为 public
并创建一个新规则，在 Inbound Tab 中选中 SSH 并使用任意的 IP 地址访问传入的连接（或
者指定当前的 IP 地址）。

最后，创建~/.boto 文件，如程序清单 11.12 所示（boto 是 AWS 针对 Python 的一
个库）。

程序清单 11.12   配置 EC2 的访问

```
[Credentials]
aws_access_key_id = <your access key id>
aws_secret_access_key = <your secret access key>
```

调试 boto 输出   如果你发现连接 AWS 有问题，则添加如下的内容到
~/.boto 文件中以便启用调试信息：

```
[Boto]
debug = 2
```

2．进行攻击目标测试

好了，现在我们能够发送一些 bee 攻击了。在 shell 中运行如下的命令：

```
bees up -s 20 -g public -k beeswithmachineguns
```

这个命令启动 bees，也就是攻击应用的 Amazon EC2 微实例。我们用到了如下的参数。

- -s：bees 的规模（swarm），也就是我们想要使用多少微实例。
- -g：所要使用的安全组（我们使用的是刚刚创建的 public 组，它具有 SSH 访问的权限）。
- -k：访问 EC2 的 key 名称。

在屏幕上，我们应该会看到如下的输出：

```
Connecting to the hive.
Attempting to call up 20 bees.
Waiting for bees to load their machine guns...
.
.
Bee i-8a7f812a is ready for the attack.
Bee i-577c82f7 is ready for the attack.
...
The swarm has assembled 20 bees.
```

关于对目标的攻击 需要注意，这种类型的性能测试非常类似于**分布式拒绝服务攻击**（distributed denial of service attack）。只不过，在这里我们是出于教学或测试的目的攻击自己的应用，但是切勿尝试去攻击其他的站点（毫无疑问，可以很容易地反向找到你的 AWS 账号）！在运行这个例子之前，需要确保你使用了断路器来保护 RANDOM.ORG，避免出现太多的请求。

现在，运行如下的命令：

```
bees attack
 -n 10000
 -c 1000
 -u http://app-<your-app-id>.cleverapps.io/
 -k beeswithmachineguns
```

这将会让 bees 攻击应用的基础 URL，这会用到如下所示的参数。

- -n：请求的总数。
- -c：并发请求数。
- -u：要攻击的 URL。
- -k：访问 EC2 的 key 名称。

Bees with Machine Guns 使用 Apache Bench 发起对目标的攻击。Apache Bench 是一个基准工具，能够针对一个 URL 发起一定数量的请求并给出执行情况的统计结果。

输出如下所示：

```
Read 20 bees from the roster.
Connecting to the hive.
Assembling bees.
Each of 20 bees will fire 500 rounds, 50 at a time.
Stinging URL so it will be cached for the attack.
Organizing the swarm.
Bee 0 is joining the swarm.
...
Bee 13 is firing his machine gun. Bang bang!
...
Bee 7 is out of ammo.
...
Offensive complete.
    Complete requests:         10000
    Requests per second:     739.540000 [#/sec] (mean)
    Time per request:       1352.514700 [ms] (mean)
    50% response time:       817.450000 [ms] (mean)
    90% response time:      2779.350000 [ms] (mean)
Mission Assessment: Target wounded, but operational.
The swarm is awaiting new orders.
```

可以看到，应用遭受到了攻击，每个请求的平均时间超过了 1 秒，第 90 个百分位的耗时接近 2.8 秒，但是应用依然能够响应。我们将 bees 指向了主页，它所展示的只是一个 HTML 页面。

重新运行攻击，让它指向更为敏感的 URL，也就是计算随机数的 URL "/compute"（或者其他在路由中所定义的名称）。这一次，服务器就会遇到麻烦了，如下所示：

```
Offensive complete.
    Complete requests:         10000
    Requests per second:     433.080000 [#/sec] (mean)
    Time per request:       2309.822450 [ms] (mean)
    50% response time:      2340.950000 [ms] (mean)
    90% response time:      2950.200000 [ms] (mean)
Mission Assessment: Swarm annihilated target.
```

针对这个 URL 的攻击就将部署环境攻陷了。这意味着应用耗尽了资源，无法响应所有请求，同时平均响应时间指标非常差。接下来，我们看一下如何通过横向扩展和纵向扩展进行修复。

3. 通过 Clever Cloud 的自动扩展功能实现横向和纵向扩展

访问 Clever Cloud 的控制面板并选择 Scalability 菜单项。在这里，我们可以启用自动扩展功能，并选择一系列的水平和垂直扩展选项，如图 11.4 所示。

完成之后，重新运行攻击操作并观察 Clever Cloud 的活动日志：我们将会看到它能触发新的部署环境。此时，可以运行更多和更重（具有更高的并发水准）的攻击，查看新部署平台的行为，强制它进行横向和纵向扩展。

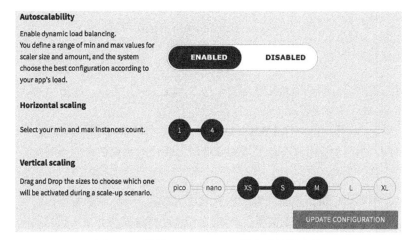

图 11.4 配置 Clever Cloud 的自动扩展功能

如果我们以自动化的方式运行这种性能测试，要是能够有一种方式自动检查部署环境是否真的进行了扩展是非常有用的。Clever Cloud 有一个 API 能够实现这一点。

我们感兴趣的是检查应用部署了多少个实例，从而确定应用是否进行了横向和/或纵向扩展。如果自行部署应用（就像我们这里的方式一样），而不是基于某个组织，那么 API 端点就是 "/self/applications/{appId}/instances"。我们可以在 Clever Cloud API 文档站点上查阅该端点，并使用应用 ID 对其进行测试。它给出的结果大致如下所示：

```
[
  {
    "id": "d56b8cef-b6df-46c3-0000-6110201a0000",
    "appId": "app_9b93e68e-c291-4852-0000-48f6462a1d56",
    "ip": "xx.xxx.xx.xxx",
    "appPort": 1706,
    "state": "UP",
    "flavor": {
      "name": "M",
      "mem": 4096,
      "cpus": 4,
      "price": 1.7182
    },
    "commit": "fc4bc0da7382dafaabc4822c52348152d6dd1ded",
    "deployNumber": 10
  },
  {
    "id": "09ca5e98-56af-4c71-97be-8be526820000",
    "appId": "app_9b93e68e-c291-4852-0000-48f6462a1d56",
    "ip": "xx.xxx.xx.xxx",
    "appPort": 1710,
    "state": "UP",
    "flavor": {
      "name": "M",
      "mem": 4096,
      "cpus": 4,
      "price": 1.7182
```

```
    },
    "commit": "fc4bc0da7382dafaabc4822c52348152d6dd1ded",
    "deployNumber": 11
  }
]
```

可以看到，有两个节点正在运行，每个都是"M"节点，应用确实进行了纵向扩展（从 XS 到 M）和横向扩展（从一个节点到两个）。

如果等待一段时间，你会在 Clever Cloud 的活动日志中观察到标题为"DOWNSCALE Successful"的活动。当没有必要增加资源时，额外的节点会自动关闭，实例会恢复到一种资源更少的配置。

> **不要忘记关闭攻击集群** 在完成攻击之后，不要忘记关闭 EC2 实例（这可以通过 bees down 命令实现），否则它们将会持续发挥作用，虽然速度不快，但是会持续地增加 AWS 账单上的金额。

11.4 小结

在本章中，我们讨论了测试反应式应用的方法论和实用工具：

- 讨论了应用测试的不同范围以及要测试的各种反应式特质；
- 分别使用 ScalaTest 和 Akka TestKit 为基于 Future 和 Actor 构建的异步组件创建测试用例；
- 构建了一个小型的应用，并使用 Gatling 和 Bees with Machine Guns 测试它的响应性、弹性和扩展性。

至此，基于 Scala、Play 框架、Akka 以及其他工具和库构建反应式 Web 应用的旅程就告一段落了。我希望你在阅读本书的时候，能够像我编写此书那样，尽可能地感到一些乐趣，并且能够将在书中学到的一些东西用到现实的 Web 应用中！

附录 A　安装 Play 框架

要安装 Play 框架首先要下载它。我们有多种方式使用 Play：下载名为 activator 的引导工具或者在标准的 sbt 工程中，直接添加对它的依赖。sbt 是一个针对 Scala 项目的构建工具，Play 作为 sbt 插件的方式来运行。Activator 工具对 sbt 进行了一层很薄的包装，提供了一些很便利的特性，比如基于模板创建新项目或者运行一个用户界面来探索 Ligthbend 技术栈所提供的功能（它起了这样一个名字，就是因为它要激发该技术栈的实际使用）。

为了快速起步，我们将会使用 Activator 工具。

前提条件　确保在系统上已经安装了 Java 8，通过在终端中输入 java –version 来确认其版本。

下载和安装 Play

打开浏览器并访问 playframework 官方网站，下载最新的版本。我们会得到一个名为 typesafe-activator-1.3.10-minimal.zip 的 zip 文件（或者是比它更新的版本）。

我们需要将这个压缩包中的文件提取到某个位置。为了介绍该样例，我们假设你已经在计算机上创建了一个要使用的 workspace 目录（比如在当前用户的 home 目录下）。将下载的文件放到该目录下，并在这里解压。现在，我们应该有了一个名为 workspace/activator-1.3.10-minimal 的目录，其中包含了 3 个文件：一个 JAR 文件（Activator launcher）以及两个脚本，这两个脚本分别是 activator 和 activator.bat（一个用于 Linux/OS X，另一个用于 Windows）。

为了能够在任意位置使用 Activator 工具并且能够正确地运行它,我们可以将其添加到 PATH 环境变量中。另外,在使用 activator 命令时,通过设置环境变量也能为 JVM 分配足够的内存。

在 Linux 或 Mac OS X 上设置环境变量

如果使用 Linux 或 Mac OS X,编辑 shell 的 profile 文件,也就是~/.bashrc 或 ~/.bash_profile 文件(如果使用 zsh 作为 shell,那就是~/.zshrc 文件)。假设你正在运行的是 OS X 并且用户名为 john,将下面这行内容添加到该文件的最后一行上:

```
export PATH=$PATH:/Users/john/workspace/activator-1.3.10-minimal
```

如果运行的是 Linux 分发版本,那么路径大致会是如下所示:/home/john/workspace/activator-1.3.10-minimal。

此时,校验路径是否已经设置成功,打开新的终端窗口并输入 activator –help,如图 A.1 所示。

图 A.1　在 Linux 或 OS X 上检查 PATH 是否设置成功

在 Windows 上设置环境变量

如果正在运行的是 Windows,那么需要设置 PATH 环境变量。首先在"开始"菜单

上选择"我的电脑"，左键单击该窗口并选择"属性"；然后选择"高级系统设置"。在
"高级" Tab 标签中，单击"环境变量"，最后编辑 PATH 环境变量，将
C:\workspace\activator-1.3.10-minimal 添加到路径中（不要忘记使用分号作为分隔符），
如图 A.2 所示。

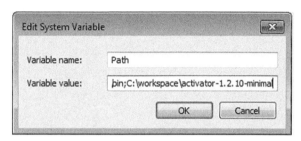

图 A.2　在 Windows 下编辑 PATH 环境变量

通过运行 activator help 命令，我们可以检验路径设置是否正确，如图 A.3 所示。

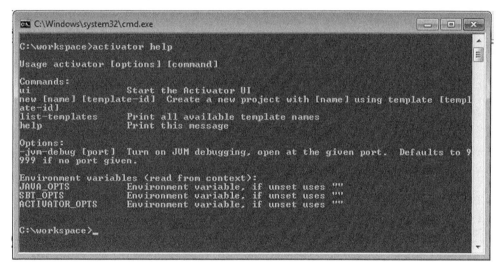

图 A.3　在 Windows 上检查 PATH 是否设置成功

附录 B　推荐读物

如果你对本书所使用的工具还不熟悉，那么你可能会对提升反应式 Web 应用编程经验的资源很感兴趣。

Scala

为了发挥本书的最大作用，你应该熟悉 Scala 编程语言的基本用法，因为在本书中，你会读到很多这样的代码并且还会编写一点这样的程序。

- Martin Odersky 所编写的电子书《Scala By Example》以样例驱动的方式简要介绍了 Scala 编程语言。
- Cay Horstmann 所编写的《Scala for the Impatient》以非常简洁紧凑的方式介绍了 Scala。
- Nilanjan Raychaudhuri 所编写的《Scala in Action》提供了学习 Scala 语言的更完整资源。

函数式编程

第 3 章简要介绍了本书所使用的函数式编程理念。如果你想看到更多更完整的讨论，推荐阅读 Aslam Khan 编写的《Grokking Functional Programming》，该书为面向对象开发人员介绍了函数式编程的理念。

附录 C　推荐资源

下面清单中的资源能够帮助你更好地理解本书所介绍的主题。

- 在探索 Play 框架到底都能够做些什么时，它的 playframework 官方文档是无价的资源。
- 如果想要实时掌握 Akka 都提供哪些功能，那么 Akka 的官方文档是必读的。
- Paul Chiusano 和 Rúnar Bjarnason 撰写的《Functional Programming in Scala》是关于函数式编程的深入指南，既包含基础知识，又有高级的理念。
- Roland Kuhn、Brian Hanafee 和 Jamie Allen 编写的《Reactive Design Patterns》介绍了构建消息驱动的分布式系统的基础模式，这些系统具有适应性、响应性以及弹性的特点。
- Debasish Ghosh 编写的《Functional and Reactive Domain Modeling》能够帮助我们以领域模型的方式进行思考，它的关注点是反应式模型，涵盖了像事件溯源和 CQRS 这样的模式。
- David Aden、Jason Aden 和 Jeremy Wilken 编写的《Angular 2 in Action》介绍了 AngularJS 框架的第 2 版，我们用该框架阐述了第 8 章的样例。
- Jeff Nickoloff 编写的《Docker in Action》介绍了如何使用 Docker 容器管理应用（见第 10 章）。